CORLIN VERLAG

Bettina Schubert-Golinski
mit Matthias Schmidt, Frauke Narjes,
Jutta Papenbroock, Haiko Wandhoff,
Dietlinde Paetzelt und Annika Jans

SYSTEMISCHES COACHING

Haltung – Methodik – Rollenklarheit

mit Illustrationen von Mario Mensch

CORLIN VERLAG

Bibliographische Information der Deutschen Nationalbibliothek

Die Deutsche Nationalbibliothek verzeichnet diese Publikation in der Deutschen Nationalbibliografie; detaillierte bibliografische Daten sind im Internet über http://dnb.dnb.de abrufbar.

Kriemhildstraße 1, 22559 Hamburg

Einbandgestaltung, Illustrationen und Satz: Mario Mensch
Herstellung: BoD, Norderstedt

ISBN 978-3-9818156-7-2

www.corlin-verlag.de
info@corlin-verlag.de

Danksagung

Ich möchte mich bei all jenen sehr herzlich bedanken, die über viele Jahre hinweg zum Erfolg unserer Coaching-Ausbildung wie auch zum Entstehen dieses Buches beigetragen haben. Mein ganz besonderer Dank geht an:
Andrea Wehking, Anne Schubert, Bärbel Schauerte-Otto, Beret Evensen, Carola Schubert, Carola Werle, Casper Holthusen, Christine Derrer, Doris Röschmann, Everhard Hofsümmer, Gitta Kleinesper, Henry Golinski, Jendrik Peters, Julius Seyfarth, Katharina Riebner, Katrin Schaar, Malte Sudendorf, Mirte Gutzeit, Richard Orsei, Silke Schönwälder, Sylvia Heinz, Tina Bahlert, Ulrich Wilken, Ulrike Bocken, Ulrike Helbig, Veit Golinski, Wiebke Wiese und allen Teilnehmenden unserer Coaching-Ausbildung.

Mario Mensch danke ich für seine inspirierende Kreativität, seine Geduld mit uns, besonders während der coronabedingten Produktionspausen, für seine besonnene Präzision und die angenehm kollegiale wie humorvolle Zusammenarbeit.

B.S.-G.

Vorbemerkung

Wir stellen in diesem Lehrbuch verschiedene Methoden, Interventionen und Modelle vor, die sich aus unserer Erfahrung im Coaching gut bewährt haben. Dabei haben wir uns bemüht, wo es möglich war, die jeweiligen Urheber ausfindig zu machen und entsprechend zu benennen. Manche Methoden sind aber schon so lange im Umlauf und so weit verbreitet, dass kaum noch festzustellen ist, auf wen sie im Ursprung zurückgehen. Sollten wir eine Urheberin oder einen Urheber dennoch übersehen haben, so bitten wir um Benachrichtigung, damit wir den entsprechenden Hinweis in künftigen Auflagen in das Buch aufnehmen können.

Inhalt

Vorwort 11

Erster Teil: Was ist Coaching – und was nicht? Systemisches Coaching als Profession

1. Die Grundlagen des systemischen Coachings 15

Einige Stichworte zur Geschichte des Coachings 18

Systemisches Coaching 19

Der Einfluss der lösungsorientierten Kurzzeittherapie 21

Verhalten entsteht im System: Die soziologische Systemtheorie 23

Soziale Systeme sind sinngesteuerte Kommunikationssysteme 25

Wo bleiben die Gedanken und Gefühle? Das Bewusstsein als psychisches System . . . 28

Unser Bild von der Welt ist nicht die Welt: Der philosophische Konstruktivismus 31

Autopoiese: Warum wir immer nur uns selbst wahrnehmen können 32

Kein schwacher Trost: Auch Probleme sind nur Konstruktionen 34

Von der Theorie zurück zur Praxis: Drei Leitsätze im systemischen Coaching . . . 35

2. Der soziale Kontext: Warum Coaching und Coaching-Wissen heute so wichtig sind 39

Die Herausforderungen der VUCA-Welt 40

Die Unsicherheiten einer sich wandelnden Arbeitswelt 43

Schlüsselkompetenz Kommunikation: Identität muss reflexiv ausgehandelt werden 45

Warum Beratung nicht alle Probleme lösen kann: Coaching und Individualisierung 48

3. Systemische Coaching-Praxis aktuell: Einige Trends und Formate im Überblick 51

Ein Wort zum sogenannten ‚Bindestrich-Coaching' 51

Jenseits des Vier-Augen-Settings: Gruppen-Coaching und Team-Coaching 53

Von der Organisation geschickt: Verpflichtendes versus freiwilliges Coaching 55

Der (fehlende) Blick von außen: Internes versus externes Coaching 56

Coachen mit oder ohne Coach-Rolle: Die coachende Führungskraft 58

Prozess- und Fachberatung aus einer Hand: Coaching und Komplementärberatung 59

Online-Coaching: Auch über Corona hinaus eine Alternative zum Präsenz-Coaching 60

Zweiter Teil: Wie Coaching Schritt für Schritt gelingt. Systemisches Coaching als Prozess

1. Vom Problem über das Ziel zum Auftrag: Die professionelle Auftragsklärung im Coaching 67

Erstkontakt und Vorgespräch 68

Der Dreischritt: Problemschilderung/Zielerarbeitung/Auftragsklärung 70

Erster Schritt: „Wobei kann ich Ihnen behilflich sein?“ Das Anliegen erfragen 71

Die Situationsschilderung 73

Verstehen und Einfühlen: Die Problembrille aufsetzen 74

Wie weit musst Du das Problem verstanden haben, um wirksam zu sein? 78

Zweiter Schritt: „Was soll an die Stelle des Problems treten?“ Das Ziel erarbeiten 81

Von der bloßen Zielbenennung zum innerlich erlebten Zielfilm 84

Wenn sich Probleme mit dem Zauberstab lösen lassen: Die Wunderfrage 87

Dritter Schritt: „Welchen Beitrag soll das Coaching leisten?“ Den Coaching-Auftrag klären 91

Auftragsklärung als fortlaufender Prozess 94

Die Priorisierung von Teil-Aufträgen 97

Das ‚Thema hinter dem Thema‘ 98

2. Einen sicheren Rahmen schaffen: Die ‚weichen‘ Faktoren eines Coaching-Gesprächs 103

Vertrauen schaffen und eine tragfähige Beziehung aufbauen 103

Transparenz als oberstes Gebot: Das Setting erklären und Rückmeldungen einholen 104

Aktives Zuhören: Aufmerksamkeit üben und Interesse zeigen 105

Zusammenfassungen: Kleine, aber gewichtige Interventionen 107

Die sprachlichen Bilder der Coachees aufnehmen 109

Schweigen und Lösungslosigkeit aushalten 111

Probleme auf ihre Ressourcen abklopfen 113

Der Coachee weint: Wie umgehen mit Gefühlen im Coaching? 115

Die wertschätzende Haltung: Coaching als gleichwürdige Begegnung 116

3. Woher kommen meine Coachees? Wann, wo und wie oft sehen wir uns? Die formalen Aspekte der Auftragsklärung 119

Den Kontext klären, aus dem Deine Coachees kommen 120

Feldkompetenz: Fluch und Segen zugleich 121

Die Vertragsgestaltung zwischen Coach und Coachee 122

Wenn noch eine dritte Partei beteiligt ist: Dreiecksverträge 125

Noch komplexer: Vierecksverträge 128

Wo, wann, wie oft und wie lange findet ein Coaching statt? 131

4. Das Hauptwerkzeug im Coaching: Die Kunst, angemessen ungewöhnliche Fragen zu stellen 137

Im Coaching unverzichtbar: Informations- oder Reporterfragen 138

Angemessen ungewöhnlich: Systemisch-konstruktivistische Fragen 141

Fragen, die verflüssigen und konkretisieren 142

Wann und wie Du systemisch-konstruktivistische Fragen einsetzt 149

Keine Angst vor Redundanz: Die Frage „Und was/wer/wie/wo/wann noch?“ 150

5. Skalierungen, Umdeutungen und paradoxe Interventionen 153

Hypothesen äußern und als Interventionen zur Verfügung stellen 153

Spiegelungen: Feedback zu Gehörtem, Gesehenem und Gefühlten geben 155

Skalierungen: Weiche Wirklichkeiten auf den Punkt bringen 156

Reframing: Konstruktives Umdeuten 159

Aufstellungen und Visualisierungen 162

‚Gebrauchsanweisung für ein Problem‘ und andere paradoxe Interventionen 166

6. Keine Angst vor Lösungen: Erste Schritte (er-)finden 169
Die Lösungsbrille aufsetzen 169
Lösungen im Coaching sind vielgestaltig und ergeben sich aus Zielen 171
Die Orientierung an Ressourcen ist der Schlüssel für Lösungen 172
Lösungen im Coaching bestehen oft aus veränderten Einstellungen und Haltungen 176

7. Den Prozess über mehrere Sitzungen gestalten 179
Der Coaching-Prozess im Überblick 180
Das Wichtigste passiert zwischen den Sitzungen: Anknüpfen und Aktuelles abfragen 181
Interventionen planen und durchführen nach dem Modell der systemischen Schleife 185
Transferübungen und Hausaufgaben 188
Rückblick und Ausblick 190
Einen guten Abschluss finden 191

Dritter Teil: Welche Themen lassen sich im Coaching bearbeiten? Systemisches Coaching in der Praxis

1. Coaching zu konflikthaften Anliegen ... 197
Was sind eigentlich Konflikte? 198
Wie ich einen Konflikt erlebe, entscheidet sich auf meiner inneren Landkarte 198
Zwei Definitionen von Konflikt 199
Konfliktkonstellationen 200
Konfliktarten 200
Die Stufen der Konflikteskalation 203
Coaching-Grundsätze und Coaching-Tools bei konflikthaften Anliegen 207
Von Egogramm bis Lumina Spark: Persönlichkeitstests im Konflikt-Coaching einsetzen 211
Ein Vier-Phasen-Modell für das Konflikt-Coaching 215
Den Perspektivwechsel mit der Stuhlmethode einleiten 217
Mediation und Konfliktmoderation als Alternativen zum Coaching 218

2. Coaching rund um das Thema Führung 221
Ungleichzeitigkeiten von Führung in der VUCA-Welt 222
Die Führungskontexte sind entscheidend .. 223
Von der Person zur Funktion: Der systemische Blick auf Führung 227
Ein systemisches Meta-Modell: Die Leadership-Map von Ruth Seliger 232
Die Führungskraft als Coach 237
Einige hilfreiche Tools für das Coaching mit Führungspersonen 239
Sich selbst führen: Das wertschätzende Interview zur eigenen Führungspraxis 240
Menschen führen: Feedback als Führungsinstrument 241
Rollenklärung: Die Erwartungsanalyse im Coaching 245
Einverständnis und Gefolgschaft herstellen: Die Commitment-Spielplatte 248

3. Coaching in Veränderungsprozessen 251
Veränderungsdynamiken in Organisationen 252
System-Design und System-Emergenz in Veränderungsprozessen 253
Wie sich Veränderungsangst in Veränderungsenergie umwandeln lässt 255
Entscheider, Beteiligte und Betroffene in Veränderungsprozessen 257
Fremdinitiierte Veränderungen erfolgreich im Coaching bearbeiten 258
Die Veränderungskurve 259

Stützen, Fördern, Fordern, Konfrontieren: Verhaltensstile im Coaching 265

Selbstinitiierte Veränderungen im Coaching wirksam begleiten 267

Einstellungen und Glaubenssätze ändern mit dem Wertequadrat 269

Ein notwendiges Gegengewicht zur Veränderung: Das Bewahren als aktiver Prozess .. 272

Die chronifizierte Nicht-Veränderung im Gegensatz zum Bewahren 274

4. Coaching zur beruflichen Orientierung und Positionierung 279

Visionsentwicklung und Zukunftsgestaltung im Coaching 280

„Einmal Zukunft und zurück" 281

Berufliche Um- und Neuorientierung als Coaching-Thema 284

Ein Coaching-Gespräch führen: Meine Optionen und Perspektiven 287

Coaching zur beruflichen Positionierung ... 288

Literaturhinweise 295

Personen- und Sachregister 297

Liebe Leserin, lieber Leser,

die schönsten Geschenke, die unsere Coaching-Praxis uns beschert, sind die spannenden Begegnungen mit unseren Coachees. Wir treffen dort auf einzigartige Persönlichkeiten, die die Themen und Wendungen ihrer Lebensverläufe vertrauensvoll mit uns teilen. Gelingt uns im Coaching-Prozess ein unerwarteter ‚Dreh', führt aus einer Sackgasse plötzlich doch ein Weg heraus oder werden herausfordernde Entwicklungsziele mit unserer Hilfe erreicht, so fühlen wir uns beschenkt. Nicht umsonst geben wir gerne zu, dass wir für unsere eigene Entwicklung von niemandem so viel gelernt haben wie von unseren Coachees.

In der Ausbildungs-Praxis ist es ähnlich: Die schönsten Geschenke bescheren uns unsere Teilnehmenden, doch hier kommt noch der Zauber hinzu, der von Lernerfahrungen in Gruppen ausgeht. Von Beginn an haben wir es als großes Privileg empfunden, so viele verschiedene Persönlichkeiten zusammenzubringen, die doch eines gemein haben: die große Faszination für die Menschen mit ihren Sorgen und Verletzlichkeiten, ihren drängenden Fragen und leuchtenden Zielen. Die Frage, was es heißt, ein Mensch zu sein, lässt sich vielleicht als die Klammer beschreiben, die uns mit unseren Teilnehmenden eng verbindet.

Hinter dem Wunsch, systemische Coaching-Kompetenzen aufzubauen, stecken oft die unterschiedlichsten Motive und Ziele. Fast immer spielt dabei die persönliche Erfahrung eine Rolle, dass wir Menschen als soziale Wesen für unsere gelingende Weiterentwicklung kommunikative Räume brauchen. Dort, wo wir uns angenommen und respektiert fühlen, wird Selbstentwicklung durch angeleitete Reflexion überhaupt erst möglich. Wer sich für eine Coaching-Ausbildung entscheidet, ahnt oftmals, dass es die Kunst des offenen Zuhörens, des sensiblen Resonanzgebens und des klugen Fragens ist, die im Coaching den Schlüssel für neue Perspektiven und unerwartete Handlungsansätze bildet. Wie Du diese Kompetenzen für Deine Rolle als Coach entwickeln und ausbauen kannst, welche Interventionen Dir dabei zur Verfügung stehen und wie Du immer wieder in eine wertschätzende Haltung hineinfindest, dies alles vermittelt Dir dieses Buch. Seine Inhalte sind die Quintessenz unserer jahrelangen Erfahrung als Ausbildende und unserer jahrzehntelangen Praxis als Coaches.

Der Aufbau unseres Lehrbuches orientiert sich an dem bewährten didaktischen Konzept unser Coaching-Ausbildung. Vom professionellen Beziehungsaufbau über die Erarbeitung eines Coaching-Auftrags bis zur Gestaltung mehrstündiger Coaching-Prozesse führen wir Dich in die Praxis des systemischen Coachings ein und stellen Dir viele hilfreiche Coaching-Methoden vor. Der systemische Ansatz entfaltet seine Wirksamkeit durch eine respektvolle und ressourcenorientierte Haltung des Coachs. Auch für den Aufbau dieser Haltung vermittelt Dir die Lektüre wichtige Einsichten und Strategien. Selbstreflexion, Toleranz und ein sensibler Zugang zu Deinen eigenen Prägungen und Gefühlen bereiten Dich auf eine vertrauensvolle Arbeit mit Deinen Coachees besser vor als ein randvoller Methodenkasten. Neugierig zu sein auf die eigenen Selbst- und Weltkonzepte, sich diese bewusst zu machen und zu hinterfragen, gehört zu den Grundtugenden jedes erfolgreichen Coachs. Auch bei diesen erhellenden Momenten der Selbstreflexion wird Dich dieses Lehrbuch begleiten – und manchmal bestimmt auch inspirieren!

Für die Teilnehmerinnen und Teilnehmer unserer Coaching-Ausbildung ist dieses Buch eine unverzichtbare Begleitlektüre. Aber auch für bereits ausgebildete Coaches liefert es eine wertvolle Auffrischung der Grundlagen, die im Laufe der eigenen Anwendung hie und da vielleicht ein wenig in Vergessenheit geraten sind. Und schließlich werden auch diejenigen, die sich zunächst nur in die Theorie und Praxis des systemischen Coachings einlesen wollen, ohne gleich in eine eigene Weiterbildung einzusteigen, in diesem Buch auf ihre Kosten kommen. Doch auf Dauer kann eine Buchlektüre eine mit Leib und Seele erlebte Coaching-Weiterbildung natürlich nicht ersetzen. Zu wichtig ist das sich wiederholende Wechselspiel aus Anwendung und (Selbst-)Beobachtung, kompetentem Feedback und gemeinsamer Reflexion der gemachten Erfahrungen. Dazu gehört auch der humorvolle Umgang mit den ersten Gehversuchen in der neuen Rolle sowie die längst vergessene Erfahrung, dass Unvollkommenheit ein großartiger Lehrmeister ist. Und nicht zu unterschätzen ist die Erfahrung, dass andere Menschen unsere persönlichen Stärken oft erheblich besser erkennen und benennen können, als wir es uns selbst zugestehen.

Ein geflügeltes Wort bei uns in der *coachingakademie* lautet: „Lesen hilft!" Es hilft uns, Gehörtes, Gesehenes und Erlebtes in Ruhe in theoretische und methodische Zusammenhänge einzuordnen. So können wir es noch besser mit dem bereits vorhandenen Wissen verknüpfen, damit es uns in unserer Praxis jederzeit zur Verfügung steht.

In diesem Sinne wünschen wir Dir viele neue Erkenntnisse, überraschende Einsichten und berührende Erlebnisse bei der Lektüre!

Bettina Schubert-Golinski

Erster Teil:

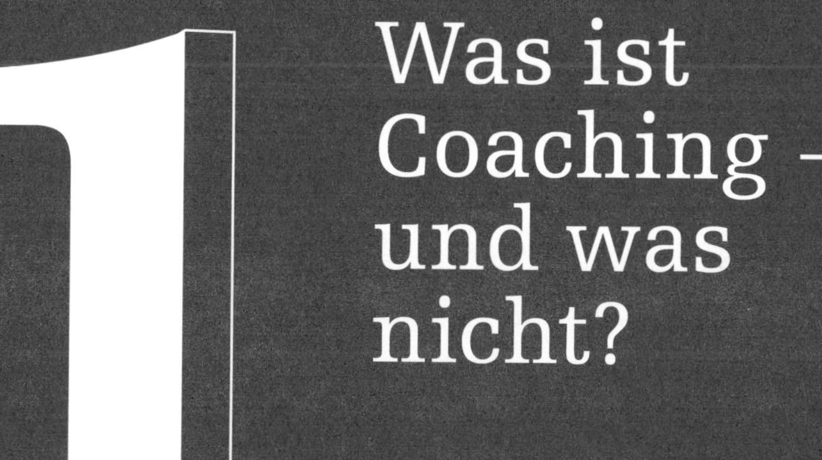

Was ist Coaching - und was nicht?

Systemisches Coaching als Profession

1. Die Grundlagen des systemischen Coachings

Der populäre Begriff *Coaching* dient heute als eine Art Container für verschiedene Formen der Beratung, bei denen ein Berater, *Coach* genannt, in einem vertraulichen Vier-Augen-Setting einen Klienten, *Coachee* genannt, bei der Lösung eines konkreten, meist beruflichen Problems oder bei der Umsetzung eines Veränderungsvorhabens unterstützend begleitet. Handelt es sich um eine Beraterin oder eine weibliche Klientin, kannst Du von der Coach und der Coachee reden. Die aus dem Englischen entlehnten Begriffe sind geschlechtlich nicht festgelegt und lassen sich im Deutschen sowohl weiblich wie männlich benutzen. Seltener findet man gelegentlich auch Formen wie „die Karriere-Coachin", die „Coach-Frau" oder die „Coachesse".

Im Unterschied zu anderen Formen des professionellen Ratgebens ist Coaching eine Form der reflexiven Beratung. Anders als ein Arzt oder eine Steuerberaterin, eine Trainerin oder ein Consultant hast Du als Coach nicht notwendig ein größeres Sach- oder Fachwissen als Deine Coachees. Deine Expertise liegt vielmehr in Deiner Prozesskompetenz, also darin, durch interessiertes Zuhören, gezieltes Fragen und andere, vor allem ressourcenorientierte Interventionen bei Deinen Klienten einen Reflexionsprozess anzustoßen. Das Ziel dieses Prozesses ist es, gemeinsam Lösungen zu (er-)finden, die zu den Wünschen und Wirklichkeitskonstruktionen der Coachees passen. Dies schließt die gemeinsame Klärung ein, worin das eigentliche Problem besteht, was in der Zukunft an seine Stelle treten soll und welchen Beitrag schließlich das Coaching dazu leisten soll. Oftmals sind diese Dinge den Ratsuchenden nämlich noch gar nicht klar, sondern müssen in einer gemeinsamen Auftragsklärung erst miteinander erarbeitet werden.

Coaching lässt sich daher als eine Form der personenbezogenen Prozessberatung verstehen, die ohne Besserwisserei und kluge Ratschläge auskommt. Inhaltlich betrachtest Du Deine Coachees als Experten für ihre eigenen Lösungen, denn schließlich haben sie ja auch ihre Probleme selbst mit-erzeugt (was damit gemeint ist, erklären wir später). Als Coach unterstützt Du sie dabei ebenso wertschätzend wie wohlwollend mit Deiner Prozess- und Kommunikationskompetenz. Das heißt, Du stellst eine gute Beziehung her und hörst ihnen aufmerksam zu; Du stellst Fragen und versuchst, ihre Problem- und Weltsicht zu verstehen; Du sortierst das Gehörte und versuchst, den Sinn darin zu erkennen; Du hältst Dich mit Bewertungen zurück, stellst aber Deine innere Resonanz zu dem Gehörten, Gesehenen und Gefühlten in den Dienst des Coaching-Prozesses. Kurzum: Du machst Dir als Coach ein Bild von Deiner Coachee, oder genauer gesagt: Du machst Dir ein Bild von dem Bild, das Deine Coachee heute von sich ausgewählt hat, um es Dir im Coaching zu präsentieren. Auf der Basis dieses Verstehenwollens, dieser konstruktiven Annäherung an Dein Gegenüber leistest Du im Rahmen des Coaching-Prozesses eine Art Hilfe zur Selbsthilfe. Du unterstützt Deine Coachees dabei, ihre eigenen, für sie passenden Lösungen zu finden.

Dieser Ansatz setzt voraus, dass die Idee oder der Wunsch nach Veränderung von den Personen ausgeht, die ein Coaching in Anspruch nehmen, also von Deinen Coachees. Darüber hinaus ist es für einen erfolgreichen Coaching-Prozess unabdingbar, dass Deine Coachees nicht nur bereit sind, eine Veränderung anzugehen, sondern prinzipiell auch physisch wie psychisch in der Lage, diese selbstverantwortlich umzusetzen. Wer etwa aus gesundheitlichen Gründen, beispielsweise aufgrund einer akuten Belastungsdepression, gar nicht imstande ist, die nötige Energie für eine gewünschte Veränderung aufzubringen, dem wirst Du auch im Coaching nicht weiterhelfen können. In solchen Fällen kannst Du jedoch gemeinsam mit Deinem Coachee darüber nachdenken, wo eventuell eine passendere Form der Unterstützung zu finden wäre (zum Beispiel eine Psychotherapie). So gesehen ist Coaching eine Art von Beratung, die ohne Ratschläge auskommt: eine reflexive und kollaborative Form der Prozessberatung, die Menschen bei der Lösung von zumeist beruflichen Problemen unterstützt. Entscheidend ist in jedem Fall, dass die Verantwortung für die Lösung bzw. das Erreichen des Veränderungsziels beim Coachee verbleibt, während Du als Coach lediglich die Verantwortung für den Coaching-Prozess trägst.

An dieser Definition gilt es festzuhalten, auch wenn Du feststellen wirst, dass in der Praxis mittlerweile immer mehr Mischformen auftauchen, in denen diese Grundidee von Coaching nicht mehr ohne Weiteres sichtbar ist. So verschwimmen hie und da die Grenzen zur Fach- oder Expertenberatung, weil zunehmend integrierte Beratungsformate (wie die „Komplementärberatung") auf den Markt drängen, in denen Prozess- und Fachberatung Hand in Hand gehen. Auch werden Mitarbeitende heute oft von ihren Unternehmen ins Coaching geschickt. Dann kann es sein, dass der Veränderungswunsch gar nicht in erster Linie von Deiner Coachee, sondern von ihrer Vorgesetzten ausgeht (wie Du mit dieser Situation gut umgehen kannst, erfährst Du ebenfalls weiter unten).

Auch ist Coaching heute längst nicht mehr nur auf berufliche Themen beschränkt, sondern erobert im sogenannten ‚Life-Coaching' oder ‚Personal Coaching' immer weitere Lebensbereiche. So kommt das Coaching zwar aus dem Business-Bereich, und die allermeisten Coachings finden auch heute immer noch dort statt, doch die Methode lässt sich auf beinahe jede Art des Veränderungsanliegens anwenden. Außerdem wird Coaching heute auch jenseits des klassischen Vier-Augen-Gesprächs eingesetzt, als Gruppen- oder Team-Format im Rahmen der Team-, Organisations- oder Führungskräfteentwicklung. In all diesen Übergangsformen haben sich die Coaching-Haltung und die Coaching-Methoden als außerordentlich flexible Beratungsansätze erwiesen, die sich gut an neue Kontexte anpassen lassen. Wir werden auf diese Sonderformen von Coaching gelegentlich zurückkommen, konzentrieren uns in diesem Buch aber auf das klassische Einzel-Coaching.

Zusammenfassend lässt sich über Coaching als Beratungsformat sagen:

- 1.Coaching ist *zielbezogen*; das bedeutet, dass zu Beginn eines jeden Coaching-Prozesses ein klares Ziel definiert wird. Viele Coachees haben davon noch keine klare Vorstellung, wenn sie in die erste Sitzung kommen. Als Coach schlägst Du kein Ziel vor, sondern unterstützt Deine Coachees bei ihrer eigenen Ziel- und Lösungsfindung.

- 2. Coaching ist *personenorientiert*; das bedeutet, dass Du Dich als Coach gemeinsam mit Deinen Coachees auf gleicher Augenhöhe auf die Suche nach einer passenden Lösung für das jeweilige Anliegen machst: eine Lösung, die zu der Person, die das Problem mitgebracht hat, passt und von ihr als passende Lösung anerkannt wird.

- 3.Coaching ist *professionell*; das bedeutet, dass Du dies alles nicht irgendwie aus dem Bauch heraus machst, sondern Dich dabei von erprobten Methoden leiten lässt. Allerdings setzt Du diese Methoden nicht stereotyp ein, sondern entwickelst ein Gespür dafür, wann welche Intervention passend sein könnte und wann Du eine gewählte Methode auch wieder fallen lässt, weil Du merkst, dass sie nicht passt.

Einige Stichworte zur Geschichte des Coachings

Ins Deutsche lässt sich der Begriff *Coaching* kaum adäquat übersetzen. Ursprünglich bezeichnet das englische Wort *coach* wohl eine Kutsche; der Coach wäre demnach derjenige, der seine Klienten sicher an ihr Ziel bringt, wobei diese es sind, die das Ziel vorgeben. Breite Bekanntheit findet der Coaching-Begriff schon länger in der Welt des Sports, wo der *Coach* Athleten oder Mannschaften begleitet und als eine Art ganzheitlicher Unterstützer und Übungsleiter den herkömmlichen *Trainer* abgelöst hat. Von hier ist wohl auch die Übertragung des Coaching-Begriffs auf mentale Belange zu denken, denn bekanntlich wird das Spiel letztlich ‚im Kopf' entschieden, und zwar nicht nur im Tennis oder Fußball, sondern in fast allen Lebensbereichen. Coaches richten also im Unterschied zu bloßen Trainern die Aufmerksamkeit stärker auf die inneren Einstellungen und Befindlichkeiten ihrer Klienten und nehmen ihre Motivationen und Haltungen mit in den Blick.

Ende der 1970er Jahre taucht das Wort *Coaching* im US-amerikanischen Management auf, wobei die Begriffsverwendung zunächst uneinheitlich ist. Zum einen dient der oder die Coach als eine Art Sparringspartner für hochrangige Manager, die ihre Führungsposition einsam gemacht hat und die jemanden brauchen, der ihnen ehrliches Feedback und Impulse gibt. Zum andern bezeichnet Coaching nun eine neue, entwicklungsorientierte Form der Führung von Mitarbeitenden, man könnte sagen: eine gezielte Förderung von Nachwuchsführungskräften durch ihre Vorgesetzten. Im US-amerikanischen Raum wird Coaching auch heute vielfach noch genau so verstanden, als gezielte Entwicklung von Nachwuchsführungskräften. Als Coaching Mitte der 1980er Jahre in den deutschen Sprachraum eindringt, wird darunter zunächst die Beratung von Top-Managern verstanden. „Ein Coach", so schreibt Wolfgang Looss im Jahr 1991 in einem der ersten deutschen Coaching-Bücher, „ist ein (externer) Einzelberater für die personenzentrierte Arbeit mit Führungskräften entlang der Frage, wie die Managerrolle von der Person bewältigt wird." Seither entwickelt sich Coaching diesseits und jenseits des Atlantik auf je eigene Weise weiter: Während Coaching in den USA bis heute eng in den Diskussionszusammenhang von Leadership und Management eingebunden ist, wird es in Europa durch Methoden und Haltungen aus der humanistischen Psychologie und der Familientherapie angereichert. Hier liegen auch die Wurzeln des im deutschen Sprachraum so erfolgreichen systemischen Coachings.

> *Wolfgang Looss, Unter vier Augen: Coaching für Manager. Bergisch Gladbach: EHP 2006.*

Systemisches Coaching

Mit dem systemischen Coaching bildet sich seit den 1980er Jahren ein Coaching-Ansatz heraus, der die Grundannahmen von soziologischer Systemtheorie und philosophischem Konstruktivismus auf den Beratungsprozess überträgt. Als Vermittlerin fungierte dabei die systemische Familientherapie, in der die neuen Erkenntnisse der Forschung zu komplexen Systemen und ihren Kommunikationsstrukturen erstmals therapeutisch ausprobiert wurden. Die Übertragung ihrer Methoden auf das Coaching verstärkte dessen nicht-direktiven, selbstreflexiven Aspekt, und zwar insbesondere seit den 1980er Jahren, als man zunehmend skeptisch auf die Möglichkeit einer Steuerbarkeit von (Familien-) Systemen durch therapeutische Interventionen schaute. Stattdessen ging man nun eher davon aus, dass psychische Systeme (also das Bewusstsein von Menschen), ebenso wie soziale Systeme (also jede Form der menschlichen Gemeinschaft) operativ gegen ihre Umwelt abgeschlossene Wesenheiten sind, die sich aufgrund ihres Eigensinns von außen – also auch von Führungskräften oder Coaches, Beratern oder Therapeutinnen – weder zielgerichtet steuern noch einsehen lassen. Auch wenn diese Systeme immer an bestimmte Umwelten gekoppelt sind, die sie zum Überleben brauchen, erschaffen sie sich doch ständig aus sich selbst heraus und sorgen aus eigener Kraft und gleichsam ‚von innen heraus' dafür, dass sie erfolgreich fortbestehen. *Autopoiese* (von altgriechisch *autos*, ‚selbst', und *poiein*, ‚schaffen, bauen') ist der systemtheoretische Schlüsselbegriff für diese Form der emergenten Selbstorganisation komplexer, lebender Systeme. Dies schließt ein, dass diese Systeme stets auch ihre eigene innere Wirklichkeit mit ihren Regeln und Erklärungen konstruieren, die einer externen Beobachterin niemals zugänglich sind. Für Außenstehende bleibt das, was sich im Inneren anderer Menschen, aber auch in Teams oder Organisationen abspielt, verborgen wie in einer Black Box. Von außen lässt sich immer nur beobachten, welches Verhalten und welche Kommunikationen an den Tag gelegt werden.

Für Deine Arbeit als Coach bedeutet dies, dass Du Menschen (oder eben: psychische Systeme) immer nur dabei unterstützen kannst, ihre eigene, innere Selbstorganisation anzuregen oder zu verändern, um für eine unbefriedigend erlebte Gegenwart neue Antworten zu finden, die zu der jeweiligen Wirklichkeitskonstruktion des Systems besser passen als die alten. Nur so kann Veränderung nachhaltig sein. Von außen auferlegte Ratschläge verpuffen dagegen meist, weil ihnen die Anschlussfähigkeit an die innere Systemlogik fehlt. Als systemische Coach bist Du daher nicht nur eine wertschätzende und ressourcenorientierte, sondern auch demütige

TRIVIALES SYSTEM
(z. B. eine Maschine)

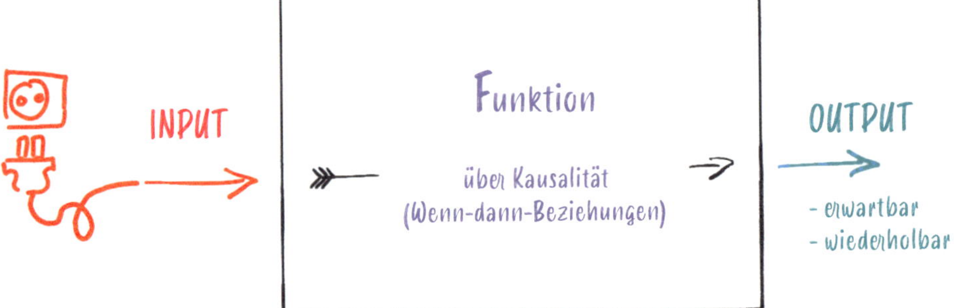

KOMPLEXES (LEBENDES) SYSTEM
(z. B. menschliches Bewusstsein)

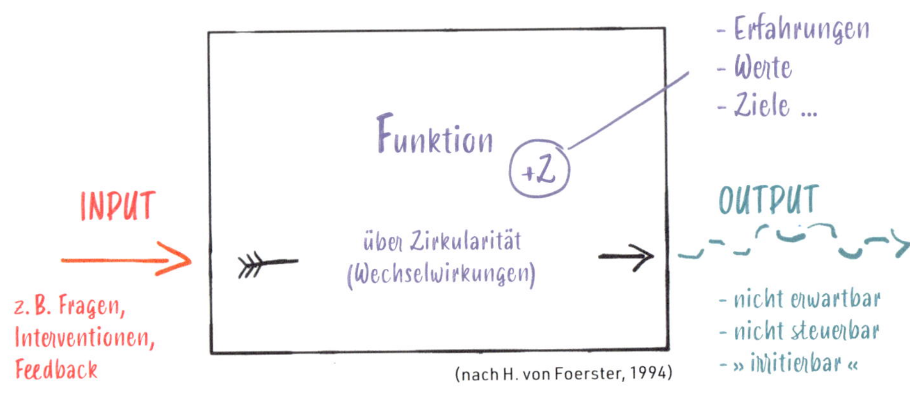

(nach H. von Foerster, 1994)

Beraterin, die weiß, dass sie eigentlich nichts weiß – jedenfalls über die Art und Weise, wie Deine Coachees die Welt wahrnehmen, genauer: wie sie ihre Welt konstruieren. Auch als Coach verfügst Du nicht über ‚die Wahrheit', sondern nur über eine, nämlich Deine eigene Beobachtungsperspektive, die wiederum das Ergebnis Deiner inneren Landkarte, Deiner Geschichte und Deiner subjektiven Wirklichkeitskonstruktion ist.

Der Einfluss der lösungsorientierten Kurzzeittherapie

Neben der systemisch-konstruktivistischen Grundhaltung ist im systemischen Coaching auch der Einfluss der lösungsorientierten Kurzzeittherapie zu spüren. Überhaupt wäre das Setting des Coachings ohne die Vorarbeiten der ‚beratenden Psychologie' und hier vor allem der Gesprächstherapie kaum vorstellbar. Hier liegen die Klienten nicht mehr wie Kranke auf der Couch (wie noch in der Psychoanalyse), sondern sitzen ihrer Therapeutin in einem Dialog auf Augenhöhe gegenüber. Das wertschätzende Vier-Augen-Gespräch, wie wir es im Coaching praktizieren, basiert auch auf dieser Form einer beratenden (und nicht mehr analysierenden) Psychologie, zu deren Entwicklung seit den 1940er Jahren vor allem der Psychologe Carl Rogers beigetragen hatte. Doch während in der humanistischen Psychologie der ‚ganze Mensch' mit seinem Wachsen und Werden im Mittelpunkt steht und eine Therapie über lange Zeiträume gehen kann, geht es im Coaching darum, schnell kreative Lösungen für konkrete Anliegen aus dem beruflichen und zunehmend auch privaten Leben zu finden.

> *Carl R. Rogers, Die nicht-direktive Beratung. Counseling and Psychotherapy. München: Kindler 1972.*

Insbesondere durch den Einfluss der lösungsorientierten Kurztherapie, wie sie seit den 1970er Jahren am *Brief Family Therapy Center* in Milwaukee, USA, von Steve de Shazer, Insoo Kim Berg und anderen betrieben wurde, ist systemisches Coaching radikal lösungsorientiert: Die Aufgabe ist nicht, in der Vergangenheit nach den möglichen Ursachen eines Übels zu suchen, deren Analyse dann zu einer Lösung führen würde. Vielmehr richtet sich die Perspektive in dieser Form des Coachings von Anfang an auf das in der Zukunft liegende Ziel: *Wohin soll Ihre Reise gehen? Was soll an die Stelle der problematisch erfahrenen Gegenwart treten? Und was noch?*

Indem Du die Aufmerksamkeit im Coaching-Prozess von Beginn an auf die Vision einer freudvollen Zukunft lenkst, kann Dein Coachee eine neue Leichtigkeit spüren, eine positive Veränderungsenergie, aus der eher Lösungen hervorgehen als aus einem Verfangensein in schwerem, trübsinnigem Problemdenken. „Solution talk creates solutions, and problem talk creates problems", lautet daher das Motto der Kurztherapie Steve de Shazers und Insoo Kim Bergs, denen das systemische Coaching wichtige Einsichten verdankt.

Steve de Shazer, Wege der erfolgreichen Kurztherapie. Stuttgart: Klett-Cotta, 14. Aufl. 2014.

Doch der Ansatz der Kurztherapie, dem Problem ihrer Klienten möglichst wenig Beachtung zu schenken, sondern lieber gleich zu fragen, was an seine Stelle treten soll, hat sich im Coaching in dieser Radikalität nicht durchgesetzt. Vielmehr haben wir als Coaches die Erfahrung gemacht, dass die Probleme, mit denen unsere Coachees zu uns kommen, insbesondere die Schwere und das Leid, die daraus resultieren, angemessen gewürdigt sein wollen. Erst wenn dies geschehen ist, wenn sie sich in dem Leid ihrer Situation gesehen fühlen, sind Coachees in der Regel bereit, sich für anstehende Veränderungen zu öffnen. Es geht also nicht darum, dass Du das Problem in der Tiefe verstanden haben müsstest, um gemeinsam mit Deinem Gegenüber passende Lösungen zu finden. Hier sind wir einverstanden mit der Kurztherapie, die sagt, dass geeignete

Lösungen am Ende mit dem ursprünglichen Problem oft gar nichts mehr zu tun haben. Es geht vielmehr darum, dass sich Deine Coachees mit ihrem Problem verstanden fühlen müssen, um überhaupt die Bereitschaft zu entwickeln, sich auf den Weg zu neuen Ufern aufzumachen.

Verhalten entsteht im System: Die soziologische Systemtheorie

Die Systemtheorie bildet eine wichtige Säule des systemischen Coachings. Unter ihr ist recht allgemein eine wissenschaftliche Betrachtungsweise zu verstehen, die Aspekte und Wirkungsweisen von Systemen benutzt, um damit so unterschiedliche Phänomene wie Zellen, Familien, Maschinen, Organisationen oder das Sonnensystem zu erklären. Ein System ist dabei als eine Ansammlung von Elementen zu verstehen, deren Beziehungen zueinander einer Beobachterin dichter erscheinen als die Beziehungen zu anderen Elementen. Jene anderen Elemente lassen sich je nach der Art ihrer Beziehung zum System als seine Umwelten beschreiben. Systeme stehen im Austausch mit ihren Umwelten; sie haben Strukturen, in ihnen herrschen Regeln und sie haben Grenzen nach außen, die zugleich definieren, was innen sein soll, also was zum System gehört und was als Umwelt betrachtet wird. Seit der Biologe Ludwig von Bertalanffy bereits im Jahr 1937 an der Universität von Chicago eine *General Systems Theory* vorgelegt hatte, in der er eine Eigengesetzlichkeit lebender Systeme postulierte, ist die Systemtheorie zu einer Meta-Theorie geworden, einem interdisziplinären Erkenntnismodell, das verschiedene Wissenschaftszweige (wie etwa die Biologie, Kybernetik, Soziologie, Informatik oder Medizin) und Beratungsansätze (wie die Psychotherapie, Sozialarbeit, Organisationsentwicklung oder das Coaching) nachhaltig prägt.

Der Weg von der Systemtheorie und dem Systemdenken zur systemisch-konstruktivistischen Beratung führt über die amerikanische Westküste, wo sich in den 1960er Jahren Vertreter der humanistischen Psychologie zu einem produktiven Austausch mit dem neuen Wissenschaftszweig der Kybernetik einfanden. Im Anschluss an die berühmten *Macy-Konferenzen* in den 1950er Jahren (gesponsert von dem New Yorker Traditionskaufhaus *Macy's*) hatte 1959 eine Gruppe von Wissenschaftlern in Palo Alto das *Mental Research Institute* (MRI) gegründet. Unter der Leitung des Anthropologen Gregory Bateson und des Psychiaters Don Jackson kamen hier Vertreter aus verschiedenen Disziplinen zusammen, um pathologisches menschliches Verhalten aus der Perspektive von Kybernetik und Systemtheorie neu zu erforschen. Im Laufe der Zeit traten dabei auch andere, bis heute bekannte Personen wie Virginia Satir oder Paul Watzlawick auf.

Obwohl ursprünglich zur Erforschung schizophrener Erkrankungen gegründet, ist das MRI besonders durch seinen neuen, systemisch-konstruktivistischen Kommunikationsbegriff bekannt geworden. Im Mittelpunkt steht hier nicht mehr der Einzelne mit seinen Prägungen und Motiven; ins Zentrum der Aufmerksamkeit rücken nun seine Interaktionen innerhalb komplexer Kommunikationssysteme. Das ist der Markenkern des neuen, systemischen Blicks auf die Menschen und ihr Tun: An die Stelle einfacher Ursache-Wirkungs-Beziehungen treten im Kommunikationsmodell der Palo Alto-Gruppe zirkuläre Rückkopplungsprozesse, Interaktionen und Spiele, Double-Binds und Paradoxien wie zum Beispiel Aufforderungen nach dem Muster: „Sei doch mal spontan, ohne dass ich dich ständig dazu auffordern muss!“ Das wichtigste Ergebnis für die Arbeit in der systemischen Beratung ist dabei, dass menschliche Kommunikation nicht mehr nach einem simplen Sender-Empfänger-Modell aufgefasst wird, sondern als ein komplexes Wechselspiel ohne Anfang und Ende, das die Beteiligten immer gemeinsam und in Wechselwirkung miteinander erzeugen.

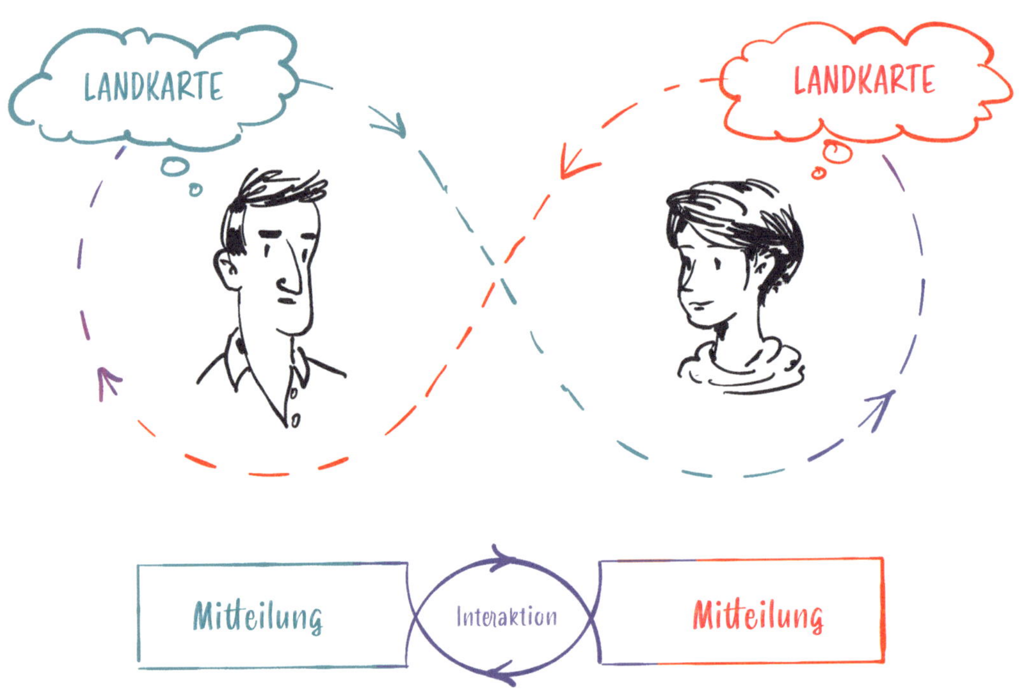

Später kommt ein weiteres Axiom hinzu, das bis heute die konstruktivistische Ergänzung des systemischen Denkens bildet: Alles, was gesagt wird, wird von einer Beobachterin gesagt; es gibt also grundsätzlich keine von der Beobachtung unabhängige Realität. Vielmehr erzeugen wir Bedeutungen und damit unsere Wirklichkeit immer erst im Prozess der Kommunikation. So können zum Beispiel zwei Gesprächspartner ihr eigenes Verhalten beide zugleich als Reaktion auf das Verhalten des anderen erleben, ohne dass einer Recht und der andere Unrecht hätte. Solche Paradoxien der Kommunikation, wie wir sie aus dem Alltag zur Genüge kennen, ließen sich erst beschreiben, als man begann, Kommunikation als eine gemeinsam erzeugte Zirkularität zu verstehen, in der das eigene Verhalten immer erst in den Reaktionen des Gegenübers erfahrbar ist.

Eingang gefunden haben derartige Überlegungen nicht nur in Watzlawicks paradox intervenierende *Anleitung zum Unglücklichsein*, einen populären Klassiker der (Anti-)Ratgeberliteratur aus dem Geiste des MRI, sondern auch in das Denken Niklas Luhmanns. Der Bielefelder Soziologe befand sich auf den Spuren der klassischen Systemtheorie Vilfredo Paretos und Talcott Parsons', als er in den 1980er Jahren den radikalen Konstruktivismus sowie das biologische Konzept der Autopoiese der chilenischen Forscher Humberto Maturana und Francisco Varela kennenlernte. Beides fand Eingang in seine umfassende Theorie sozialer Systeme, die weltweit Geltung erlangte und im deutschsprachigen Raum bis heute grundlegend ist für das systemische Denken, Forschen und Handeln in Wissenschaft und Beratung.

Paul Watzlawick, Anleitung zum Unglücklichsein. München: Piper 1983.

Soziale Systeme sind sinngesteuerte Kommunikationssysteme

Im Mittelpunkt von Luhmanns Systemtheorie steht die Kommunikation, weil sie als diejenige Operation verstanden wird, die soziale Systeme (wie Teams oder Vereine, Familien oder Organisationen) überhaupt erst hervorbringt. Auch die Gesellschaft mit ihren Funktionssystemen Politik, Wirtschaft, Recht, Wissenschaft, Kunst etc. wird durch Kommunikationen erzeugt, ebenso wie alle Formen der Beratung. Aber was ist und wo entsteht Kommunikation? Natürlich durch die Menschen, würdest Du nun vielleicht antworten, doch einer solchen Auffassung hat Luhmann vehement und nicht ohne Ironie widersprochen: „Menschen können nicht

kommunizieren", lautet eines seiner bekanntesten Zitate. „Nicht einmal das Bewußtsein kann kommunizieren. Nur die Kommunikation kann kommunizieren."

> *Niklas Luhmann, Soziale Systeme. Grundriß einer allgemeinen Theorie. Frankfurt: Suhrkamp 1984.*

Was meint er damit? Er schaut zunächst einmal genau hin, was wir wahrzunehmen in der Lage sind und was nicht. So können wir zwar laufend beobachten, wie unseren Mitmenschen Worte aus den Mündern und E-Mails aus den Tasten perlen, aber erst wenn dies geschehen ist, wenn das Wort geäußert oder die Nachricht abgeschickt ist, können sie zu Elementen von Kommunikation werden. Was wir leider – oder gottseidank – nicht können, ist, in unser Gegenüber hineinzuschauen, um Gedanken und Gefühle zu lesen. Diese sind Teil des Bewusstseins, systemtheoretisch gesprochen: des psychischen Systems, und dieses ist nur insofern an Kommunikation beteiligt, als es eine relevante Umwelt für diese darstellt. Das heißt, vereinfacht gesagt, die Kommunikation braucht zwar Menschen mit einem Bewusstsein, aber in ihr selbst zählt immer nur das, was nach außen gelangt und wahrgenommen werden kann: ein Wort, eine Geste, ein Blick, ein Hüsteln. Erst wenn Du etwas Derartiges beobachtest und dann auch noch beschließt, darauf zu reagieren, kann Kommunikation entstehen. Dazu musst Du aber erstens der Meinung sein, dass es sich bei dem vernommenen Geräusch überhaupt um eine Mitteilung an Dich handelt. Bekanntlich kann ein Hüsteln auch eine Reaktion auf eine Irritation im Hals sein. Verstehst Du es jedoch als eine Mitteilung, die zudem eine bestimmte Information enthält („Du redest Dich gerade um Kopf und Kragen!") und bist auch noch bereit, dieses Paket aus Information und Mitteilung auszupacken und darauf zu antworten – vielleicht mit einem Nicken an den Hüstler („Okay, ich halte mich jetzt zurück."), erst dann ist aus dem Hüsteln eine Kommunikation entstanden.

Und noch ein zweiter Punkt ist hier wichtig: Das entscheidende Kriterium einer Kommunikation besteht darin, dass sie an eine andere Kommunikation anschließt, und nicht etwa, welche Absichten oder Sinnkonstruktionen einen Sprecher (oder Hüstler) leiten. Dies bleibt nachgeordnet, weil es sich ja, wie gesagt, ohnehin nicht beobachten lässt. Hier ist die Systemtheorie also recht empirisch. Wahrscheinlich spielt es auch gar keine große Rolle, was Du *eigentlich* sagen wolltest, denn entscheidend ist, was bei Deinem Gegenüber ankommt. Der viel zitierte Satz, dass wir erst wissen, was wir gesagt haben, wenn wir die Antwort unseres Gegenübers vernehmen, zielt genau auf diese Situation. Sobald die Worte Deinen Mund verlassen haben, kannst Du sie nicht mehr kontrollieren. Sie sind nun im Reich der Kommunikation unterwegs, das seine ganz eigenen Regeln, Strukturen und Gesetze hat. Bei wem Deine Worte, E-Mails oder WhatApps auf ihrer Reise ankommen und wer sie wie (miss-)versteht, entzieht sich Deinem Einfluss.

Du kannst Dir Kommunikation wie ein Spiel vorstellen, dessen komplexe Struktur Du nur insofern beeinflussen kannst, als Du auf der Grundlage eines bestimmten Regelwerks einen Zug machst, um dann abzuwarten, wie die anderen Mitspieler darauf reagieren und ihrerseits ziehen. Indem sich hier Spielzüge an Spielzüge anschließen, aber völlig unerheblich ist, was die Spieler dabei denken, wird deutlich, dass die Art und Weise, wie ich ziehe, weit mehr von den Regeln und Strukturen des Spiels abhängt als von den Gedanken, die ich beim Ziehen habe. Und so ist es eben auch mit der Kommunikation. Das System der Sprache, die Regeln der Höflichkeit, die Kultur des Unternehmens und die Erwartungen der Kolleginnen und Mitarbeiter – all das ist immer schon da und setzt die Regeln, wenn ich in das Spiel eintrete und den ersten Satz sage. So ist es zu verstehen, wenn Luhmann sagt, dass es nicht die Menschen sind, die kommunizieren, sondern dass Kommunikation ein ganz eigenes Phänomen ist, das losgelöst von dem Bewusstsein der Einzelmenschen ein Eigenleben führt.

Im Coaching wirst Du immer wieder erleben, wie durch (eine bestimmte Art der) Kommunikation Probleme entstehen und wie durch (eine andere Art der) Kommunikation Probleme auch wieder aufgelöst werden können. Du erfährst aus den Erzählungen Deiner Coachees, wie Teams, Familien oder Organisationen miteinander meist in bester Absicht Kommunikationsstrukturen erzeugen, in denen sie sich irgendwann verstricken und die sie dann als leidvoll erfahren. Kommunikation ist also neben den Gedanken und Gefühlen unserer Coachees der Hauptgegenstand, mit dem wir es im Coaching zu tun haben.

Auch deshalb gehst Du im Coaching ‚systemisch' vor, das heißt, Du schaust nicht so sehr darauf, was die einzelnen Menschen im Umfeld Deiner Coachees aus welchen Motiven heraus tun, sondern nimmst das System in den Blick, das sie miteinander erzeugen. Man könnte auch sagen: den Kontext. Als systemischer Coach schaust Du, welche Regeln und Strukturen der Kommunikation sich dort gebildet haben, wozu sie dienen und was sie ermöglichen. Du fragst aber auch danach, was sie verhindern und unmöglich machen, wo ihre Tabus und blinden Flecken liegen und wer am Ende am meisten von ihnen profitiert. Gemeinsam mit Deinen Coachees überlegst Du schließlich, wie sich diese Kommunikationssysteme dazu anregen lassen könnten, künftig auch andere Kommunikationen zuzulassen: solche, mit denen es den Beteiligten vermutlich besser ginge.

Wo bleiben die Gedanken und Gefühle? Das Bewusstsein als psychisches System

Neben den sozialen, also durch *Kommunikationen* gebildeten Systemen hast Du es im Coaching mit dem psychischen, also durch *Gedanken* gebildeten System Deines Gegenübers zu tun – das Dir freilich immer nur durch die Beobachtung von Kommunikationen zugänglich ist. Wir können grundsätzlich in andere nicht hineinschauen, sondern immer nur auf der Basis von beobachtbarem Verhalten Rückschlüsse bilden, was die Person wohl gerade fühlen oder denken könnte. Im Coaching können wir auch direkt danach fragen. Die Elemente des psychischen Systems, die Gedanken, existieren ja nur hier, im Bewusstsein, und ebenfalls nur dadurch, dass sie an (andere) Gedanken anschließen können, die wiederum an (andere) Gedanken anschließen usf. Wie gut diese Autopoiese des Bewusstseins funktioniert, merkst Du, wenn Du einmal versuchst, eine Weile nicht zu denken. Genau dies wird in manchen Formen der Meditation angestrebt: den unablässigen Strom der Gedanken wenigstens punktuell zu unterbrechen, um der Psyche eine kurze Verschnaufpause zu verschaffen, aber auch, um die Eigendynamik dieser Gedankenkette zu erkennen. Wenn uns dies gelingt, dann merken wir, dass nicht wir es sind, die denken, sondern dass unsere Gedanken von ganz allein entstehen. So wie es die Kommunikation ist, die kommuniziert, so sind es die Gedanken, die sich denken.

Dabei sind die Gedanken und Gefühle nicht mit bestimmten Gehirntätigkeiten zu verwechseln, denn das Gehirn ist ein Teil des Körpers und befindet sich daher, systemtheoretisch gesprochen, in der Umwelt des Bewusstseins. Außerhalb des psychischen Systems gibt es keine Gedanken und Gefühle, so wie es außerhalb des sozialen Systems keine Kommunikationen gibt. Psychisches und Soziales sind also im systemischen Denken separate Kategorien, auch wenn sich beide gegenseitig bedingen: Da das eine ohne das andere nicht existieren kann, spricht man von einer *strukturellen Kopplung* von psychischem System und sozialer Umwelt. Umgekehrt ist das soziale System strukturell an die psychischen Umwelten gekoppelt. Ohne die Bewusstseine der Einzelmenschen gäbe es keine Kommunikation, so wie ohne (soziale) Kommunikation auf Dauer auch kein (subjektives) Bewusstsein existieren kann. Während also Kommunikationen recht gut zu beobachten sind, ist dies für Gedanken schwieriger, da wir bekanntlich nicht von außen in einen fremden Bewusstseinsstrom eintreten können. So bleibt jedes psychische System für andere Menschen notwendig eine Black Box. Innerhalb des Bewusstseins findet dagegen eine ständige Selbstbeobachtung statt; dass wir unsere Gedanken denkend beobachten können, ist die Grundbedingung für die menschliche Fähigkeit zur Selbstreflexion. Sie gelingt am besten, wenn wir unsere Gedanken in sprachlicher Form ausdrücken. Wir können also darüber nachdenken, was und wie wir denken, das heißt, in welcher Weise unser psychisches System auf Umweltreize reagiert – und wie wir diese Reaktionsmuster gegebenenfalls verändern wollen. So ist das psychische System grundsätzlich in der Lage, sich selbst zu kontrollieren.

Und wie soziale Systeme sind auch psychische Systeme grundsätzlich *sinngesteuert*. Wir beobachten unsere Gedanken und Gefühle ja nicht aus einer neutralen Beobachterperspektive, sondern überprüfen sie stets im Hinblick darauf, ob und inwieweit sie zu unserem eigenen Wohlergehen beitragen. Eine erhellende Ausnahme stellt auch hier die Achtsamkeitsmeditation dar, in der wir gezielt und für einen begrenzten Zeitraum versuchen, Bedeutungen und Sinnzuschreibungen bei der Beobachtung unserer inneren Regungen auszuschalten. Psychische Systeme als Sinn erzeugende Systeme denken in jedem Gedanken stets die Einheit des Systems mit, indem sie jeden Gedanken mit anderen, früheren Gedanken vergleichen. Auf diese Weise erfährt sich das psychische System als Einheit – die Einheit all seiner Gedanken – und erzeugt eine Identität des Bewusstseins im Bewusstsein. Indem sich dieses Bewusstsein aber nicht nur mit sich selbst, sondern auch noch mit dem Körper identifiziert, der systemtheoretisch in seiner Umwelt liegt, bildet sich im psychischen System schließlich das selbstreflexiv erzeugte Ich eines Menschen.

Im Coaching kannst Du mit Hilfe dieser strengen Unterscheidung von Denken und Kommunizieren sehr schön erkennen, dass das, was wir denken, noch nicht gesagt ist, und dass wir das, was wir gesagt haben, erst vollends verstehen, wenn wir die Antwort unseres Gegenübers hören. Der systemische Blick auf das Bewusstsein erinnert uns aber auch daran, warum Veränderungen oft so schwierig sind. Wir mögen das subjektive Gefühl haben, uns jederzeit komplett neu erfinden zu können – immerhin ist doch heute der erste Tag vom Rest unseres Lebens, und wir können jederzeit beschließen, uns künftig anders zu verhalten. Doch das unsichtbar laufende System unserer Psyche, die unwillkürlich ablaufenden Prozesse im Unterbewusstsein, die das Vertraute und Bekannte lieben, Gesichertes und Erfahrenes bevorzugen, werden da sicher Widerstand leisten. Es geht daher im Coaching auch darum, die fest gefügten Muster des psychischen Systems aufzuspüren und anzuerkennen, um sie dann etwas zu lösen, damit Veränderung möglich wird.

Unser Bild von der Welt ist nicht die Welt: Der philosophische Konstruktivismus

Neben der soziologischen Systemtheorie bildet der bereits erwähnte philosophische Konstruktivismus die andere Säule des systemisch-konstruktivistischen Denkens. Gemeint ist damit eine Denkrichtung, die sich aus theoretischen Ansätzen so unterschiedlicher Disziplinen wie der Biologie, Neurophysiologie, Psychologie, Philosophie oder Kybernetik speist. Gemeinsam ist ihnen die Auffassung, dass Erkenntnis nicht auf einer direkten Entsprechung von Subjekt und Objekt, Wahrnehmender und Wahrgenommenem beruht, sondern auf intern angefertigten Konstruktionen der Außenwelt. Wir Menschen nehmen die Welt nicht so wahr, wie sie ist (auch wenn uns das meist so vorkommt), sondern erschaffen in unserem Inneren ein imaginäres Bild, man könnte auch sagen: ein Modell dieser Welt. Du kannst dieses Modell mit einer *inneren Landkarte* vergleichen, die für Dich gangbare Wege durch die Welt verzeichnet, auf denen Du Dich tatsächlich recht gut bewegen kannst – meistens jedenfalls. Über die Beschaffenheit der Welt abseits der gebahnten Wege sagt die Karte indes nichts aus.

Du kannst Dir dieses Konzept der inneren Landkarte recht gut anhand eines Bildes einprägen: Stell Dir einen blinden Menschen vor, der durch einen Wald zu einem Fluss gelangen will. Er bahnt sich einen Weg an den Bäumen und Sträuchern vorbei, bis er am Fluss angekommen ist. Beim nächsten Mal wird er vielleicht einen etwas anderen Weg zwischen den Bäumen hindurch gehen, der ebenfalls funktioniert, und dann wieder einen anderen. Irgendwann wird er ein Netz von Wegen kennen und vielleicht eine Karte anlegen. Doch was es mit den Bäumen und Sträuchern auf sich hat, was sich in ihren Kronen abspielt, welche Tiere in ihnen leben, muss ihm für immer verborgen bleiben. Der Wanderer verfügt nicht über ein (ikonisches) Bild des Waldes, sondern er (er-)kennt die Wald-Wirklichkeit in Form eines verzweigten Netzes von Wegen. Die Konstruktivisten sprechen daher von ‚Viabilität' (von lateinisch *via*, ‚Weg'), wenn sie unsere Form der Erkenntnis von Welt und Wirklichkeit beschreiben: Wir kennen ein paar *Wege* durch die Welt, ein auch nur annähernd vollständiges *Bild* von ihr haben wir dagegen nicht.

In der Philosophie ist das Problem, auf das der Konstruktivismus eine Antwort gibt, seit Jahrtausenden bekannt: Nicht einmal der weiseste Philosoph kann ein objektives Bild der Welt beschreiben, solange er selbst ein Teil dieser Welt ist. Er steht sich beim Beschreiben gewissermaßen selbst im Weg und hat nicht die Möglichkeit, aus sich herauszutreten, um zu überprüfen, ob das, was er – gleichsam von innen – für die Welt hält, auch von außen so aussieht. Man hat dieses Problem in der Vergangenheit meist dadurch gelöst, dass man annahm, Gott wolle uns schon nicht täuschen und habe uns daher mit einem halbwegs realistischen Erkenntnisorgan ausgestattet. Deswegen könne man annehmen, dass die Art, wie wir die Welt sehen, schon irgendwie stimmig sei. Ohne die Annahme eines solchen fürsorglichen Gottes jedoch funktioniert das alte, ‚realistische' Erkenntnismodell nicht. Der philosophische Konstruktivismus buchstabiert am radikalsten aus, welche Konsequenzen das für uns hat – nicht nur, aber auch im Coaching.

Autopoiese: Warum wir immer nur uns selbst wahrnehmen können

In jüngerer Zeit haben zwei wissenschaftliche Entdeckungen dieses ‚realistische' Weltbild weiter erschüttert. Die Neurophysiologie konnte zeigen, dass unsere Nervenzellen regelrecht ‚blind' sind für die Außenwelt. Sie können die Reize, die durch die verschiedenen Sinnesorgane auf uns einwirken, gar nicht *qualitativ*, also nach Gehörtem, Gesehenem, Getastetem usf. unterscheiden, sondern nur nach ihrer *Intensität.* Erst nachträglich wird im Gehirn eine Interpretation vorgenommen, wie sich der undifferenzierte Input auf die verschiedenen Sinnesorgane verteilt, also was wir gesehen, gehört oder gefühlt haben. Unser Bild von der Welt fällt also nicht durch die Sinnesorgane wie durch Fenster in unser Inneres, sondern wird dort nach internen Maßgaben aufwendig (re-)konstruiert. Neben diesem *Theorem der undifferenzierten Codierung*, das insbesondere Heinz von Foerster für die Erkenntnistheorie fruchtbar machen konnte, hat das in der Biologie entdeckte Prinzip der Autopoiese dem Konstruktivismus Auftrieb gegeben. Wie Humberto Maturana und Francisco Varela zeigen konnten, sind lebende Organismen operational geschlossene Systeme, die nur ihre eigenen internen Zustände kennen und nie in direkten Kontakt mit der Umwelt kommen. Die Außenwelt bleibt ihnen prinzipiell unzugänglich; Umwelteindrücke können erst ‚erkannt' werden, nachdem das System sie intern abgebildet hat. Dann aber sind sie streng genommen keine Umwelteindrücke mehr, sondern eigenlogische Zustände des Systems.

Humberto Maturana und Francisco Varela, Der Baum der Erkenntnis. Die biologischen Wurzeln menschlichen Erkennens. München: Goldmann 1988.

Vor diesem Hintergrund gehen Konstruktivistinnen davon aus, dass jede Erkenntnis notwendig die innere Konstruktion eines Systems ist und niemals mit irgendeiner Art von Objektivität verwechselt werden sollte. Gleichwohl halten sie daran fest, dass es eine objektive Welt da draußen gibt, in der manche Wege gangbar sind und andere nicht. Der Konstruktivismus redet also keineswegs einem Relativismus das Wort, in dem alles möglich und jede Hypothese gleichermaßen zutreffend wäre. Denn auch wenn wir nicht wissen können, was die Realität ‚an sich' ist, so merken wir doch, was in ihr klappt und was nicht. Wenn der Schlüssel nicht passt, sagt uns das noch nichts über die Beschaffenheit des Schlosses. Neben der Einsicht, dass wir alle unsere eigene Welt, unsere eigene Wirklichkeit und damit auch unsere eigenen Probleme konstruieren, ließe sich ein konstruktivistisches Credo für die Beratung so formulieren: Du suchst nach passenden Schlüsseln und gangbaren Wegen, anstatt zu erforschen, warum die alten Lösungen nicht mehr funktionieren. Es gibt nämlich nicht die eine Welt, die eine Wahrheit, die eine richtige Lösung, sondern viele Wege, die zum Ziel führen – und die allermeisten davon kennst Du noch gar nicht.

Kein schwacher Trost: Auch Probleme sind nur Konstruktionen

Wenn es also so etwas wie Objektivität gar nicht geben kann, sondern jede Welt, jede Kultur und jede Person ihre eigene Wirklichkeit konstruiert, dann sind auch Probleme nicht einfach objektiv da, sondern Ergebnisse unserer eigenen Wirklichkeitskonstruktion. Sie entstehen nicht durch objektive Tatsachen oder Ereignisse, sondern allein durch die Bewertungen, die wir diesen geben - und zwar sowohl subjektiv (also durch uns selbst) wie intersubjektiv (also durch unsere Kultur, Gesellschaft, Familie etc.). Ob etwas *richtig* oder *falsch* ist, entscheidet jeder Mensch für sich selbst, freilich im Rahmen der Konventionen, auf die sich seine Kultur vorab geeinigt hat. Ein objektives „Richtig" oder „Falsch" gibt es nicht. Eine Folge dieser Annahme ist, dass jedes Verhalten, das Menschen an den Tag legen, aus ihrer Sicht sinnvoll und schlüssig ist – auch wenn es einer außenstehenden Beobachterin hochgradig absurd erscheinen mag. Jede Person tut in jedem Moment genau das, was ihr gemäß ihrer Werte und Glaubenssätze, Annahmen und Überzeugungen sinnvoll und richtig erscheint. Anders gesagt: Wir nehmen stets die Wege, die uns nach Maßgabe unserer inneren Landkarte mit der größtmöglichen Wahrscheinlichkeit ans Ziel führen. Dies gilt es in der Coach-Rolle zu berücksichtigen – gerade dann, wenn Dir das Verhalten Deines Coachees besonders widersinnig erscheint. Du versuchst dann herauszubekommen, welche Wirklichkeitskonstruktion dieser merkwürdigen Verhaltensauswahl zugrunde liegt, was durch sie möglich wird und welche Probleme daraus resultieren.

Dass Probleme Konstruktionen sind, heißt auch nicht, dass wir sie vernachlässigen könnten. Ganz im Gegenteil, denn sie sind ja auch als Konstruktionen real und erzeugen im schlimmsten Fall ein Leid, das Deine Coachees am eigenen Leib spüren. Wenn wir sagen, Probleme sind Konstruktionen, dann tun wir das nicht, um sie geringzuschätzen. Probleme bedürfen unbedingt der Anerkennung und Würdigung. Aber wenn Probleme Ergebnisse der Wirklichkeitskonstruktion Deiner Coachees sind, dann haben sie es auch selbst in der Hand, sie zu verändern. Sie können ihren Blick auf bestimmte Phänomene der Welt ‚umkonstruieren', und zwar vor allem dadurch, dass sie andere, weniger belastende Bewertungen einführen. Dabei kannst Du sie im Coaching wirksam unterstützen.

Damit sind wir im Kern dessen angekommen, was systemisches Coaching leisten kann. Fast immer geht es darum, dass Du auf der Basis einer tragfähigen Beziehung Deine Coachees dazu ermunterst und in gemeinsamer Reflexion befähigst, neue Perspektiven in ihren bisherigen Blick auf die Welt (oder ihre berufliche Situation) einzuführen. Damit wird es ihnen möglich, anders auf die Situationen oder Menschen zu blicken, die sie bisher als problemhaft und leidvoll erfahren haben. Im Coaching geht es also meist darum, nicht die Dinge oder die Lebensumstände selbst zu ändern, sondern zunächst ihre Wahrnehmung und Bewertung zu hinterfragen. Dadurch wird dann in der Regel auch ein anderes, neues Verhalten möglich.

- Du suchst nach Lösungen ... und weniger nach den Ursachen eines Problems.
- Du fragst nach funktionierenden Elementen ... anstatt auf Defizite zu achten.
- Du wertschätzt und förderst die vorhandenen Fähigkeiten und Kompetenzen um sie für die Zukunft nutzbar zu machen.
- Du berätst als „Unwissende" ... und nicht als Expertin.
- Du stellst Hypothesen auf ... die angenommen oder verworfen werden können.
- Du erweiterst die Möglichkeiten und Spielräume aller Beteiligten ... anstatt sie zu verengen.
- Du bist offen für die Wirklichkeiten aller Beteiligten ... anstatt eine einzige Wahrheit anzuerkennen.

Von der Theorie zurück zur Praxis: Drei Leitsätze im systemischen Coaching

Was bedeutet dieser theoretische Exkurs nun für Dein konkretes Tun im Coaching? Er weist Dir zuallererst den Weg zu einer angemessenen Haltung als systemischer Coach. Du wirst es im Coaching mit Menschen, also lebenden Systemen zu tun bekommen, die sich sowohl in ihrem Denken und Fühlen (= psychisches System) wie in ihrem Handeln und Kommunizieren mit anderen (= soziales System) durch autopoietische Selbstorganisation auszeichnen. Das heißt, sie tun immer das, was sie gerade für sinnvoll halten, und sie steuern sich dabei aus einem starken inneren

Eigensinn heraus selbst. Anders gesagt, sie wissen selbst am allerbesten, was gut für sie ist und welche Lösung zu ihnen passt. Wenn sie sich jedoch in der isolierten Selbstbezogenheit ihrer Problemlösungsversuche verheddern, dann kann es sein, dass sie im Coaching Unterstützung suchen, um in einer dialogischen Situation ihre Selbstheilungskräfte wiederzufinden, zu stärken oder neu auszurichten. Probleme entstehen ja oft dabei, dass wir versuchen, andere, vermeintlich größere Probleme zu lösen. Dann bist Du als Coach behilflich und tust zunächst alles, was dazu beitragen kann, die Autonomie und Selbstbestimmungskräfte Deiner Klienten zu stärken. Um dabei wirksam zu sein, ist es hilfreich, die folgenden drei Maximen zu berücksichtigen:

1. „Es könnte alles auch ganz anders sein!"

Du weißt, dass Du nichts weißt und Dein Gegenüber niemals völlig verstehen kannst. Du gibst daher keine gut gemeinten Ratschläge, sondern unterstützt Deine Klientensysteme bei ihrer autopoietischen Selbstorganisation. Auch wenn Du gerade eine ganz tolle Idee hast, von der Du meinst, dass sie Deiner Coachee auf jeden Fall weiterhelfen würde, ist es gut möglich, dass das, was auf Deiner inneren Landkarte Sinn ergibt, für sie völlig unbedeutend ist. Die erste Folgerung aus dem theoretischen Exkurs zu Systemtheorie und Konstruktivismus ist also, Demut walten zu lassen. Eine systemische Coach weiß, dass sie nichts weiß – jedenfalls über die Wirklichkeitskonstruktion ihres Gegenübers. Sehr wohl besitzt sie aber ein fundiertes Know-how im Hinblick auf die Prozessgestaltung und ihre Methoden.

Dass Du als Coach gar nicht wissen kannst, wie eine passende Lösung für Deine Coachees aussehen könnte, verleiht dem Ganzen übrigens eine gewisse Leichtigkeit. Du musst Dich nicht noch mehr anstrengen, wenn es mal nicht so läuft, wie erhofft, und Du kannst im Grunde auch nichts falsch machen, sondern immer nur ausprobieren, was funktioniert, oder im Bild der Viabilität gesprochen: welche Wege gangbar sind. Erst wenn Du diese Haltung des prinzipiellen Nichtwissens und Nichtverstehens verinnerlicht hast, bist Du in der Lage, andere Menschen unvoreingenommen in ihren Systemzusammenhängen wahrzunehmen und deren Eigenlogik zumindest ansatzweise zu begreifen.

2. „Das ist ja interessant, wie Sie das machen!"

Durch interessiertes Zuhören und Fragen erkundest Du staunend die inneren Landkarten Deiner Coachees. Aufgrund ihrer Erzählungen versuchst Du, eine Vorstellung davon zu gewinnen, was es heißt, Herr Schulze oder Frau Wennemann zu sein, wie es ist, in diesem Leben zu stecken, mit ihren Werten und Glaubenssätzen aufzuwachsen usf. Mit anderen Worten: Du machst Dir ein Bild von dem Bild, das Deine Coachees sich von der Welt machen. Diese Beobachtung der Beobachtung nennt der Konstruktivismus „Beobachtung zweiter Ordnung". Es geht darum, der Wirklichkeitskonstruktion Deines Gegenübers auf die Spur zu kommen und eine Ahnung von seiner Not, aber auch von seinem Glück zu erlangen. Dazu ist es zunächst notwendig, aufmerksam zuzuhören und neugierig nachzufragen, wie die Welt funktioniert, die Dein Gegenüber Dir beschreibt. Grundsätzlich bedarf es dazu einer gleichberechtigten Beziehung auf Augenhöhe. Als Coach bist Du keine Besserwisserin, die von oben herab vermeintliche Wahrheiten verkündet. Du bist vielmehr eine respektvolle Entdeckerin, die die Vielzahl der Möglichkeiten, sich die Welt zu erklären, neugierig und staunend zur Kenntnis nimmt.

Im systemischen Coaching erkundest Du Dir unbekannte innere Landkarten und gehst davon aus, dass jedes Handeln für den Einzelnen in jedem Moment Sinn ergibt. Den bisherigen Verhaltensstrategien, so abwegig und fremd sie Dir auch vorkommen, bringst Du daher Wertschätzung entgegen, denn sie haben ja bis heute erfolgreich zum Überleben Deines Coachees beigetragen. Das ist wichtig und betrifft den ressourcenorientierten Aspekt des systemischen Coachings: Du schaust auf das, was schon da ist und funktioniert, auch wenn es gerade vielleicht nicht so rund läuft. Du lenkst die Aufmerksamkeit Deiner Coachees auf das, was sie alles schon (geleistet) haben, denn das verliert man ja leicht mal aus den Augen, wenn man nur auf das starrt, was gerade nicht so gut läuft.

Diese Begegnung mit den Werten und Haltungen, kurz: mit den Wirklichkeitskonstruktionen Deiner Coachees wird Dich immer wieder auf Deine eigenen inneren Haltungen zurückwerfen, die Du daher gründlich für Dich klären solltest: Mit welchem Menschenbild gehst Du selbst durchs Leben? Welches sind Deine Überzeugungen, Deine Werte und inneren Leit- und Glaubenssätze? Die nötige Achtsamkeit als Coach beginnt bei Dir selbst, und sie hört prinzipiell nie auf. Immer wieder aufs Neue musst Du bereit sein, Dein Handeln und Denken zu reflektieren und vielleicht noch verborgene Winkel auf Deiner inneren Landkarte zu erkunden. Je besser Du Deine eigenen Denk-Schubladen, aber auch die Knöpfe kennst, die man drücken muss, um Dich auf die Palme zu bringen, desto besser kannst Du wahrnehmen, was Deine Coachees mit ihren Gefühlen und Mustern in Dir auslösen. Du wirst mit der Zeit dann immer besser unterscheiden können, welches Deine eigenen Gefühle sind und welche Du bei Deinem Gegenüber belassen kannst.

3. „Nehmen wir einmal an, Ihr Problem ist gelöst. Was wird Ihnen dann möglich sein?"

Dein Ziel ist stets, die Anzahl der Handlungsmöglichkeiten Deiner Coachees zu vergrößern. Über dem ganzen Prozess steht die Maxime, im Coaching so zu handeln, dass für Deine Klientinnen und Klienten am Ende mehr und neue Handlungsmöglichkeiten entstehen. Denn die meisten Menschen kommen erst dann ins Coaching, wenn sie das ungute Gefühl haben, dass ihre Handlungsmöglichkeiten eingeschränkt und sie in ihrer Freiheit bedrängt sind. Problematisch erlebte Situationen, zumal wenn sie länger andauern, führen dazu, dass sich ihr Blick verengt bis hin zum regelrechten Tunnelblick, der rechts und links gar nichts anderes mehr sieht. Im Coaching versuchst Du, den eingeengten Blick wieder zu weiten, so dass andere und neue Bewertungs- und Handlungsmöglichkeiten ins Sichtfeld geraten. Doch dies kann nur gelingen, wenn die leidvoll erlebte Situation Deiner Coachees zuvor angemessen gewürdigt worden ist. Erst dann kannst Du versuchen, sie wieder in ihre Kraft zu bringen und gemeinsam mit ihnen nach Wegen zu suchen, die mehr Glück, Zufriedenheit und Selbstbestimmung zulassen. Der Blick richtet sich im systemischen Coaching also grundsätzlich nach vorn, auf die Ermöglichung einer vom Problem befreiten Zukunft.

- 1. Wo habe ich es in meinem privaten und beruflichen Alltag mit Sichtweisen, Bewertungen und Weltbildern zu tun, die von meinen eigenen stark abweichen? Und wie gehe ich damit um?
- 2. Wo und wann habe ich mich zuletzt einmal darüber ereifert, ob ein bestimmter Sachverhalt als ‚richtig' oder ‚falsch' einzuschätzen war? Und was hat mich daran besonders aufgeregt?
- 3. Wie ist es mir in dieser Situation emotional gegangen? Welche Gefühle stiegen in mir auf? Und wie habe ich es geschafft, mich wieder abzuregen?
- 4. Wo und wann erlebe ich es, dass ich mich in bestimmten sozialen Systemen oder Kontexten (Familie, Beruf, Sportverein, Supermarkt o.ä.) anders verhalte als in anderen? Und wie erkläre ich mir das?
- 5. Wie gehe ich damit um, dass in strittigen Situationen oder Konflikten, sei es zwischen Kindern oder Erwachsenen, Abteilungen oder Staaten, in der Regel nicht auszumachen ist, wer angefangen hat und Schuld an dem Ganzen ist?
- 6. Wie wirkt der Satz auf mich, dass es keine Täter und keine Opfer, sondern nur Beteiligte gibt?
- 7. Wie reagiere ich, wenn mir jemand sagt, was ich tun soll, oder mir gar einen klugen Ratschlag gibt?
- 8. Wann habe ich zuletzt erfolgreich versucht, einen anderen Menschen zu verändern?

2. Der soziale Kontext: Warum Coaching und Coaching-Wissen heute so wichtig sind

Seit einigen Jahren haben alle möglichen Formen von Beratung Hochkonjunktur. Wohin Du schaust, findest Du Consultants und Berater, Beratungsfirmen und Beratungsstellen, Ratgeberbücher und Ratgeberportale – und eben auch eine Vielzahl von Coaches und Coaching-Angeboten. Ständig kommen neue Beratungsangebote hinzu, drängen weitere Berater, Consultants und Coaches auf einen Markt, für den es so gut wie keine berufsständischen Eintrittsbarrieren gibt. Doch wie lässt sich dieses Phänomen einer regelrechten *Beratungsgesellschaft* erklären?

Eine Antwort auf diese Frage liegt in der unüberschaubar gewordenen Zahl der Wahlmöglichkeiten, vor denen wir in den globalisierten spätkapitalistischen Gesellschaften heute stehen. Die *Multioptionsgesellschaft* ist gewissermaßen die Schwester der Beratungsgesellschaft. Sie gibt uns die Freiheit, in einer Weise selbst über unser Leben zu entscheiden, von der frühere Generationen nur träumen konnten. Wer wir sind und was wir sein wollen, wird heute immer weniger davon bestimmt, wo wir herkommen, also von Traditionen und Religionen, Ständen oder sozialen Schichten. Uns steht prinzipiell alles offen, jede Berufswahl ist möglich, doch woher können wir bei dieser großen Auswahl wissen, dass unsere Wahl auch *wirklich* die richtige ist? Diese Gewissheit gibt es nicht, und so hat die neue Freiheit auch eine Kehrseite, denn wer über eine stetig zunehmende Vielfalt von Möglichkeiten entscheiden *kann*, der *muss* dies auch tun, und zwar nicht nur einmal, sondern immer wieder. Das ist nicht nur auf Dauer anstrengend, sondern auch desillusionierend, denn es führt uns stets die prinzipielle Beliebigkeit unseres Tuns vor Augen. Schließlich hätten wir in jedem Einzelfall auch anders entscheiden können, was womöglich genauso gut oder schlecht – oder vielleicht sogar besser – gewesen wäre.

Anders gesagt: Wer die Wahl hat, hat die Qual, und ein Zuviel an Freiheit kann schnell zur Last werden. Die Vielzahl der lockenden Möglichkeiten verwandelt sich dann in einen bedrohlichen Strudel der verpassten Gelegenheiten und falschen Entscheidungen. Und mit der Vielzahl der Möglichkeiten wächst auch die Gefahr des Scheiterns. Wenn wir alles selbst in der Hand haben, sind wir auch für unseren Misserfolg selbst verantwortlich, und der wird oftmals als schmerzvoll erlebt. Dies betrifft nicht nur die Berufswahl, sondern auch die Partnerschaft, den Lebensstil, die Kleidung, das Auto, den Urlaub usf. Immer öfter sind wir gezwungen, einmal getroffene Entscheidungen umzuwerfen, weil sie nicht das gebracht haben, was wir uns von ihnen versprochen hatten. Dann müssen wir wieder neu entscheiden, und dies nicht nur einmal. Nicht jedem gelingt es dabei, das Scheitern lediglich als eine Form der Erfahrung zu deuten. Der Satz „Steh einmal öfter auf, als Du fällst!“ hört sich markig an, aber bei manch einem stellt sich beim Fallen dann doch ein Gefühl der Kränkung und des Nicht-genug-Seins ein. Mehr Freiheit bedeutet also auch, mehr Unsicherheit und Unkalkulierbarkeit auszuhalten. Derart individualisiert, finden wir uns immer häufiger in der Rolle des *homo consultabilis* wieder: als zur Beratung fähige Menschen, die sich in ihrer Berufs- und Lebensgestaltung unsicher fühlen und dann mit Themen wie Entscheidungsangst, Überforderung oder einfach dem Wunsch nach Orientierung ins Coaching gehen.

Die Herausforderungen der VUCA-Welt

Neben dieser Vervielfältigung unserer Lebensoptionen scheint vor allem die rasante Veränderungsgeschwindigkeit, der wir seit einigen Jahrzehnten ausgesetzt sind, etwas mit dem aktuellen Coaching-Boom zu tun zu haben. Beratung ist ja von jeher eine Technik des Innehaltens, die den Lauf der Dinge verlangsamt und entschleunigt und so die Geschwindigkeit von Veränderungen abbremst. Das gilt auch für den Coaching-Prozess, der sich wie ein Puffer zwischen Aktion und Reaktion schiebt, wenn wir uns damit etwa auf eine wichtige Entscheidung vorbereiten. Mehr noch als andere, stärker direktive Formen der Beratung erzeugt Coaching einen Aufschub, der uns im Strudel der Veränderung Zeit zum Nachdenken und die Muße zur Reflexion verschafft. Dies haben wir heute nötiger denn je. Die Megatrends Globalisierung und Digitalisierung, Individualisierung und Pluralisierung haben die Drehzahl am Rad der Geschichte in den vergangenen Jahren noch einmal drastisch erhöht. Heute scheint alles in Bewegung, nichts ist mehr festgeschrieben und jeder kann alles erreichen, so heißt es. Das heißt aber auch, dass nichts mehr selbstverständlich ist und wir in dem permanenten Strom der Veränderung um alles stets neu ringen müssen. Daraus entstehen neue Herausforderungen für die Individuen, die aus ihren alten Bindungen gelöst werden und oft ratlos vor einer Vielzahl von möglichen Berufsoptionen und Lebensstilen stehen. Aber auch die Organisationen müssen sich in schmerzhaften Anpassungsprozessen darauf einstellen, dass in dieser Welt morgen schon vieles anders ist, als es heute noch war.

Für diese fluide Gesellschaft, die alles Stabile verflüssigt, wurde der Begriff

der VUCA-Welt geprägt. Es handelt sich um ein Akronym aus den Initialen von vier englischen Begriffen: *Volatility* (Unbeständigkeit, Volatilität), *Uncertainty* (Unsicherheit, Unplanbarkeit, Unvorhersehbarkeit), *Complexity* (Komplexität, Unüberschaubarkeit) und *Ambiguity* (Mehrdeutigkeit, Ambivalenz, Uneindeutigkeit). Der Begriff entstand zunächst an einer amerikanischen Militärhochschule und sollte dazu dienen, die neue, multilaterale und noch schwer zu fassende Welt nach dem Ende des Kalten Krieges zu beschreiben. Mittlerweile wird der Begriff auf viele weitere Bereiche übertragen, unter anderem auf den der Wirtschaft. Häufig taucht er in jüngerer Zeit im Zusammenhang mit dem neuen Schlagwort der Agilität in Organisationen auf.

In der VUCA-Formel bildet sich die Herausforderung ab, ständig mit Komplexität, Unsicherheit und Unplanbarkeit umgehen zu müssen: *Volatilität oder Unbeständigkeit* beschreibt die hohe Veränderungsdynamik, mit der wir es zu tun haben, wenn wir kurz-, mittel- und langfristige Prozesse planen, begleiten oder initiieren. *Unsicherheit* bezieht sich auf die Unvorhersehbarkeit von Ereignissen und deren Auswirkungen. Disruptionen und Veränderungen entstehen in unserer Wahrnehmung scheinbar aus dem Nichts, und ganze Märkte formieren sich in bisher unvorstellbarer Geschwindigkeit neu. *Komplexität* meint die Unberechenbarkeit von Aktion und Auswirkung, aus der Phänomene mit vielfältigen Wechselwirkungen entstehen können, die sich oft erst im Nachhinein beschreiben lassen. *Ambiguität* oder *Ambivalenz* beschreibt die Mehrdeutigkeit und Vielschichtigkeit von Informationen und Ereignissen. Viele Beobachtungen lassen sich im Rahmen der beschleunigten Komplexität des Lebens und Arbeitens nicht mehr eindeutig interpretieren.

Mit Hilfe der VUCA-Formel kannst Du Dich (und Deine Coachees) im Coaching daran erinnern, mit welchen Veränderungsdynamiken und Verunsicherungen heute allenthalben zu rechnen ist. Die völlig unvorhersehbare Corona-Krise hat diese ohnehin schon fluide Welt noch einmal ordentlich durchgeschüttelt und unseren Umgang mit Unplanbarkeit auf eine neue Probe gestellt. Zugleich dient die VUCA-Formel als Mahnung, Deine Interventionen mit Achtsamkeit und Wertschätzung auszuwählen, um die allgemein herrschende Verunsicherung nicht im Coaching noch unnötig zu vergrößern. Systemisches Coaching bietet einen geschützten Raum sowie die nötige Zeit zur Reflexion. In einem solchen Lernraum kannst Du Menschen wirksam dabei unterstützen, sich in der fluiden Welt des Wandels neu auszurichten und weniger ausgeliefert zu fühlen.

Der systemische Denkansatz hat sich in den letzten Jahren als eine besonders hilfreiche Antwort auf die Herausforderungen der VUCA-Welt erwiesen, weil er der Welt und ihren sozialen wie psychischen Systemen ohnehin große Komplexität unterstellt. Um mit dieser Komplexität angemessen umzugehen, wurde eine Vielzahl *rekursiver, zirkulärer* und *paradoxer* Interventionen entwickelt, mit denen Du auch im Coaching gut gerüstet bist. Die Grundidee der *systemischen Schleife* versetzt Dich in die Lage, immer wieder neu auf aktuelle Systemdynamiken und veränderte Situationen zu schauen. Stets sammelst Du zuerst Informationen (1), um auf der Basis Deiner Beobachtungen passende Hypothesen zu bilden (2), auf deren Grundlage Du schließlich Interventionen auswählst (3) und umsetzt (4). Im nachfolgenden Zyklus beobachtest Du die Wirkung der Interventionen und sammelst neue Informationen, um neue Hypothesen zu bilden und andere Interventionen auszuwählen und einzusetzen. Dieser Prozess ist im Prinzip endlos fortsetzbar. Mit dem Modell der rekursiven Endlosschleife lassen sich die immer schnelleren Veränderungszyklen der VUCA-Welt einigermaßen gut erfassen.

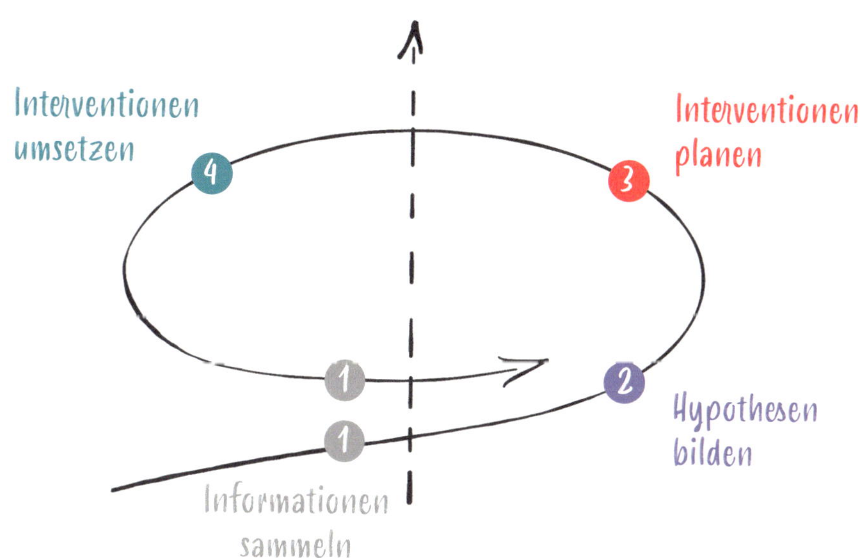

(nach R. Königswieser und M. Hillebrand, 2004)

Die Unsicherheiten einer sich wandelnden Arbeitswelt

Die Geschichte der Beratung ist eng verbunden mit den großen Umbrüchen in der Arbeitswelt, wie sie die Industrialisierung im 19. Jahrhundert mit sich brachte. Der Niedergang der traditionellen Landwirtschaft, des Handwerks und der Hausarbeit, aber auch das neue Zusammenleben von zahllosen Fabrikarbeitern auf engstem Raum in rasch wachsenden Städten ließen alte Lehren und Ratschläge über die richtige Lebensführung obsolet werden. Angesichts von krasser Armut, sozialen Wanderungsbewegungen und äußerst ungesunden Arbeitsbedingungen schienen die Menschen Unterstützung dabei zu brauchen, mit der neuen Lebensweise des industriellen Zeitalters klarzukommen. Im Jahr 1909 veröffentlichte der amerikanische Sozialreformer Frank Parsons das einflussreiche Buch *Choosing a Vocation*, womit er weniger den richtigen Beruf als vielmehr die passende Berufung meinte. Heute würde man wohl von *Career Counseling* oder einfach Karriereberatung reden. Schon ein Jahr zuvor hatte er das *Boston Bureau of Vocation* gegründet, eine der ersten Institutionen der Karriere- und Berufsberatung überhaupt. Parsons war davon überzeugt, dass man nicht nur die neue Berufswelt, sondern auch sich selbst kennen müsse, um am Ende die richtige Entscheidung für ein gelingendes Leben treffen zu können.

Heute sind wir wieder in einer vergleichbaren Situation: Schlagworte wie *Industrie 4.0* oder die *Zweite industrielle Revolution* zeigen an, dass die Umbrüche, die mit der Digitalisierung einhergehen, noch gar nicht absehbar sind. Sicher scheint, dass Digitalisierung und Automatisierung künftig in großem Maße vertraute Lebens- und Arbeitszusammenhänge auflösen, und zwar in einer Weise, dass wir jetzt noch nicht wissen, was danach kommt. Auf die Berufsberatung rollt also eine ganz neue Herausforderung zu, vor allem dann, wenn die Automatisierung auch traditionelle Mittelschicht-Jobs erreicht. Dann werden wohl viele hochqualifizierte Tätigkeiten verschwinden, aber es entstehen auch neue Berufsbilder, die sich vor allem um die Schnittstelle von Mensch und Maschine drehen: etwa in der Medizinbranche oder im Rechtswesen und auch in der Beratung.

Hier zeichnet sich also ein gigantischer Bedarf an Orientierung ab, der die künftige Nachfrage nach Coaching sicher weiter befeuern wird. Denn nachdem im 19. Jahrhundert zunächst gefahrvolle, körperlich anstrengende oder schmutzige Tätigkeiten von Maschinen übernommen wurden, ehe sich die zweite Ära der Automatisierung im 20. Jahrhundert auf monotone und langweilige Aufgaben in Büro und Verwaltung richtete, stehen wir heute am Beginn einer *dritten Ära der Automatisierung:* Zukünftig werden noch mehr Entscheidungen von Maschinen übernommen, weil intelligente Systeme auf der Grundlage immenser Datenmengen eben besser entscheiden können als fehleranfällige Menschen. Sie kalkulieren klarer und sind obendrein fairer gegenüber den Kolleginnen und Kollegen. Vergleichsweise teure Tätigkeiten, wie sie heute hochqualifizierte Wissensarbeiter verrichten, von Rechtsanwälten bis hin zu Ärztinnen, können dann von Robotern übernommen werden. Doch schon heute hat sich die Arbeitswelt radikal verändert: Die Anzahl befristeter und prekärer Arbeitsverhältnisse steigt, wichtige Arbeitsbereiche werden mehr und mehr ausgelagert und finden nicht mehr in eigenen Unternehmen statt. Virtuelle Teams müssen sich nicht erst seit der Corona-Krise telekommunikativ sowie über Kulturgrenzen hinweg verständigen. Nimmt man hinzu, dass infolge agiler Führungskonzepte auch den Mitarbeitenden zunehmend Kreativität und Eigenverantwortung abverlangt wird, dann kann man konstatieren, dass die oben beschriebenen VUCA-Tendenzen längst in unseren Arbeits- und Lebenswelten Einzug gehalten haben.

Schlüsselkompetenz Kommunikation: Identität muss reflexiv ausgehandelt werden

In Anbetracht von so viel Unsicherheit, Wandel und Innovation ist es wichtig, dass Du Dich als Coach nicht blind in den Dienst der Veränderung stellst, sondern auch danach fragst, was bewahrt werden soll. Vielerorts scheint Beratung heute einseitig auf *Change* ausgerichtet zu sein, und darunter hat ihr Ruf seit Jahren zu leiden: Beraterinnen und Berater – und manchmal auch Coaches – werden vielfach noch immer als bloße Manager von Veränderungsprozessen wahrgenommen, die Menschen und Organisationen fit machen sollen für sich wandelnde Märkte und Ökonomien. Bei aller Aufmerksamkeit für das Um-Lernen und Neu-Lernen, Sich-Anpassen und Sich-Verändern muss Coaching auch den Sehnsüchten nach einem stabilen Halt einen angemessenen Raum geben. In einer Zeit, in der sich alles immer schneller verändert, wird es zu einem großen Problem, überhaupt noch kulturelle Kontinuität und personale Identität

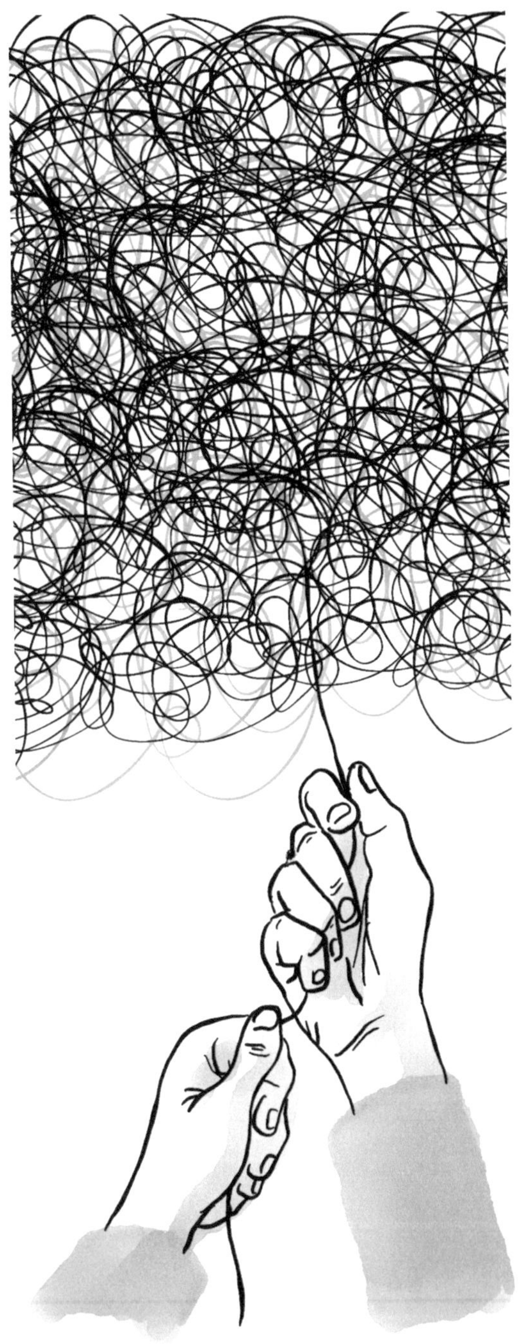

herzustellen. Wenn wir alle auf lebenslanges Lernen eingeschworen werden und damit rechnen müssen, dass der Job, den wir lernen, vielleicht schon in ein paar Jahren gar nicht mehr existiert, so dass wir wieder etwas Neues lernen müssen, dann wird es immer schwieriger für uns, ein stabiles Selbst zu gewinnen, von dem aus wir all diese Veränderungen gestalten können. Wenn wir uns beruflich wie privat immer wieder neu orientieren und positionieren müssen, dann ist es nicht mehr so einfach wie noch vor fünfzig Jahren, eine kohärente Lebensgeschichte mit einem klar erkennbaren Sinn zu erzählen.
In Zeiten disruptiver Biographien mit lebenslangem Um- und Neu-Lernen kannst Du als Coach einen wichtigen Beitrag dazu leisten, Menschen jeder Couleur und Herkunft dabei zu unterstützen, eine tragfähige Idee vom gelingenden Leben zu entwickeln. Es ist gewissermaßen die tägliche Identitätsarbeit, die von uns verlangt, uns so zu organisieren, dass der Anspruch auf ein gutes und authentisches Leben mit den gegebenen Ressourcen möglich wird und dass sich daraus letztlich so etwas schöpfen lässt wie Lebenssinn. Im Sog der allgegenwärtigen Veränderung ist es immer wichtiger, eine Art von Lebenskohärenz bewusst zu schaffen; einen Rahmen zu setzen, in dem ein Lebenssinn überhaupt erst erfahrbar wird.
Und zu dieser beruflichen wie privaten Identitätsarbeit gehört heute mehr denn je die Fähigkeit, Dinge kommunikativ zu klären und auszuhandeln. *Kommunika-*

tion ist daher das Zauberwort in unserer Zeit der Neuen Unübersichtlichkeit, in der nichts mehr selbstverständlich und alles verhandelbar ist. Genau hier, an dieser Stelle, ist wohl das Erfolgsrezept von Coaching zu finden. Man kann es als den notwendigen und offenbar recht erfolgreichen Versuch beschreiben, die spätmodernen Menschen in ihren Schwierigkeiten mit eben dieser Kommunikationskultur zu unterstützen, indem Coaches ihnen helfen, Orientierung und Stabilität zu finden, um Offenheit und Selbstreflexion zu üben. Denn wenn nichts mehr ‚normal' ist, sondern alles ver- und ausgehandelt werden muss, dann erfordert dies nicht nur Offenheit und Flexibilität, sondern vor allem die Fähigkeit zu Kommunikation und Reflexion. Nicht selten geht es in der Beratung einzig und allein darum, diese Fähigkeiten zu vertiefen und zu erweitern. Rund vierzig Jahre professioneller Organisationsentwicklung haben hauptsächlich darin bestanden, das Thema Kommunikation in die Unternehmen einzuführen und so das vorherrschende *technische* Verständnis der Organisation um ein *soziales* Verständnis zu ergänzen. Wenn es also auch im Coaching immer wieder darum geht, wie wir noch besser kommunikativ über uns und unsere Lebensentwürfe verfügen, dann kann dies auch ein Phänomen erklären, das wir seit einigen Jahren in unseren Coaching-Ausbildungen beobachten können: Es kommen mehr und mehr Menschen zu uns, die gar nicht unbedingt als professionelle Coaches arbeiten wollen, sondern denen es darum geht, die *Kommunikationskompetenzen* eines Coachs zu erlernen, um damit in ihren je spezifischen Lebens- und vor allem Arbeitsbereichen besser gewappnet zu sein – zum Beispiel als Führungskraft. Das um Kommunikation und Reflexion kreisende Coaching-Wissen hat sich mithin längst auch jenseits klassischer Coaching-Formate festgesetzt.

Systemisches Coaching kann uns also auf eine recht umfassende Weise darin stärken, unsere Selbstreflexion in einen größeren Rahmen zu stellen, indem wir sie kommunikativ ausfalten. Auf diesen Zusammenhang von Reflexion und Kommunikation verweist eines der allerersten Coaching-Bücher, die es überhaupt in deutscher Sprache gab (und das oben schon erwähnt wurde). „Das stumme Selbstgespräch – also das Nachdenken über sich selbst", so schreibt Wolfgang Looss dort, zu Beginn der 1990er Jahre, „ist wohl immer noch die verbreitetste Form der Klärung von schwierigen beruflichen Situationen oder persönlichen Problemlagen." Die Vorteile liegen ja auf der Hand: „Das Selbstgespräch ist einfach, risikolos, erfordert kaum Wartezeiten und kostet fast nichts." Doch selbst wenn der Autor sie anpreist, rechtes Zutrauen in die stumme Selbstreflexion scheint er nicht mehr zu haben. Denn gewichtiger als seine Lobpreisungen sind seine Einwände: Zum einen hätten viele Manager (an die sich Coaching zu jener Zeit noch fast ausschließlich richtet) gar keine Zeit mehr zur Selbstreflexion. Zum andern bleibe man bei dieser „kontemplativen Arbeitsform" stets „auf seine eigenen, gewohnten Vorannahmen, Konzepte, Bilder, Meinungen und Vermeidungsmuster angewiesen".

Hier öffnet Coaching einen Ausweg: Als Coach bietest Du Deinem Gegenüber den enorm wertvollen Service, die Selbstbezüglichkeit der individuellen Selbstreflexion zu durchbrechen und sie in einem dialogischen Setting auszufalten. Allein diese gemeinsame Form der Reflexion bewirkt oft schon ein kleines Wunder! Es ist nämlich ein großer Unterschied, ob ich etwas nur denke oder es auch ausspreche, so dass ich mir selbst beim Reden zuhören kann und auch noch die Reaktion meines Gegenübers auf das Gesagte erfahre.

Warum Beratung nicht alle Probleme lösen kann: Coaching und Individualisierung

Coaching kann also dazu beitragen, die Unsicherheiten und Unwägbarkeiten, die mit der fortschreitenden Individualisierung und Pluralisierung von Lebensstilen einhergehen, abzufedern und reflexiv verfügbar zu machen. Aufhalten kann es diese Trends aber nicht – im Gegenteil: Der Trend zu immer mehr Coaching und Beratung beschleunigt diese Prozesse sogar noch. Denn dass in einer Welt, in der jedem (fast) alles möglich geworden ist, jeder für sich allein kämpft, spürt man ja gerade dann, wenn man – eben allein – zum Coach, Berater oder zur Therapeutin geht. Coaching und Beratung sollen also die Folgen der Vereinzelung beheben und bringen sie doch zugleich immer wieder neu hervor – das ist eine der schillernden Paradoxien unserer spätmodernen *Beratungsgesellschaft*. Wenn ich einmal den Schritt in die professionelle Beratung gemacht habe, dann frage ich mich bald

wieder, mit welchem anderen Thema ich vielleicht auch noch ins Coaching gehen sollte, um mich dort zu klären, zu reflektieren oder zu verbessern. Schließlich tun die andern das ja auch. Und kein Coaching ist ja auch keine Lösung, sondern kann im ungünstigen Fall sogar zum Wettbewerbsnachteil werden.
Anders gesagt: Indem ich mich beraten oder coachen lasse, erkenne ich meine Beratungs- oder Coachingbedürftigkeit an und verstehe mich fortan als ein Individuum, das von der Pluralität der Möglichkeiten überfordert ist – und also auch künftig Coaches und Berater aufsuchen wird. Dies ist gemeint, wenn es heißt, dass Beratung im gesellschaftlichen Rahmen die Probleme, zu deren Lösung sie beitragen soll, selbst erzeugt. Denn am Ende des einen Coachings ist vielleicht schon die Notwendigkeit des nächsten Coachings zu sehen, wenn man sich einmal in den Beratungskreislauf begeben hat. Selbst eine flächendeckende Versorgung mit Coaches würde also nicht dafür sorgen, dass alle Probleme verschwinden. Sie erzeugte vielmehr – neben den Problemen, die sie tatsächlich löst – eine Nachfrage nach *noch mehr* Coaching. Denn je mehr professionelle Berater es

gibt, umso mehr verunsicherte Ratsuchende suchen sie auf.

Diese soziologische Sichtweise auf das Phänomen der Beratung kann uns daran erinnern, dass es auch hier wichtig ist, eine innere und äußere Balance zu finden, damit wir nicht in einen Coaching-, Beratungs- oder Selbstoptimierungsstress geraten. Denn damit ginge der wertvolle Entschleunigungseffekt, der sich dem Coaching verdankt, am Ende wieder verloren. Spätestens wenn wir von einem Coaching- oder Therapie-Termin zum nächsten hetzen, ist der Zeit- und Reflexionsgewinn dahin, den wir damit eigentlich gewinnen wollten. Jeder möge also seine eigene Balance finden, wie viel Coaching zu welchen Themen und in welchen Abständen passend für ihn oder sie ist – und wo vielleicht auch Freunde und Verwandte oder sogar die gute alte Selbstreflexion, gepaart mit Achtsamkeit und Meditation, weiterhelfen können. Auch hier gilt: Viel hilft nicht immer viel.

Selbstbeobachtungs- und Reflexionsaufgaben

- 1.Wo betreffen mich die unter dem Stichwort der VUCA-Welt beschriebenen Veränderungsdynamiken in meinem Beruf und Privatleben? Wo sind die Auswirkungen besonders gravierend?
- 2. Was verunsichert mich in meinem Leben? Und wie gehe ich damit um?
- 3.Was gibt mir Halt und Orientierung? Und was tue ich dafür, dass das auch künftig so bleiben wird?
- 4.Wann und in welchem Zusammenhang habe ich bereits einmal Coaching in Anspruch genommen? Und was genau war danach anders? Und was noch?
- 5.Woran merke ich, dass ich Hilfe oder Unterstützung brauche? Und wie kann ich dafür sorgen, dass meine Antennen solche Situationen künftig noch früher erkennen?

3. Systemische Coaching-Praxis aktuell: Einige Trends und Formate im Überblick

Schaust Du auf die mittlerweile breit aufgefächerte Coaching-Praxis im deutschsprachigen Raum, dann wirst Du schnell eine Reihe neuerer Trends entdecken, die die Grundidee des systemischen Coachings entweder mit anderen Beratungsansätzen verbinden oder sie auf neue Formate ausweiten. Hinzu kommt, dass das Wissen um Systeme ebenso wie die wertschätzende und lösungsorientierte systemisch-konstruktivistische Haltung inzwischen im Alltagswissen der Gesellschaft angekommen ist. Sie wirkt längst auch dort, wo nicht Coaching darüber steht. Auf einige dieser Entwicklungen wollen wir hier kurz eingehen, weil an ihnen deutlich wird, dass systemisches Coaching und Coaching-Wissen heute ungleich breiter eingesetzt wird als noch vor 10, 20 oder 30 Jahren. Daraus ergeben sich neue Anwendungsmöglichkeiten, obwohl sich die Grundlagen des systemischen Ansatzes im Kern nicht geändert haben.

Ein Wort zum sogenannten ‚Bindestrich-Coaching‘

Beginnen wir mit dem, was wir dabei eigentlich nicht meinen und was man recht passend als ‚Bindestrich-Coaching‘ bezeichnet hat. Die erstaunliche Erfolgsgeschichte des Coaching-Begriffs hat dazu geführt, dass heute auch viele Dienstleistungen nach ihm benannt werden, die damit eigentlich wenig zu tun haben. So heißt Nachhilfe für schwächelnde Schulbesucher heute gern „Schüler-Coaching"; Eltern- oder Eheberatung wird als „Eltern"- bzw. „Ehe-Coaching" deklariert und eine klassische IT-Beratung ist mittlerweile vielerorts zum „IT-Coaching" mutiert – ganz abgesehen von kurioseren Formaten wie etwa dem „Astro-Coaching". Als Faustregel kann gelten, dass solches Bindestrich-Coaching im Zweifel eher weniger mit Coaching im eigentlichen Sinn zu tun hat, sondern vielmehr auf der werbewirksamen Umbenennung von herkömmlichen Formen der Fachberatung beruht.

Und doch bleiben diese Umtitulierungen nicht folgenlos, sondern können durchaus mit einer konzeptionellen Erweiterung der jeweiligen Fachberatung einhergehen. Gegenüber dem Training oder der reinen Weitergabe von Wissen oder Expertise impliziert der Coaching-Begriff immer schon einen mehr oder weniger ganzheitlichen Ansatz, der die zu beratende Person mit ihren Zielen, aber auch ihren inneren Hemmnissen in den Blick nimmt. Es hat sich mittlerweile herumgesprochen, dass es in der Regel wenig hilft, anderen Menschen kluge Ratschläge oder gar eine monotone Druckbetankung zukommen zu lassen, sondern dass es meist sinnvoller ist, vorab Fragen zu stellen und mögliche Instruktionen oder Informationen passgenau an die jeweilige Zielperson und ihre Wirklichkeitskonstruktion anzupassen. Jeder lernt bekanntlich anders, und so ist es kein Wunder, dass selbst in der Lehrerausbildung verschiedener Bundesländer mittlerweile Coaching-Kompetenzen vermittelt werden. So ist das Bindestrich-Coaching am Ende eine ambivalente Angelegenheit. Die Frage, ob es sich lediglich um einen imageträchtigen Etikettenschwindel handelt oder die in Frage stehende Beratung tatsächlich echte Coaching-Aspekte enthält, wird im Einzelfall zu prüfen sein.

Dass aber der Coaching-Begriff mittlerweile so gern und häufig adaptiert wird, zeigt noch etwas anderes: Es wird längst nicht mehr als Makel wahrgenommen, wenn jemand ein Coaching in Anspruch nimmt, etwa weil man dadurch zu erkennen geben könnte, dass man Probleme hat, mit denen man allein nicht klarkommt. Im Gegenteil: Coaching ist heute eine vollauf akzeptierte, in der Mitte der Gesellschaft angekommene Form der Unterstützung bei individuellen Veränderungsanliegen.

Jenseits des Vier-Augen-Settings: Gruppen-Coaching und Team-Coaching

Neben dem klassischen Einzelcoaching haben sich in den vergangenen Jahren auch Coaching-Settings mit mehreren Personen etabliert. Man kann dabei das Gruppen-Coaching vom Team-Coaching unterscheiden. Das erstgenannte Format liegt vor, wenn man mit zwei bis neun Personen arbeitet, die ähnliche Fragestellungen haben oder in ähnlichen Kontexten arbeiten, nicht aber im selben Team (wie zum Beispiel Professorinnen und Professoren an einer Hochschule oder die Meisterinnen und Meister einer Fertigungsabteilung).

In Team Coachings wird nicht nur eine Person, etwa die Führungskraft eines Teams, sondern das ganze Team gecoacht, um es bei der Umsetzung selbst gesteckter Ziele oder von außen kommender Veränderungen zu unterstützen.

Das kann beispielsweise dazu dienen, die Leistung des Teams zu verbessern und seine Mitglieder zur konstruktiven Kooperation zu motivieren, oder aber die vorangegangene Fusion zweier Teams zu verarbeiten und die Identifikation mit der Organisation zu fördern. Auch hier haben sich die Begrifflichkeiten infolge des Coaching-Booms etwas verschoben, denn Team-Coaching heißt heute vieles, was früher „Teamentwicklung" oder „Team-Building" bzw. „Konflikt- oder Prozessmoderation" genannt wurde. Diese Formate haben sich im Rahmen von Organisationsentwicklung und Gruppenpsychologie oft parallel zum Coaching entwickelt und basieren im Grunde auf denselben methodischen Annahmen. Vieles davon fließt heute unter dem Dach des Coaching-Begriffs zusammen.

Gemeinsam ist dem systemischen Einzel-, Team- oder Gruppen-Coaching die respektvolle, ressourcen- und lösungsorientierte Haltung systemischer Coaches. Im Team-Coaching (und wieder anders im Gruppen-Coaching) steht zusätzlich zu dieser Grundhaltung das dynamische Zusammenwirken verschiedener Personen, Strukturen und Kommunikationen im Mittelpunkt. Mitarbeitende eines Teams stehen in einem engen Verhältnis zueinander. Sie arbeiten an gemeinsamen Zielen und verbringen viel Zeit miteinander; sie teilen erzielte Erfolge, stellen sich immer wieder neuen Herausforderungen, müssen aber auch Niederlagen und Misserfolge verkraften. Dabei kommen unterschiedliche Persönlichkeiten zusammen, die in ihrem Arbeitskontext auch ihre eigenen Interessen verwirklichen wollen. Von systemisch arbeitenden Team-Coaches ist also Sensibilität gefragt. Zunächst geht es darum, das ratsuchende Team in seiner Dynamik wahrzunehmen, seine Beziehungen nach innen und nach außen zu klären sowie kommunikative Muster und Rekursivitäten zu beobachten. Dazu gehört auch, die einzelnen Teammitglieder in ihrer jeweiligen Rolle anzuerkennen. Das Ziel ist, die Selbsthilfe- und Problemlösungskompetenz des Teams nachhaltig zu stärken. Auch in der Arbeit mit Teams und Gruppen ist systemische Beratung also in erster Linie Hilfe zur Selbsthilfe, man könnte auch sagen: Stimulation zur Selbstberatung.

Von der Organisation geschickt: Verpflichtendes versus freiwilliges Coaching

Mittlerweile steht auch die heilige Freiwilligkeit im Coaching zur Disposition. Ursprünglich ging man davon aus, dass ein Coaching nur dann erfolgreich sein könne, wenn es von den Coachees eigeninitiativ und aus freien Stücken in Angriff genommen wurde. Daher rührt die nach wie vor gültige Praxis, dass wir unseren Coachees grundsätzlich nicht hinterher telefonieren, sondern darauf warten, dass sie sich selbst melden (Ausnahmen von dieser Regel beschreiben wir unten). Diese Eigeninitiative ist integraler Bestandteil des Coachings, dem stets ein bedeutsamer Veränderungswunsch des Coachees zugrundeliegen muss.

Gerade in größeren Organisationen ist es jedoch längst gang und gäbe, Mitarbeitende und vor allem Führungskräfte ins Coaching zu *schicken*, weil die Organisation entweder gewisse Entwicklungsschritte von ihnen erwartet, sie in ihrer Rollenklärung unterstützen oder auf künftige Führungsaufgaben vorbereiten will. In der Regel wird dies von den Betroffenen akzeptiert oder sogar als wertschätzende Unterstützung ihrer eigenen Entwicklung durch die Organisation angesehen. Und auch wenn dies einmal nicht der Fall sein sollte, wie etwa bei ‚Last Exit-Coachings', wenn Coaching der letzte Versuch ist, um ein dysfunktionales Arbeitsverhältnis zu retten, funktionieren solche Coachings in der Regel gut, solange man bestimmte Rahmenbedingungen beachtet, die wir im zweiten Teil des Buches erläutern.

Man kann insgesamt festhalten, dass auch das Freiwilligkeitspostulat sich in dem Maße relativiert hat, wie Coaching nicht mehr als Makel angesehen wird, sondern als erwünschte Unterstützungsmaßnahme oder sogar als Auszeichnung. Vor diesem Hintergrund sind auch Coaching-Programme zu verstehen, in denen allen Beteiligten einer bestimmten Zielgruppe innerhalb der Organisation, zum Beispiel neuen Führungskräften oder auch neu berufenen Professorinnen und Professoren, ein bestimmtes Coaching-Deputat zur Verfügung gestellt wird. Auf diese Weise umgeht man das Problem einer potentiellen Diskriminierung: Es ist normal, dass man mit dieser bestimmten Funktion in dieser Organisation einen Coach in Anspruch nimmt, und in aller Regel wird dieses Angebot auch gern genutzt.

Der fehlende Blick von außen: Internes vs. externes Coaching

In der Beratung ist es stets eine wichtige Frage, ob sie besser von *innen* oder von *außen* erfolgen soll, ob also eine interne oder externe Beraterin angefragt wird. Im Coaching ist das nicht anders: Geschichtlich gesehen, schlug das Pendel hier mal in die eine und mal in die andere Richtung aus. Entstanden ist Coaching in den USA ursprünglich als internes Mitarbeiter-Coaching; die Grundidee des systemischen Coachings im deutschsprachigen Raum ist dagegen eher die einer Unterstützung durch externe Coaches. Heute beobachten wir aber auch hier, dass Organisationen angesichts des großen und permanenten Veränderungsdrucks zunehmend interne Coaching-Kompetenzen aufbauen.

Beide Varianten haben ihre Vor- und Nachteile: Der interne Coach, der etwa aus der Rolle der Personalentwicklerin oder der Führungskraft coacht, kennt das Unternehmen wie seine Westentasche, er weiß um die inneren Abläufe und Wirklichkeitskonstruktionen des Systems, so dass er nicht nur schnell im Bilde ist, sondern auch rasch das nötige

Vertrauen erhält, das jeder Beratungsprozess braucht. Immerhin ist er doch einer von uns, so dass er wissen wird, welches der richtige, der zu uns passende Weg ist. Hinzu kommt, dass er oft kostengünstiger ist als ein Externer. Die externe Coach punktet demgegenüber mit einem anderen Vorteil: Gerade weil sie nicht dazu gehört und das System nicht kennt, verfügt sie über einen frischen, gleichsam ethnologischen Blick von außen, mit dem sie Dinge erkennen kann, die man von innen gar nicht sieht. „Ist ja interessant, wie Sie das hier machen!" lautet der Leitsatz zu ihrer neugierigen Grundhaltung, die sie in die Lage versetzt, das System in seinen vertrauten Abläufen gründlich zu irritieren. Sie kann dies mit großer Konsequenz tun, weil sie als Externe von den avisierten Veränderungen im System nicht selbst betroffen ist – schließlich gehört sie nicht dazu und zieht mit dem Ende ihres Beratungsmandats weiter. Ein Hauptproblem im internen Coaching ist wohl, dass die Coaches tendenziell zu nah dran sind am System und daher dieselben blinden Flecken aufweisen wie ihre Coachees. Sie kennen die eingespielten Abläufe und verfestigten Strukturen so gut, dass sie immer in Gefahr sind, *zu schnell* zu verstehen und zu wissen, was und wo das Problem sei. Aus der internen Position heraus lassen sich nur schwer wirksame Irritationen auslösen. Und es gibt noch ein weiteres Problem: Möglicherweise öffnen sich die Coachees hier nicht wirklich, weil sie nicht sicher sein können, ob die preisgegebenen Informationen tatsächlich vertraulich behandelt werden oder am Ende doch irgendwie im Unternehmen kursieren, wo jeder jeden kennt. Dass heute internes Coaching dennoch wieder an Bedeutung zunimmt, liegt auch daran, dass sich diese Nachteile in gewisser Weise ausgleichen lassen. Interne Coaches können – und sollten! – versuchen, sich die Außenperspektive, die sie von Natur aus nicht haben, gewissermaßen anzutrainieren. Insbesondere die systemische Haltung eignet sich ja dazu, das Gewohnte und Vertraute immer wieder in Frage zu stellen und sich regelmäßig daran zu erinnern, dass alles auch ganz anders sein könnte. Interne Beraterinnen und Coaches müssen sich also vorübergehend immer wieder künstlich in die Rolle von Externen versetzen. Auf jeden Fall sollten sie dem Thema Vertraulichkeit eine besondere Aufmerksamkeit schenken und sich besonders gründlich supervidieren lassen.

Schließlich sind die interne und die externe Positionierung von Coaches keine festen, unveränderlichen Größen. Wer lange als externer Coach mit einem Unternehmen zusammenarbeitet, ist irgendwann kein Externer mehr. Je besser er das System kennt, umso mehr gehört er dazu, und spätestens, wenn er von jedermann Weihnachtskarten bekommt, ist er endgültig ein Teil des Systems geworden – und muss sich, wie oben beschrieben, seinen kritischen, fremden Blick von außen nun erst wieder mühsam erarbeiten.

Coachen mit oder ohne Coach-Rolle: Die coachende Führungskraft

Unter internem Coaching verstehen wir ein Setting, dass immer noch klar als Coaching markiert wird: Es findet zu einer bestimmten Zeit in einem bestimmten Raum statt, und die Rollen von Coach und Coachee sind klar vergeben. Das Coaching-System ist auf diese Weise hinreichend unterschieden von der Art und Weise, wie die beteiligten Personen sonst in der Organisation zusammenarbeiten (z.B. als Chefin und Mitarbeiter). Etwas anderes ist es, wenn heute mehr und mehr Führungskräfte Coaching-Ausbildungen absolvieren, um mit der erlernten Haltung und den entsprechenden Interventionen besser führen zu können. Ihre Coaching-Kompetenzen kommen dann nicht – oder nicht immer, denn möglich ist so etwas ja auch – in einem klar definierten Coaching-Setting zum Tragen, sondern eher in ihrer alltäglichen Führungsarbeit. Der Hintergrund für diesen Trend ist die kontinuierliche Annäherung von Coaching und Führung, wie wir sie vor allem in dem Kontext der Agilität seit einiger Zeit beobachten können. In dem Maße, wie alte, hierarchische Modelle von Führung verblassen und es nicht mehr um Ansage und Kontrolle von oben nach unten geht, nähern sich die Haltungen, aber auch die Interventionen in Führungsverantwortung einerseits und im Coaching andererseits immer mehr an. In jüngeren,

agilen Führungskonzepten haben Führungskräfte in der Hauptsache dafür zu sorgen, dass ihre Teams sich gut selbst organisieren können, dass es allen gut geht und dass die Mitarbeitenden einen Rahmen vorfinden, in dem sie sich ständig weiterentwickeln können. Schließlich werden Arbeitsplätze heute mehr und mehr zu Lebensräumen, in denen die Menschen sich ebenso fühlen und verhalten möchten wie zu Hause oder in ihrer Freizeit.

In einer Zeit, in der der Glaube an die Berechenbarkeit, Vorhersagbarkeit und lineare Steuerung von Prozessen verloren gegangen ist, gerät die Führungskraft also zunehmend in die Rolle einer Unterstützerin und Entwicklerin. Sie fragt ihre Mitarbeitenden offen und neugierig, was sie brauchen, um gut arbeiten und die gemeinsam gesteckten Ziele erreichen zu können; sie schaut nicht so sehr auf den einzelnen Menschen, sondern auf das ganze System mit seinen Rekursivitäten und Wechselwirkungen; und sie weiß, dass sich komplexe Systeme wie Teams oder Organisationen nicht steuern lassen, dass man aber sehr wohl gemeinsam den Fokus der Aufmerksamkeit verschieben kann. Führung in einem solchen Kontext erfordert also Einstellungen und Kompetenzen, wie sie für einen Coach seit jeher unverzichtbar sind: eine offene, fragende Haltung, ein Grundverständnis von der Dynamik komplexer Systeme sowie einen Koffer voller Methoden, mit denen man in solche komplexen Zusammenhänge sinnvoll intervenieren kann.

Das ist der Grund, weswegen heute mehr und mehr auch Führungskräfte sich zum Coach ausbilden lassen, obwohl sie gar nicht als Coach am Markt tätig werden wollen. Und natürlich kann es Teil einer solchermaßen verstandenen Führungsrolle sein, bei Bedarf auch einmal ein echtes Mitarbeiter-Coaching durchzuführen. Dann handelt es sich um ein internes Coaching, und es gilt das, was wir oben dazu gesagt haben.

Prozess- und Fachberatung aus einer Hand: Coaching und Komplementärberatung

Neben dem systemischen Coaching in Reinform findest Du heute auch Beratungsangebote, die Coaching mit einer bestimmten Fachexpertise verbinden. Dieser Trend hängt einerseits damit zusammen, dass der Markt mittlerweile so verdichtet ist, dass neue Coaches gut daran tun, sich eine Nische zu suchen, wo noch Platz ist. Diese Nische bilden oft eben Spezialangebote für bestimmte Zielgruppen. Andererseits hat die Komplementärberatung (oder auch ‚integrierte Beratung') in den letzten Jahren konzeptionell stark an Bedeutung gewonnen: Mittlerweile sind die Vorteile auch in der Literatur gut belegt, die es hat, wenn sich Fach- und Expertenberater in bestimmten Fällen – vor allem in der Organisationsentwicklung – von systemisch arbeitenden Prozessberatern begleiten lassen. In der Welt der Fachberatung löst ein gutes Fachkonzept fast alle Probleme (denkt man), aber was geschieht, wenn neben den sachlichen Herausforderungen echte menschliche Probleme auftauchen? Wie umgehen mit Konflikten, Widerständen oder fehlender Akzeptanz einer angestrebten Lösung? Hier bieten systemische Beraterinnen und Berater, für die Prozessgestaltung zu ihrem Kerngeschäft gehört, eine passende Ergänzung. Mit ihrem geschulten Blick auf Kommunikation und Kontakt, Beziehung und Verhalten, Ressourcen und Kompetenzen sind sie in der Lage, auch komplexe Veränderungsprozesse umfassend zu reflektieren, zu begleiten und zu steuern. Durch gezielte Maßnahmen wie Einzel- oder Team-Coachings können diese Beratungsprozesse wirksam implementiert werden.

Arbeitest Du als systemische Coach in solchen Kontexten, weil Du zum Beispiel auch noch eine bestimmte Fachkompetenz vermitteln kannst, dann ist die größte Herausforderung, dass Du Dich gleichzeitig bzw. abwechselnd in einem System des Wissens und des Nichtwissens aufhältst. Auch hier wird es wie im internen Coaching darum gehen, die jeweiligen Rollen klar abzugrenzen und entsprechende Rahmungen einzuziehen, etwa durch einen Coach- und einen Expertinnen-Hut. Als Fachberaterin weißt Du, wo es lang geht; als Prozessberaterin hilfst Du Deinen Klienten dabei, ihr Ziel und den gangbaren Weg dorthin selbst zu finden. Wenn Du zwischen diesen Welten des Wissens und des konstruktiven Nichtwissens hin und her pendelst, ist es herausfordernd, immer wieder in Deine jeweils angesagte Rolle zurückzufinden. Besonders schwierig ist dies bei der Rolle der Nichtwissenden, denn je öfter Deine Coachees Dich als Expertin erlebt haben, umso schwieriger wird es für sie, Dich auch noch in Deiner Funktion als Coach und also als Nichtwissende anzunehmen.

Online-Coaching: Auch über Corona hinaus eine Alternative zum Präsenz-Coaching

In den Zeiten der Pandemie, in denen der physische Kontakt stark eingeschränkt war, gab es zum Ausweichen auf Online-Coaching mit Hilfe von Videokonferenzsoftware zeitweise keine Alternative, wollte man nicht auf das (bewegte)

Bild ganz verzichten und zum Telefon greifen. Aber auch über diese Zeiten hinaus kann es hilfreich sein, sich die Videotechnik zunutze zu machen, um beispielweise mit Coachees zu arbeiten, die in größerer Entfernung von Deinem Wohnort leben oder in ihrer Mobilität eingeschränkt sind. Anfahrtszeiten fallen weg und es muss kein Coaching-Raum für ein Treffen gebucht werden. Als Coach empfängst Du Deine Coachees im virtuellen Raum. Mittlerweile gibt es eine Vielzahl an Anbietern von Videokonferenzsystemen, die häufig auch kostenlose Versionen zur Verfügung stellen. Hier solltest Du sicherstellen, dass die Datensicherheit gewährleistet ist, und Dich damit so weit auseinandersetzen, dass Du diesbezüglich gegenüber Deinen Coachees auskunftsfähig bist. Der Umgang mit der Software lässt sich durch Üben und Erproben schnell erlernen, und die Anzahl zusätzlicher Funktionalitäten wie die eines Whiteboards, das sich unkompliziert beschreiben lässt, wächst stetig. So bietet sich die Möglichkeit, mit etwas Kreativität Methoden, die sich im Coaching bewährt haben, in die digitale Welt zu übertragen.

Zunächst einmal solltest Du Dir als Coach jedoch grundsätzlich überlegen, ob Du Online-Coaching anbieten möchtest. Entscheidest Du Dich dafür, so gilt es, den virtuellen Raum zu gestalten, wie Du auch Deinen Coachingraum und die Atmosphäre gestaltest, die Deine Coachees dort mit Dir erleben. Du musst Dir darüber klar werden, wie Deine technische Ausstattung beschaffen sein soll und wo Du beispielsweise Deine Kamera platzierst, aber auch, wie Du im virtuellen Raum die Beziehung zu Deinen Coachees aufbaust und den Coaching-Prozess gestaltest. Neben Deiner Medienkompetenz gilt es also zu reflektieren, was an diesem virtuellen Raum besonders ist und worauf Du bewusst achtest.

Grundsätzlich geht es auch im virtuellen Raum um das Gestalten von Kommunikation und Kontakt. Online-Coaching ist also nichts grundsätzlich anderes als Coaching von Angesicht zu Angesicht. Es gibt jedoch eine Reihe von Besonderheiten. Eine liegt in der Tatsache, dass Du beim Online-Coaching nur einen bestimmten Bildausschnitt Deiner Coachees zu sehen bekommst. Oft sind Kopf und Oberkörper zu sehen, nicht aber die Hände und schon gar nicht der ganze Mensch. Du bekommst also nur einen eingeschränkten Eindruck von der Körperhaltung und Gestik Deines Gegenübers. Auch kannst Du den Raum, in dem sich Deine Coachees befinden, bestenfalls erahnen. Hier ist es hilfreich, wenn Du zu Anfang fragst, wo genau sie sich befinden, ob sie ungestört sind und welche Ablenkungen oder Unterbrechungen auftreten könnten. So erfährst Du gleich noch ein wenig mehr über die Lebenssituation Deiner Coachees. Zudem kannst Du sie dabei unterstützen, sich selbst einen Raum zu schaffen, in dem sie ihre volle Aufmerksamkeit auf das Coaching richten können. Bitte sie beispielsweise, alle anderen Programme auf ihrem Rechner zu schließen, automatische E-Mail-Benachrichtigungen auszuschalten, Arbeitsunterlagen aus ihrem Sichtfeld zu entfernen und hilf ihnen dabei, im Hier und Jetzt anzukommen und den Arbeits- und Alltagsstress, der womöglich noch sehr präsent ist, hinter sich zu lassen. Dies geschieht normalerweise durch den Ortswechsel, wenn Deine Coachee zu Dir in Deinen Coaching-Raum kommt. Im virtuellen Setting erfordert dieser Wechsel des Fokus die bewusste Aufmerksamkeit. Schenke Deiner Coachee daher zu Anfang der Sitzung ein wenig Zeit zum Ankommen und unterstütze sie dabei aktiv, z. B. durch die Aufforderung mehrmals tief durchzuatmen, dabei die Augen zu schließen und den Alltagsstress abzuschütteln. Du kannst auch mit einer kleinen Achtsamkeitsmeditation beginnen, beispielsweise mit einem Body-Scan, bei dem Dein Gegenüber einmal mit seiner Aufmerkamkeit von Kopf bis Fuß durch seinen gesamten Körper wandert.

Für einen gelingenden Beziehungsaufbau im Online-Coaching nutzt Du die gleiche Vorgehensweise wie wir sie unten für das analoge Setting beschreiben: Du stellst wertschätzende, ebenso gewöhnliche wie angemessen ungewöhnliche Fragen und hörst aktiv zu. Auf der verbalen Ebene bestehen dabei kaum Einschränkungen. Eine besondere Herausforderung im digitalen Coaching ist jedoch die Synchronisation der

verbalen, non-verbalen (Gestik, Mimik, Augenkontakt) und para-verbalen Signale (Stimmlage, Intonation, Artikulation, Sprechtempo) Deines Gegenübers. Was im Face-to-Face-Setting mühelos und quasi nebenbei gelingt, also die Integration dieser unterschiedlichen Kanäle zu einem ganzheitlichen Eindruck, ist beim digitalen Coaching ungleich schwieriger. Selbst durch kleine Verzögerungen in der Übertragung nimmst Du Informationen wie den Gesichtsausdruck, das Gesagte und seine Betonung, Nebengeräusche wie Schnaufen oder Seufzen parallel wahr und musst diese zu einem Gesamteindruck erst noch verbinden. Damit umzugehen bedeutet, dass Du Deinen Coachees häufiger Deine Wahrnehmung schilderst und sie fragst, ob Dein Eindruck passt. *Als Sie das eben beschrieben haben, konnte ich ein Seufzen in Ihrer Stimme vernehmen – habe ich das richtig gehört? Inwiefern empfinden Sie die geschilderte Situation als mühsam?*

Auch ist kein direkter Augenkontakt möglich, da Du entweder in die Kamera schaust oder in die Augen Deines Gegenübers. Für einen gelingenden Beziehungsaufbau ist es also umso wichtiger, Deinen Coachees sehr aufmerksam zuzuhören, Deine visuellen Eindrücke zu verbalisieren und sie zu bitten, Empfindungen, die sich durch Dein eingeschränktes Sichtfeld weniger deutlich in der Körperhaltung abzeichnen, zu verbalisieren. Damit unterstützt Du die Introspcktion Deiner Coachees. Indem sie Dich an ihren Gedanken und Gefühlen teilhaben lassen, wird so Eure Beziehung gestärkt. Achte hier ganz besonders darauf, Pausen bewusst zuzulassen. Stille fühlt sich im virtuellen Raum schnell unnatürlich an und es bedarf eines bewussten Aushaltens, um Deinem Gegenüber die Möglichkeit zu geben, in Ruhe innezuhalten und das Gesagte zu überdenken.

Durch eine Vielzahl an digitalen Tools ist es mittlerweile möglich, fast alle Coaching-Methoden auch in den digitalen Raum zu übertragen. Statt eines vorbereiteten Flipcharts nutzt Du eine Präsentation, und das digitale Whiteboard ersetzt das Blatt Papier, auf dem Du etwas für Deine Coachee aufschreibst. Kollaborationstools wie *Miro, Mural* und *GroupMap* bieten digitale Pinnwände und Whiteboards, auf denen Du mit Deinen Coachees arbeiten kannst. Ein großer Vorteil ist, dass Ihr gemeinsam ein Produkt erschafft, etwa eine Mindmap oder eine Aufstellung, an dem Deine Coachees zwischen den Sitzungen weiter arbeiten können. Durch die automatische Synchronisierung habt Ihr stets den aktuellen Stand. Auch hier ist es wichtig, auf die Datensicherheit zu achten und sensibel mit den Ergebnissen umzugehen. Zu bedenken ist, dass die Nutzung dieser Tools ein gewisses Maß an technischer Kompetenz und Übung erfordern – nicht nur auf Deiner Seite, sondern auch auf der Seite Deiner Coachees. Frage in jedem Fall, ob der Einsatz solcher Tools für sie in Frage kommt, bevor Du damit loslegst. Auch verschiebt sich die Aufmerksamkeit durch den Einsatz von Tools auf dieses weitere Medium, wodurch Euer Kontakt gestört werden kann. Der Einsatz von Tools sollte daher gut bedacht und wohl dosiert sein. Schließlich geht es ja im Coaching nicht um ein Methoden-Feuerwerk, auch wenn die technischen Möglichkeiten manchmal dazu verführen.

So weit unser Überblick über das systemische Coaching als *Profession*. Du hast auf den zurückliegenden Seiten einen Eindruck davon bekommen, was systemisches Coaching in seinem Kern ist und auf welchen philosophischen wie methodischen Grundlagen es beruht. Du hast eine Vorstellung von den gesellschaftlichen Veränderungen gewonnen, die derzeit eine so große Nachfrage nach Coaching erzeugen, und weißt nun, in welchen Beratungskontexten die systemische Variante des Coachings heute sonst noch auftaucht.
Im zweiten Teil dieses Buches wollen wir uns nun dem *Prozess* des Coachings zuwenden. Du wirst erfahren, wie man ein Coaching durchführt und welche Schritte dabei aufeinander folgen; wie Du mit Deinen Coachees von der Auftragsklärung bis zu möglichen Lösungen kommst und welche Methoden sich dabei als geeignete Interventionen anbieten; wo besondere Fallstricke und Gefahren liegen und was es sonst noch zu beachten gilt. Am Ende dieses zweiten Teils wirst Du verstanden haben, wie ein Coaching-Prozess abläuft.

SELBSTBEOBACHTUNGS- UND REFLEXIONSAUFGABEN

- 1. In welchen Kontexten bin ich in der Vergangenheit bereits mit Coaching und Beratung in Berührung gekommen? Und wie genau nannte sich die jeweilige Dienstleistung?
- 2. In welchen Coaching-Kontexten oder Coaching-Formaten möchte ich künftig selbst gern arbeiten (internes oder externes Coaching, Prozess- oder Komplementärberatung, Einzel- oder Team-Coaching, Online- oder Präsenz-Coaching, als coachende Führungskraft etc.)? In welchen Kontexten sehe ich mich (noch) gar nicht?
- 3. Wo erlebe ich in meinem Umfeld bereits jetzt, dass und wie systemisches Coaching eingesetzt wird? Und wie kann ich noch bewusster darauf achten, mit welchen Haltungen und Fragen, Modellen und Techniken dort gearbeitet wird?
- 4. Inwieweit können Coaching und Coaching-Kompetenzen mich in meiner Führungsrolle unterstützen? Und wo sehe ich Grenzen der coachenden Führungskraft?
- 5. Wo und wie könnten Coaching und Coaching-Kompetenzen in meinen beruflichen Kontext passen? Und was wäre mir dadurch möglich?

Zweiter Teil:

Wie Coaching Schritt für Schritt gelingt

Systemisches Coaching als Prozess

1. Vom Problem über das Ziel zum Auftrag: Die professionelle Auftragsklärung im Coaching

Nun geht es um den Coaching-Prozess: Wie gehst Du vor, wenn Dich Coachees aufsuchen, um eine problematisch erlebte Situation zu entwirren oder einen Veränderungswunsch umzusetzen? Was ist am Anfang eines solchen Coachings zu beachten? Welche Interventionen kannst Du im Laufe des Prozesses einsetzen? Was passiert zwischen den Sitzungen? Und wie sieht ein guter Abschluss aus? Wir zeigen Dir im Folgenden, welche Vorgehensweise sich aus unserer Sicht bewährt hat und welche Haltung hilfreich ist, um als systemisch-konstruktivistischer Coach erfolgreich zu Werke zu gehen.

Die wichtigste Grundlage für Deine Coaching-Prozesse ist die Auftragsklärung. Hast Du den Coaching-Auftrag erst einmal klar herausgearbeitet, steht einem gelingenden Prozess grundsätzlich nichts mehr im Wege. Damit ist schon gesagt, dass Deine Coachees in der Regel nicht mit einem fertigen Auftrag ins Coaching kommen. Vielmehr ist es ein Merkmal der systemischen Beratung, dass der Auftrag am Anfang noch nicht klar ist, sondern in einem gemeinsamen Prozess erst herausgearbeitet werden muss. Diesen wichtigen Schritt in der Eingangsphase eines Coachings nennen wir die

Auftragsklärung. Was die Menschen, die zu Dir kommen, dagegen stets mitbringen, ist ein *Anliegen,* bei dem sie sich Unterstützung durch ein Coaching wünschen. In der Regel wissen sie dabei noch nicht genau, in welcher Weise das Coaching zur Lösung ihres Problems beitragen kann. Und recht oft haben Deine Coachees auch noch gar keine bildhafte Vorstellung davon, was eigentlich an die Stelle der problematisch erlebten Situation treten soll. Hier ist dann Deine Prozesskompetenz als Coach gefragt.

Es gilt daher der Grundsatz: Das Anliegen, mit dem Deine Coachees zu Dir kommen, ist noch nicht der Auftrag! Diesen zu klären ist vielmehr integraler Bestandteil des Coaching-Prozesses. Diese Auftragsklärung gliedert sich in drei Phasen, die *Problemschilderung* durch die Coachees (Ist-Zustand), die *Bestimmung ihres Ziels* (Soll-Zustand) und schließlich die *Auftragsklärung* im engeren Sinn, in der geklärt wird, welchen Beitrag das Coaching zur Erreichung des erarbeiteten Ziels leisten soll. Auf diese drei Phasen werden wir gleich ausführlich eingehen, weil sie die Grundstruktur unseres Coaching-Modells bilden. Doch bevor Du überhaupt in die Lage kommst, im Coaching in dieser Weise gemeinsam mit Deinem Gegenüber eine Auftragsklärung vorzunehmen, findet ein erster Kontakt zwischen Dir als Coach und Deinen potentiellen Coachees statt. Schauen wir uns zunächst an, was dabei besonders zu beachten ist.

Erstkontakt und Vorgespräch

Bevor Deine Coachees zum ersten Mal zu Dir ins Coaching-Vorgespräch kommen, hast Du meist schon einige Informationen per E-Mail oder Telefon über ihr Anliegen erhalten. Sie haben Dich über Empfehlungen oder über Deine Webseite gefunden und schließlich Kontakt zu Dir aufgenommen. In der Regel ist dies aus freien Stücken geschehen. Auf den ersten Kontakt folgt das obligatorische Vorgespräch, in dem Coach und Coachee sich kennenlernen, einen möglichen Coaching-Auftrag klären und schließlich entscheiden, ob sie miteinander arbeiten wollen. Wenn Du in diesem Vorgespräch Deinen potentiellen Coachees erstmals persönlich begegnest, entscheidet die Art und Weise, wie Ihr aufeinander wirkt, ob und unter welchen Umständen ein Coaching-Prozess zustande kommt. Es geht hier zunächst um ein gegenseitiges Kennenlernen, um Sympathie und menschliche Passung, aber auch um die Klärung des Anliegens und das methodische Vorgehen, das der Coach anbieten kann, um hilfreich Unterstützung leisten zu können.

Oftmals müssen die Coachees, die zu Dir kommen, eine gewisse Überwindung aufbringen, um sich mit ihren Problemen an Dich zu wenden. Daher ist es im Erstgespräch das oberste Gebot, die Person und ihr Anliegen anzuerkennen und ernstzunehmen, auch wenn Dir selbst das vorgetragene Problem vielleicht gar nicht so dramatisch oder relevant erscheint. Diese Wertschätzung, die die Beziehung von Coach und Coachee von Grund auf prägt, manifestiert sich auf verschiedene Weise: Ist die Coach aufmerksam? Hält sie Blickkontakt oder ist sie während des Gesprächs womöglich mit anderen Dingen beschäftigt? Welche Fragen stellt sie? Ist sie an meinen Themen interessiert und auf angemessene Weise neugierig? Geht sie auf meine Gefühle ein? Gibt sie mir genügend Zeit und Raum, meine Geschichte zu erzählen? Und nicht zuletzt: Inwieweit kann ich als Coachee an ihren Zusammenfassungen, an ihren sachlichen wie emotionalen Resonanzen erkennen, dass sie mich versteht?

Das erste Gespräch dient also einerseits dazu, die *sachlichen* Fragen zu klären: Wie lautet das Anliegen des Coachees und wie arbeitet die Coach? Passen ihre Erfahrungen und Methoden zu der Art des Anliegens und wenn ja, wie viele Sitzungen sollte man einkalkulieren? Außerdem stellt sich hier heraus, *ob die Chemie stimmt:* Ist mir meine Coach sympathisch? Stellt sie in ihren Räumlichkeiten eine Atmosphäre her, in der ich mich wohl fühle? Und habe ich hinreichendes Vertrauen in ihre Erfahrung und die in Aussicht gestellte Vorgehensweise? Daher ist es entscheidend, wie Du beim Erstkontakt auftrittst und auf Deine potentiellen Coachees zugehst. Du solltest weder gleich *in medias res* gehen, noch einen allzu ausgiebigen Small-Talk über Wetter, Familie oder Sport halten. Die Mitte macht's: Du trittst am besten auf freundliche und zugewandte Weise als Mensch in Kontakt, hast dabei aber als Profi stets das Anliegen Deiner Coachees im Auge, so dass Ihr nicht zu weit vom Thema abkommt.

Wie ausführlich ein solches Vorgespräch ausfällt, entscheidest Du selbst. Die einen versuchen, im kostenlosen Vorgespräch das Anliegen nur grob zu verstehen und mit den Coachees die Rahmenbedingungen abzuklopfen, um die eigentliche, vertiefte Auftragsklärung im anschließenden, bezahlten Coaching-Prozess vorzunehmen. Nicht wenige aber nutzen das Vorgespräch, um bereits eine komplette Auftragsklärung durchzuführen, auf der der anschließende Prozess dann aufbauen kann. Im ersten Fall dauert ein solches Vorgespräch vielleicht 30 Minuten, im zweiten Fall eine Stunde. In jedem Fall aber sollte das Vorgespräch kostenlos sein, weil beide Seiten erst danach entscheiden, ob sie miteinander arbeiten wollen.

Der Dreischritt: Problemschilderung/ Zielerarbeitung/ Auftragsklärung

Wir haben es oben bereits angedeutet: Erst durch die gemeinsame Reflexion im Coaching wird klar, 1) mit welchem Problem oder Veränderungswunsch die Coachees zu Dir kommen *(= Problem- oder Situationsschilderung)*; 2) welche Ziele sie haben, also was an die Stelle der mehr oder weniger leidvoll erfahrenen Situation treten soll *(= Zielklärung)*; und 3) welchen Beitrag der Coaching-Prozess zur Erreichung dieser Ziele leisten soll, also welcher konkrete Auftrag an Dich als Coach ergeht (= die eigentliche *Auftragsklärung*).

Der gemeinsam geklärte Coaching-Auftrag ist mithin selbst bereits das Ergebnis eines Prozesses, der transparent erarbeitet und kooperativ entwickelt wird. Die Auftragsklärung bildet insofern einerseits die Grundlage jedes Coaching-Prozesses und ist andererseits schon der erste Teil dieses Coachings. Denn die Menschen, die zu Dir kommen, beschäftigen sich meist bereits länger mit ihrem Problem und sind es gewohnt, wieder und wieder aus einer bestimmten Problemperspektive auf eine Situation zu schauen. Manchmal haben sie sich in den Untiefen ihres Problems so sehr verfangen, dass sie sich gar keine Lösungen mehr vorstellen können. Sie stecken so tief in einer Art Problem-Trance, dass ihnen die Situation aussichtslos erscheint. Es ist dann Deine Aufgabe, sie behutsam von der Problem- in die Zielperspektive zu bringen, indem Du sie im richtigen Moment danach fragst, wie ihr zukünftiges (Berufs-)Leben wohl aussehen wird, wenn das aktuelle Problem verschwunden ist.

Nicht jeder Auftragsklärungsprozess endet dabei zwingend in einem Auftrag. Es kann sich herausstellen, dass ein bestimmtes Anliegen in einem anderen Beratungsformat besser aufgehoben ist als im Coaching (z. B. in einer Psychotherapie, einer Fachberatung oder einem Führungstraining). Es kann auch passieren, dass eine Coachee schon nach der Auftragsklärung nicht wieder kommt, weil ihr, da sie plötzlich aus der Problem-Trance herausgetreten ist und ihre Ziele klar vor Augen hat, der Weg dorthin von allein ganz klar ist. Eine weitere Unterstützung durch einen Coach scheint ihr fürs Erste nicht mehr nötig. Aber das sind Ausnahmefälle. In aller Regel kommt auf der Basis einer sauberen Auftragsklärung ein Coaching-Prozess mit klaren Zielen und Verabredungen zustande, die sich freilich von Sitzung zu Sitzung immer wieder verändern können – und dürfen!

Der Dreischritt Problemschilderung/Zielerarbeitung/Auftragsklärung

- *Erster Schritt:* Das Problem und die gegenwärtige Situation der Coachees erfragen, um ihre Wirklichkeitskonstruktion zu verstehen und ihren Problemdruck zu würdigen.
- *Zweiter Schritt:* Das zu erreichende Ziel und den Veränderungswunsch der Coachees erfragen, um ihre Möglichkeitskonstruktion anzuregen und einen Zielfilm zu entwickeln.
- *Dritter Schritt:* Den genauen Coaching-Auftrag erfragen und mit den Coachees möglichst detailliert ausformulieren.

Erster Schritt: „Wobei kann ich Ihnen behilflich sein?" Das Anliegen erfragen

Du wirst also, wenn das eigentliche Coaching beginnt, meist schon etwas von dem Anliegen Deines Coachees gehört und vielleicht sogar schon eine grobe Idee haben, worum es in dem Prozess gehen soll. Trotzdem fragst Du zu Beginn offen und neugierig, bei welchem Anliegen Du Deine Coachee unterstützen kannst. *Was führt Sie zu mir?* oder *Welches Anliegen haben Sie mitgebracht?* wären etwa klassische Formulierungen der Frage nach dem Problem oder Anliegen, das im Coaching bearbeitet werden soll. Wir bevorzugen hier eine Version dieser Frage, die sich besonders bewährt hat, weil sie ein bisschen ungewöhnlich klingt: *Wobei kann ich Ihnen behilflich sein?*
Wichtig ist hier, das *Wobei* nicht mit einem *Wie* zu verwechseln, denn Du fragst ja nach dem Thema, bei dem Du Unterstützung leisten kannst, und nicht etwa nach der Art und Weise, wie Du dies tun wirst. Dieses *Wie* ist Deine Expertise als Coach, von der die Coachee nichts weiß und auch nichts wissen muss. Sie kann vielmehr mit Recht erwarten, dass Du über diese Prozesskompetenz ver-

fügst. Stellst Du die Frage versehentlich falsch, also mit *Wie* statt *Wobei,* bekommst Du vermutlich die Antwort: „Oh, ich dachte, das könnten Sie mir sagen." Außerdem wird mit dieser Frage der Coachee eine wichtige, unbewusst wirkende Botschaft vermittelt: Du als Coach bist Deiner Coachee behilflich, doch Du erzeugst nichts, Du löst nichts. Vielmehr gehst Du an ihrer Seite – oder besser noch: einen Schritt dahinter – durch ihre Sichtweisen auf das Problem, das Ziel wie auch auf mögliche Lösungen. Du bleibst sozusagen die Assistentin der Coachee.

Dabei kann es hilfreich sein, vor der eigentlichen Situationsschilderung Deines Gegenübers dasjenige wiederzugeben, was Du durch den Kontakt im Vorfeld über das Anliegen bereits verstanden hast. Dadurch entsteht Vertrauen: Du signalisierst Aufmerksamkeit und Interesse, und die Coachee fühlt sich gut bei Dir aufgehoben, wenn sie das Gefühl hat, sich in dem Zusammengefassten wiederzufinden. Ungenauigkeiten oder Missverständnisse kann sie korrigieren, und so befindet Ihr Euch gleich mitten in einem munteren Zwiegespräch.

Die Situationsschilderung

Wenn Du eine erste Idee des Anliegens hast, bittest Du Deinen Coachee, Dir etwas ausführlicher zu beschreiben, wie die gegenwärtige Situation aussieht, unter der er leidet oder die er aus anderen Gründen verändern will. Ein gute Einstiegsfrage für diese Schilderung der Situation lautet: *Was sollte ich von Ihrer Situation wissen, um Sie in Ihrem Anliegen gut unterstützen zu können?* Dann beschreibt Dein Coachee seine aktuelle Situation, doch worin das Problem genau besteht, kann er oftmals gar nicht so genau benennen. Meist spürt man ja eher die Auswirkungen einer schwierigen Situation. Du lässt Dein Gegenüber zunächst ausreden und unterbrichst ihn nur, wenn Du etwas nicht verstanden hast, denn nicht selten hat Dein Coachee bei Dir im Coaching zum ersten Mal die Gelegenheit, sich etwas von der Seele zu reden. Das braucht seine Zeit. Es kann vorkommen, dass Du bei sehr sprechstarken Menschen den Eindruck bekommst, dass sich Dein Gegenüber in seinen Ausführungen zu verheddern und zu verlieren droht; dass er selbst von diesem Übermaß an Informationen überwältigt scheint. Dann hilft das Bild einer ‚virtuellen Bremse' unter dem Tisch, die es ermöglicht, den Informationsschwall durch respektvolle Zwischenfragen zu strukturieren: *Ich möchte gern einmal nachfragen, damit ich es noch besser verstehe!* Oder Du fasst das Gehörte zusammen: *Lassen Sie mich einmal kurz zusammenfassen, ob ich Sie bis hierher richtig verstanden habe!* Diese Unterbrechnungen öffnen auch für die Coachees Pausen und Räume, um sich zu sammeln und zu erfahren, wie ihre Ausführungen auf ihr Gegenüber wirken.

Beim Zuhören kannst Du Dich an dem konstruktivistischen Grundsatz orientieren, dass es niemals um Zustände oder Ereignisse *an sich* geht, sondern stets um deren individuelle Bewertungen, letztlich also um Phänomene der Beobachtung. Das Erleben, dass etwas nicht in Ordnung sei, ist demnach so individuell wie der Beobachter selber, es entspringt seiner persönlichen Wahrnehmung und kündet von seiner Vorstellung, was richtig und falsch, gut und böse ist. Hier bist Du sehr aufmerksam und formulierst das Gehörte in Deinen Zusammenfassungen entsprechend um. Sagt der Coachee etwa: „Mein Chef ist arrogant!", so fasst du zusammen: *Ah, ich verstehe, Sie nehmen Ihren Chef in dieser Situation als arrogant wahr. Mögen Sie mir darüber noch etwas mehr erzählen?* Du kannst auch einen Schritt weitergehen und Deinem Gegenüber spiegeln, wie Du ihn in emotionaler Hinsicht wahrnimmst: *... und dieses Verhalten, so merke ich, ärgert Sie, macht Sie wütend. Ich erlebe Sie gerade sehr aufgebracht, wenn Sie von Ihrem Chef erzählen.* Wenn über derartige Beobachtungen gesprochen wird, entstehen Versuche, die Zustände zu erklären, und dabei kommen immer wieder auch Ideen für Lösungen ans Licht, die ja oftmals darin liegen, *andere* Erklärungen und Bewertungen für dieselben Phänomene zu (er-)finden.

Du wirst Deine Coachees über ihre Äußerungen als vielschichtige Persönlichkeiten erleben und erfahren, wie diese komplexen psychischen Systeme auf ihre Welt blicken. Daher bist Du hier besonders aufmerksam: Wie sprechen sie über ihr Problem? Ist da jemand, die ein *emotionales* Übergewicht in ihrer Schilderung erkennen lässt („ … da war ich völlig niedergeschlagen …") oder die eher rational *denkend* auf die Dinge schaut („…da habe ich mir gleich einen Plan gemacht…") und ihre Situation vielleicht schon umfassend reflektiert hat? Womöglich zählt Deine Coachee auch zu denen, die *Handeln* als oberstes Gebot betrachten und dementsprechend bereits in Aktion gegangen ist („…da bin ich erstmal zu meinem Chef gegangen, dann habe ich mit meinem Mann gesprochen…"). Auch wenn in dieser Situationsschilderung schon wichtige Informationen über einen möglichen Auftrag zu finden sind, so gilt es doch, nicht vorschnell mit der ‚Lösungstür' ins Haus zu fallen, sondern weiter aufmerksam zuzuhören und interessiert nachzufragen: Du versetzt Dich in die Welt Deiner Gesprächspartnerin und versuchst, ihre Überzeugungen, Ansichten und Erklärungen, also ihre Wirklichkeits- und Sinnkonstruktion nachzuvollziehen.

Das bedeutet, dass Du Dich fortlaufend fragst, in welcher Weise das Handeln Deines Gegenübers, das sie in diese leidvolle Situation geführt hat, für sie selbst richtig und sinnvoll erscheint. Möglicherweise entsteht durch die Schilderung des bisherigen Erlebens, Deutens oder Handelns durch die Coachee bei Dir als Coach schon eine Annahme, wie das aktuelle Problem entstanden sein könnte, also wie Deine Coachee ihr schwieriges Thema möglicherweise unwissentlich selbst erzeugt hat.

Verstehen und Einfühlen: Die Problembrille aufsetzen

Der Coaching-Prozess ist wie eine Reise: Der Ausgangsort ist bekannt, das Ziel muss noch definiert werden, und dann geht die Reise los. Mit jeder Coaching-Anfrage betrittst Du Neuland – auch nach jahrelanger Erfahrung wird das kaum anders sein. Es gilt dabei, für Deine Coachees mit ihren Anliegen einen individuellen Prozess zu gestalten, der sie ihrem Ziel ein Stück näher bringt. Die Qualität der Beziehung zwischen Coach und Coachee bildet hier die Basis für den gesamten Prozess. Wie sich dieser Kontakt gestaltet, hängt von mehreren Faktoren ab, und was als guter Kontakt erlebt wird, ist leider nicht objektiv messbar. Dennoch kannst Du Dich als

Coach immer wieder an folgenden Fragen orientieren:

Wie gelingt mir die Einfühlung? Wie sehr kann ich meinen Coachee akzeptieren und wertschätzen? Wie empfinde ich die Atmosphäre? Wie nah oder distanziert empfinde ich die Beziehung? Wie vertrauensvoll ist die Zusammenarbeit? Wie reagiert mein Gegenüber auf mich? Wie geht es mir selber gefühlsmäßig in der Begegnung?

Als Coach bringst Du Deine persönliche Art der Kontaktaufnahme mit ein. Hier überprüfst Du Dich immer wieder selbst: Kenne ich meine individuellen Kontaktqualitäten gut genug? Durch Selbsterfahrung, Supervision und Fortbildung erhältst Du Feedback dazu und kannst Deine Art, eine tragfähige Coaching-Beziehung aufzubauen, gezielt nutzen. Du bist gefordert, mit jedem Coachee die für ihn hilfreiche Art von Beziehung herzustellen. Dies erfordert ein großes Maß an Flexibilität und Offenheit in Bezug auf unterschiedlichste Menschen. Um das Anliegen Deiner Coachees zu verstehen und anzuerkennen, fragst Du Dich also in ihre momentane Situation hinein. Schon dadurch leistest Du wertvolle Unterstützung dabei, das Problem strukturiert auf den Tisch zu bringen. Dabei ist ein Gleichgewicht von *Verstehen* und *Einfühlen* wichtig:

Verstehen heißt hier in erster Linie, die Situation zu erfassen und ihre Kontexte zu klären. Wer sind die relevanten Beteiligten? Wer und was hat noch Einfluss auf das Geschehen? Wie fing alles an? Und was sollte ich noch wissen? Vorsicht ist geboten, wenn Du als Coach zu schnell zu wissen meinst, worum es geht, ohne Dich zuvor gründlich auf die innere Landkarte des Coachees eingelassen zu haben. Dann besteht die Gefahr, dass Du ihm zu früh Deine eigene Wirklichkeitskonstruktion anbietest, mit der er möglicherweise gar nichts anfangen kann. Hier hilft es, sich als Coach immer wieder an den systemisch-konstruktivistischen Grundsatz zu erinnern: Es könnte immer alles auch ganz anders sein, selbst dann, wenn wir gerade das starke innere Gefühl haben zu wissen, wo ‚der Hase im Pfeffer liegt'. Die eigenen Annahmen über den Coachee immer wieder radikal in Frage zu stellen, ist ein Schlüssel zum Erfolg im Coaching.

Einfühlen bedeutet im Gegensatz zum Verstehen, Empathie für die Coachees aufzubringen und sich in ihre Situation hineinzuversetzen. Allein dieses Einlassen auf das subjektive emotionale Erleben Deiner Coachees birgt besondere Verständnisqualitäten. Wenn Du Dein Gegenüber fragst, welche Gefühle bei ihr beim Erzählen auftauchen, oder wenn Du ihr offenbarst, welche Gefühle bei Dir entstehen, während Du ihren Bericht hörst, bekommt die manchmal recht nüchtern vorgebrachte Situationsschilderung persönliche Tiefe. Das hat positive Auswirkungen auf das Coaching-Ziel und den daraus resultierenden Auftrag.

Doch Vorsicht, auch hier gibt es Stolpersteine! Wenn Du Dich intensiv auf das Problem konzentrierst und aus der empathischen Einfühlung ein persönliches Mitleiden wird, kann es

BEZIEHUNGS-BRILLE

Kontaktqualitäten

Akzeptanz
Wertschätzung
Offenheit
Freundlichkeit
Zugewandtheit
Flexibilität

PROBLEMBRILLE

Verständnis- und Analysequalitäten

Verstehen
- Kontext
- Beteiligte
- Vorgeschichte
- Zirkularität

Einfühlen
- Gefühle
- Muster
- Werte
- Überzeugungen

Fallen:
- Kein Abstand
- Zu schnell verstehen

LÖSUNGSBRILLE

Unterstützungs-qualitäten

Inhaltlich
Strategisch
Kreativ
Motivational
Unkonventionell

-> Ressourcen
-> Hausaufgaben

passieren, dass Du Dich zu sehr mit dem Geschilderten identifizierst. Die Gefahr ist dann, dass Du Dich gemeinsam mit Deinem Coachee im Problemwald verläufst und plötzlich selbst keine Idee mehr hast, wie man da jemals wieder herausfinden soll. Du verlierst dann nicht nur den Überblick, sondern auch Deine Rolle als Beobachterin. Du kannst nicht mehr unterscheiden, welches die inneren Bewegungen Deines Coachees und welches Deine eigenen sind. Einfühlung muss also immer in der professionellen Distanz ihr Gegengewicht finden. Nur so kannst Du die für das Coaching notwendigen Fragen klären: *Wie erlebt und deutet die Coachee die geschilderte Begebenheit? Welche Auswirkungen könnte dies haben? Was hindert sie daran, selbst eine Veränderung der Situation herbeizuführen? Und: Inwieweit könnte es gelingen, über andere Zugänge und Sichtweisen auch eine emotionale Neubewertung der Situation zu ermöglichen?*

Beim Verstehen wie beim Einfühlen passieren also immer zwei Dinge zugleich: Es geht darum, die als problematisch empfundene Situation *sowohl* aus dem Blickwinkel der Coachee *wie auch* aus Deiner professionellen Beobachter-Perspektive zu sehen. Nicht alles, was die Coachee schildert, muss dabei bis in das letzte Detail besprochen und analysiert werden. Wichtig ist einerseits, dass sie das Gefühl hat, in der Schwere ihres Problems angemessen verstanden worden zu sein. Andererseits musst Du als Coach das Gefühl haben, die Problemsicht Deiner Coachee hinreichend verstanden zu haben. Wann das eine wie das andere der Fall ist, entscheidest Du in der Situation. Hier sind Fingerspitzengefühl und Erfahrung gefragt, um die richtige Balance zu finden. Gegebenenfalls ist es wichtig nachzufragen und keine Scheu zu haben, die eigenen Verständnislücken zu füllen: *Mir ist noch nicht ganz klar, deutlich geworden, … Mich beschäftigt noch Ihre Beschreibung …* Diese Haltung erleben Deine Coachees keinesfalls als Begriffsstutzigkeit, sondern als Ausdruck von Sorgfalt und Interesse. Es ist Dir eben wichtig, nicht Dein Bild, Deine innere Vorlage des Geschehens als Grundlage für das Coaching heranzuziehen. Und natürlich kannst und solltest Du nachfragen, ob seitens der Coachee alles Nötige gesagt ist: *Bevor ich zusammenfasse, was ich verstanden habe, gibt es noch etwas, das ich wissen sollte?*

Hast Du das geschilderte Problem hinreichend verstanden, so fasst Du das Gehörte in Deinen Worten zusammen. Dein Coachee kann an dieser Zusammenfassung erkennen, dass und wie seine Situation von Dir aufgefasst wird. Außerdem kann er mögliche Ergänzungen oder Korrekturen an dem von Dir gezeichneten Bild vornehmen. Dies ist eine wichtige Voraussetzung für die nächsten Schritte: die Zielbestimmung und die Frage, welchen Beitrag das Coaching bei der Zielerreichung leisten soll. Bei komplexen Konstellationen lässt sich an einer prägnanten Zusammenfassung auch die Expertise des Coachs erkennen.

Tipp

Auch bei vermeintlich beruflichen Themen solltest Du stets Grunddaten zur ganzen Person, also auch zu ihrem Privatleben abfragen, denn in aller Regel lässt sich das eine nicht scharf vom anderen trennen. Interessiere Dich für den ganzen Menschen, der vor Dir sitzt! Wie lebt die Person? Wofür brennt sie? Oftmals ragen private oder persönliche Themen in die berufliche Sphäre hinein, ohne dass die Coachees dies selbst bemerken. Außerdem erhältst Du durch diese Kontextklärung wichtige Anspielstationen, um später zirkuläre Fragen zu stellen. Du kannst das so oder ähnlich erfragen: Was sollte ich sonst noch über Sie wissen? Wie leben Sie derzeit, haben Sie eine Partnerschaft, eine Familie? Was machen Sie gerne in Ihrer Freizeit? Woraus schöpfen Sie in Ihrem Leben Zufriedenheit oder Glück?

Wie weit musst Du das Problem verstanden haben, um wirksam zu sein?

Vielleicht stellst Du Dir nun die Frage, wieviel genau Du von dem Problem Deiner Coachees wissen musst, um hilfreich mit ihnen an Lösungen arbeiten zu können. Das ist in der Tat nicht ganz leicht zu beantworten. Hie und da wird im systemischen Coaching sogar der völlige Verzicht auf jegliche Problemschilderung gepredigt, gemäß dem geflügelten Wort Steve de Shazers: *„Problem talk creates problems, solution talk creates solutions."*

Die Auffassung, dass eine zu große Aufmerksamkeit gegenüber dem Problem dieses vielleicht noch vergrößert, ist nicht völlig unbegründet, doch scheint uns das zitierte Postulat des Kurzzeit-Coachings zu weit zu gehen und in manchen Fällen gar kontraproduktiv zu sein. Eine zu knappe Berücksichtigung der Problemschilderung oder gar ihre völlige Auslassung sind aus drei Gründen nicht empfehlenswert: Zum einen ist es für die Coachees oft sehr wichtig, dass sie mit ihrem Problem auch ihren Leidensdruck hinreichend zum Ausdruck bringen können. Sie fühlen sich von ihrer Umwelt schlecht behandelt, sehen sich Anforderungen ausgesetzt, die ihnen unüberwindlich scheinen, und da tut es gut, dies einmal ausführlich einer neutralen Person zu erzählen. Dass sie ihr Leid angemessen gewürdigt wissen, trägt wiederum entscheidend zu einer guten Beziehung bei, die die Grundlage für einen erfolgreichen Coaching-Prozess ist. Daher ist es in der Regel nicht ratsam, das Problem zu überspringen und gleich nach dem Ziel zu fragen, auch wenn dies in dem einen oder anderen Fall ebenfalls zum Erfolg führen kann.

Der zweite Grund für eine angemessene Problemwürdigung liegt darin, dass die Art und Weise, wie Deine Coachees ihre Probleme beschreiben und erklären, Dir schon wichtige Hinweise darauf geben können, wie sie ihre Wirklichkeit und ihre Welt konstruieren. So entwickelt sich mit dem Öffnen des Problempakets im Beratungssystem ein spannender Prozess: *Wie haben die Beteiligten dafür gesorgt, dass das Problem entstanden ist? Was tun Sie, damit es bestehen bleibt? Wann und wo tritt es auf, wann und wo nicht? Wie heißt es? Wer sieht das Problem (nicht)? Welche Gefühle haben Sie, wenn es auftritt? Und wie alt sind Sie, wenn Sie dieses Gefühl haben? Welche inneren Bilder oder Erinnerungen kommen dann hoch? Welche inneren Dialoge laufen dann in Ihnen ab? Und welche Muster werden Ihnen deutlich?*

Der dritte Grund für eine ausreichende Situationsschilderung liegt darin, dass ja auch Probleme stets in guter Absicht erzeugt werden. Das klingt paradox, aber die Bestrebungen und Kräfte, die Persönlichkeitsanteile und inneren Stimmen, die uns in problematisch erlebte Situationen führen, sind ja für sich genommen Ressourcen, die eigentlich Gutes wollen. Der wache Geist, der uns nachts nicht schlafen lässt, will dafür Sorge tragen, dass wir nichts vergessen und unsere Sache gut machen. Die Schlaflosigkeit ist hier eine Art unerwünschter Nebeneffekt, der am Ende das Gegenteil bewirkt. In solchen Fällen hilft es meist, bereits in der Problemschilderung die Aufmerksamkeit auf eben diese Ressourcen zu lenken, auf die gute Absicht und die Selbstfürsorge, die selbst in vermeintlich fehlerhaftem oder gar pathologischem Verhalten stets liegen.

Das, was die Schlaf- und Ruhelosigkeit in dem beschriebenen Fall auslöst, ist eigentlich eine innere Ressource, die dafür sorgt, dass ein Vorhaben gelingen soll. Eine solche Situation, in der eine innere Kraftquelle dadurch, dass sie ein Problem zu lösen versucht, an anderer Stelle mehr Leid als Nutzen hervorbringt, nennen wir einen *dysfunktionalen Lösungsversuch*. Im Coaching geht es in solchen Fällen meist darum, eine andere, weniger leidvolle Lösung zu finden. In dem geschilderten Fall ist es dabei besonders wichtig, zunächst wieder einen liebevollen Blick auf das eigene Handeln zu bekommen, indem die positive Absicht darin deutlich wird. Wenn ich, sanft gelenkt durch die Umformulierungen meiner Coach, meine Schlaflosigkeit als einen Akt der Selbstfürsorge anerkennen kann, wird es mir möglich, versöhnlicher darauf zu schauen, und, wer weiß, vielleicht kann ich schon in der nächsten Nacht besser schlafen. Indem Du die in den Problemen verborgenen Ressourcen würdigend ansprichst, kannst Du bereits im *Problem Talk* Deinem Coachee dabei helfen, wieder in einen Zustand der Selbstakzeptanz, um nicht zu sagen: der Selbstliebe zurückzufinden, der die Grundlage für jede Lösung bildet.

Wann also hast Du genug von dem Problem Deiner Coachees verstanden? Als Faustregel kann gelten, eher früher als später in den Zielfilm zu wechseln. Sollte Deine Coachee das Gefühl haben, noch mehr von ihrem Problem erzählen zu müssen, wird sie das von ganz allein tun. Sie kehrt dann in die Problemschilderung zurück, weil sie sich noch nicht richtig verstanden fühlt. Du merkst also, wenn Du ‚zu früh' in die Zielperspektive gewechselt bist. Dann heißt es, freundlich und wertschätzend zu bleiben und einfach eine weitere Runde in der Situationsschilderung zu drehen, bis die Coachee das Gefühl hat, dass ihr Problem hinreichend gewürdigt ist. Wenn Du dagegen zu lange in der Situationsschilderung bleibst, weil *Du* das Gefühl hast, noch nicht hinreichend verstanden zu haben, besteht die Gefahr der Zeitverschwendung, denn das im Coaching erarbeitete Ziel hat mit dem ursprünglichen Anliegen am Ende oft gar nicht mehr viel zu tun. In diesem Fall kann es sein, dass Du die vielen Informationen aus der Situationsschilderung, die Du akribisch notiert hast, am Ende gar nicht brauchst, weil die eingeschlagene Lösungssuche in eine ganz andere Richtung führt.

Hilfreiche konstruktivistische Fragen bei der Ziel- und Auftragsklärung

Konstruktivistische Fragen sollen dem Coachee ermöglichen, sich von seiner bisherigen Denk-, Fühl- und Sichtweise zu lösen und etwas, das in der Zukunft liegt, neu zu konstruieren und dazu gedanklich eine andere Perspektive einzunehmen:

- *Von der Vergangenheit oder Gegenwart in die Zukunft*

- *Von der Problem- zur Lösungskonstruktion*

- *Von der eigenen Sichtweise zur Sichtweise anderer Personen*

- *Von einer negativen Selbstzuschreibung zu einem positiven Selbstbild*

<u>Die folgenden Fragen erlauben es Deinem Coachee, den Schritt von „*ich möchte nicht mehr...*" zu „*ich möchte stattdessen...*" zu gehen</u>

- Wobei kann ich Ihnen behilflich sein?
- Wie sieht derzeit Ihre persönliche Situation aus?
- Aus welchem Grund möchten Sie gerade jetzt ein Coaching in Anspruch nehmen?

- Welches ist das Thema, das Sie mit Hilfe des Coachings bearbeiten wollen?
- Was möchten Sie für sich entwickeln? Was soll nach dem Coaching anders sein?
- Wenn das Coaching aus Ihrer Sicht erfolgreich verläuft, was ist dann anders?
- Was bleibt gleich? Was soll sich also nicht verändern, weil es schon gut ist?
- Wie muss die Situation aussehen, damit wir das Coaching abschließen können?
- Woran werden Sie erkennen, dass das Coaching abgeschlossen sein wird?
- Was würde passieren, wenn Sie jetzt kein Coaching machen würden?
- Was bedeutet es, wenn sich durch das Coaching nichts ändert?
- Was könnte schlimmstenfalls in unserer gemeinsamen Arbeit passieren?
- Was soll in diesem Coaching nicht passieren?
- Welche Erwartungen haben Sie an mich als Coach?
- Bis wann wollen Sie Ihr Coaching-Ziel erreicht haben? Wie lange soll der Coaching-Prozess aus Ihrer Sicht dauern?
- Wer sollte über den Coaching-Prozess informiert bzw. in ihn einbezogen werden?

Zweiter Schritt: „Was soll an die Stelle des Problems treten?" Das Ziel erarbeiten

Irgendwann hat Deine Coachee ihre Situation hinreichend beschrieben und auch Du bist der Meinung, das Problem und seinen Kontext verstanden zu haben. Nun findest Du in einem zweiten Schritt durch Fragen heraus, was das Ziel ist, das an die Stelle des Problems treten soll. Dazu führst Du Dein Gegenüber in einen möglichst konkreten Ziel-‚Film'. Diese Phase ist im systemischen Coaching besonders wichtig, weil Du grundsätzlich lösungsorientiert arbeitest. Es hat mehr Kraft und ist oft auch leichter, in der Zukunft liegende Ziele zu formulieren und auf ihre Umsetzung hinzuarbeiten, als Problemen auf den Grund zu gehen, indem Du ihre in der Vergangenheit liegenden Ursachen analysierst. Dieses Vorgehen kennen wir im therapeutischen Kontext aus der Tiefenpsychologie wie etwa der Psychoanalyse. Es entspricht einer Annahme, die in unserem gesellschaftlichen Umfeld verbreitet ist, wonach man dadurch Probleme löst, dass man schaut, was ihre Ursachen sind, um diese dann abzustellen.

Dass der lösungsorientierte Coaching-Ansatz auf eine solche analytische Tiefenschürfung meist verzichtet, kann anfangs auch irritieren. Wie soll man ein Problem überwinden, wenn man seine Ursachen nicht abstellt? Aus systemischer Sicht ist dies – wie fast alles andere auch – eine Frage der Perspektive: Die problematisch erlebte Situation, mit der Deine Coachees ins Coaching kommen, ist immer die Rückseite einer erfüllten, beglückenden Version dieser Situation. Da diese aber im Moment (noch) nicht da ist, ist sie auch nur schwer vorstellbar. Und genau hier setzt Du im systemischen Coaching an: Du fragst danach, was künftig an die Stelle des Problems treten soll, also wie das Leben in dieser Situation aussehen wird, wenn das Problem nicht mehr da ist. Und Du erfragst das nicht nur, sondern lässt Deine Coachees regelrecht erleben, wie sich dieser problemfreie Zustand anfühlt.

Das bedeutet nicht, dass Du überhaupt nicht biographisch arbeiten darfst. Tatsächlich kann es auch im Coaching einmal sinnvoll sein, Ursachenforschung zu betreiben und in die Lebensgeschichte zu schauen. Du tust das vor allem dann, wenn es um Ressourcen geht: *Wann ist das beengende Gefühl zum erstenmal aufgetaucht? Wann war es besonders stark? Welcher Teil in Ihnen hat darunter besonders gelitten? Wann war es (noch) nicht da? Und was war da anders? Was haben Sie damals unternommen, um sich Besserung zu verschaffen?*

Oftmals zeigen sich im aktuellen Problemerleben Muster, sich wiederholende Denk- oder Verhaltensweisen, die der Coachee im Lauf seines Lebens gelernt und immer wieder angewendet hat. Früher waren diese Verhaltensweisen oder Glaubenssätze einmal hilfreich, jetzt aber werden sie zur Behinderung. Mit der Frage: *Kennen Sie dieses Verhalten (Denkmuster, Gefühl etc.) von sich, eventuell auch aus anderen Zusammenhängen?* kannst Du solche Muster freilegen und besprechbar machen. Es geht dann allerdings nicht notwendig darum, die damalige Situation aufzulösen, sondern dem Coachee bei der Erkenntnis zu helfen, dass die Lösungsversuche von damals nicht die von heute sein müssen, weil der aktuelle Kontext ein anderer ist und dementsprechend neue Lösungen erfordert.

Im Grundsatz ist also an der Entkoppelung von Problem und Lösung festzuhalten. Sie ermöglicht, dass Du mit Deiner Coachee passende Lösungen (er-)finden kannst, die mit dem Problem, das sie ins Coaching geführt hat, am Ende kaum noch etwas zu tun haben. Das Besondere bei dieser Zielarbeit liegt eben darin, die Aufmerksamkeit eher früher als später auf jenen imaginären, in der Zukunft liegenden Raum zu lenken, in dem das Problem nicht mehr da ist: *Wie sieht es dort, in dem problemfreien Raum, aus? Was ist Ihnen dort alles möglich? Wer bemerkt diese Veränderung als erster? Und wer noch?*

Du löst also im systemischen Coaching keine Probleme, sondern suchst mit Deinen Coachees nach alternativen

Szenarien oder neuen Bewertungen, die an die Stelle der problematisch erlebten Situation treten können. Problem und Lösung sind also nicht in Form einer kausalen Verknüpfung miteinander verbunden. Eine Lösung kann vielmehr jeder Zustand, jedes Denken oder Handeln sein, in dem das Problem nicht mehr auftaucht. Dazu lenkst Du die Aufmerksamkeit in die Zukunft: *Wohin soll die Reise gehen? Welche Situation soll an die Stelle des Problemzustands treten? Was ist dann anders? Was wird Ihnen dann möglich sein? Welches Ihrer Bedürfnisse wird durch die Zielerreichung erfüllt? Und welches noch?*

Durch die zielorientierten Fragen ist Dein Gegenüber gefordert, sich von seinen bisherigen Denk-, Fühl- und Sichtweisen zu lösen, die meist um das Problem und seine Ursachen kreisen. Stattdessen lädst Du ihn ein, etwas Unbekanntes, das in der Zukunft liegt, neu zu konstruieren: einen problemfreien Raum, in dem das Problem nicht mehr da ist. Manchmal braucht das ein bisschen Beharrlichkeit von Deiner Seite als Coach und vielleicht auch mehrere Anläufe, denn nicht allen Menschen fällt es leicht, Ziele zu formulieren.

Die Fragen, die in diese Richtung zielen, werden hypothetische oder konstruktivistische Fragen genannt (dazu unten mehr). Sie ermöglichen dem Coachee, gedanklich eine andere Perspektive einzunehmen, um probeweise von der Gegenwart in die Zukunft zu gelangen und das bisherige Problem gegen eine (konstruierte) Lösung einzutauschen. Es geht nun nicht mehr um ein *weg von*, sondern um ein *hin zu*. Auf diese Weise entsteht eine grundsätzlich andere Ausgangslage für die nächsten Phasen des Coachings: Wenn es nicht mehr um ein Problem geht, sondern um ein Ziel, das es zu erreichen gilt, richtet sich der Blick nach vorn, in die Zukunft, und nicht nach hinten, in die Vergangenheit. Wenn zum Beispiel eine Führungskraft zu Dir ins Coaching kommt, die sich in ihrer Rolle als Verhandlungsführerin sicherer fühlen möchte, dann ist das zwar ein positiv formulierter Zielzustand, aber er kann noch klarer herausgearbeitet werden: *Woran werden Sie merken, dass Sie in Zukunft sicherer sein werden? Was tun Sie dann? Woran erkennen das Ihre Mitarbeiter, Kolleginnen oder Kunden?*

Das gleiche Prinzip gilt auch für coachende Führungskräfte: *Was brauchen Sie, um künftig gut arbeiten zu können? Woran merken Sie (Ihre Kollegen, Mitarbeitenden etc.), dass Sie erfolgreich sind? Und woran noch?* Dies ist eher hilfreich, als zu fragen, warum in der Vergangenheit etwas nicht geklappt hat. Die rückwärtsgewandte Problem-Perspektive durch eine in die Zukunft gewandte Ziel-Perspektive zu ersetzen, ist in nahezu allen Lebensbereichen nützlich. Sie mobilisiert mehr freudvolle Energie und kommt ohne Schuldzuweisungen aus. Bei diesen hypothetischen Fragen gibst Du Dich nicht mit nur einer Antwort zufrieden, sondern hakst nach: *Und woran erkennen Sie es noch?* Auch wenn Du Dir dabei am Anfang vielleicht penetrant vorkommst: Erst wenn die Vorstellung vom Zielzustand der Coachee vor allem für diese selbst hinreichend konkret und plastisch wird, ist der Prozess der Zielklärung abgeschlossen. Gute Fragen zur Zielklärung können auch sein: *Was wird Ihnen möglich sein, wenn Sie dieses Ziel erreicht haben? Welches Ihrer Bedürfnisse ist dann gestillt? Was ist dann anders? Wer bemerkt es als erster?*

Mit diesen Fragen wird noch deutlicher, worin der eigentliche Wunsch, das größere Bedürfnis der Coachees liegt. Außerdem gewinnt man mit ihnen Parameter, um später messen zu können, ob und inwieweit ein Ziel erreicht ist. Und nur keine Angst vor Zielen, die unrealistisch erscheinen! Wie realistisch ein Ziel ist, können letztlich nur Deine Coachees entscheiden. Sie sind die Experten ihrer Probleme und somit auch ihrer Lösungen. Du kannst lediglich respektvoll zurückspiegeln, wie das Ziel auf Dich wirkt. Oder Du fragst danach, für wie realistisch es Dein Gegenüber hält: *Für wie wahrscheinlich halten Sie es selbst, dass Sie Ihr Ziel erreichen werden?* Am Ende entscheiden die Coachees, wie sie ihre Ziele setzen und auch, was sie mit den Rückspiegelungen ihres Coachs machen.

Von der bloßen Zielbenennung zum innerlich erlebten Zielfilm

Du gibst Dich in der Regel nicht damit zufrieden, Dir das Ziel Deiner Coachees lediglich nennen zu lassen, sondern erarbeitest mit ihnen einen sogenannten Zielfilm. Das heißt, Du lädst sie ein, Dir eingehend zu beschreiben, wie es dort, im problemfreien Raum, genau aussieht und wie es sich anfühlt, dort zu sein. Das Entwickeln eines solchen Zielfilms stellt ein besonders wirksames Instrument des systemischen Coachings dar. Gemeint ist mit der Film-Metapher eine nahezu szenische, besonders anschaulich erlebte Vision des Zielzustandes. Dieser möglichst mit allen Sinnen erlebte innere Film ermöglicht es den Coachees, sich gedanklich und emotional in einen hypothetischen, in der Zukunft liegenden Zustand zu versetzen, in dem ihr Problem bereits gelöst ist. Der Zielfilm ist der Ort, an dem Lösungen entstehen und aus dem die Lösungen herauspurzeln! Deshalb ist es so wichtig, sich dort ausreichend lange und gründlich und auch durchaus lustvoll umzusehen, auch und gerade, weil es uns im Alltag oft schwer fällt, uns so einen wunderbaren Ort vorzustellen. Die Idee der Arbeit mit dem Zielfilm ist, dass hier, durch den ausgiebigen Aufenthalt im problem-

„Stell Dir vor, das Problem ist gelöst.
Was ist dann anders?"

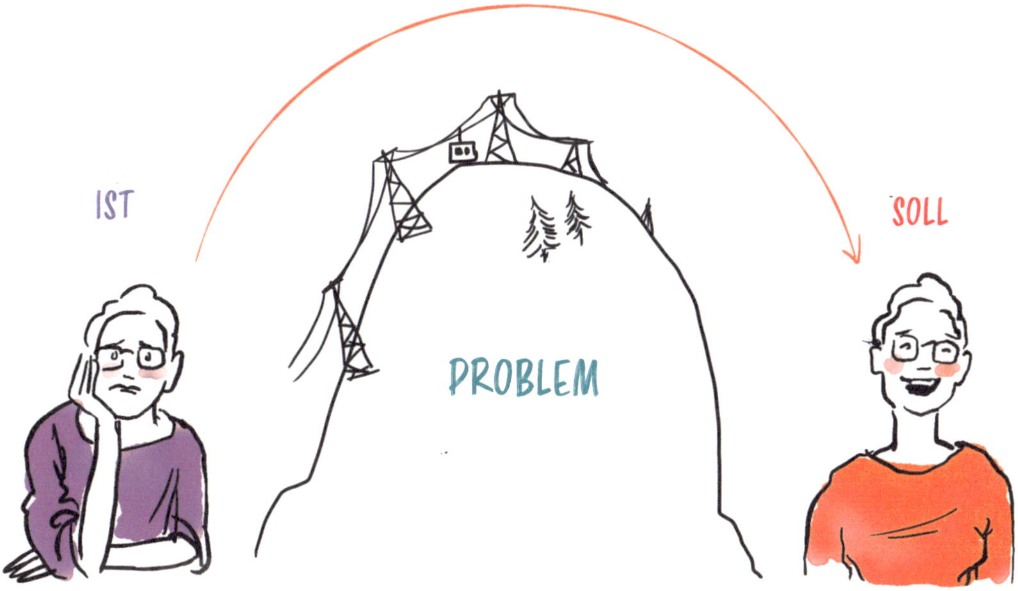

IST

PROBLEM

SOLL

„Dann bin ich ..."
„Dann kann ich ..."
„Dann tu ich ..."
„Dann fühl ich ..."
„Dann sag ich ..."

Systemische Sicht

Der Zielfilm als Ort, von dem aus Lösungen, Veränderungen entstehen

- Ziele entwickeln einen positiven Sog
- Postitive Gefühle wirken wie „Türöffner" für Veränderungen und Lösungen

freien Raum, ein positiver Sog entsteht, der es dem Träumenden leichter macht, diesen imaginär vorweggenommenen Zustand später auch in der Realität zu erzeugen. Denn unser Gehirn kann gar nicht unterscheiden, ob wir einen Zustand nur in der Vorstellung oder in der äußeren Realität erleben, denn es ist, wie wir oben beschrieben haben, gleichsam ‚blind' für die Außenwelt und operiert auf der Basis neuronaler Aktivitäten. Die in der Vorstellung erfahrenen schönen Gefühle wirken daher wie eine bereits gemachte Erfahrung und können so Türöffner für Lösungen sein. Solchermaßen entwickelte Zielfilme setzen eine beachtliche Energie und Motivation für Veränderungen frei!

Deshalb ist es wichtig, in der Zielfilmarbeit auch sprachlich präzise zu sein. Das heißt, möglichst keinen Konjunktiv, keine Möglichkeitsform zu benutzen (Wie würde es dann und dort aussehen?), sondern die Wirklichkeitsform, also den Indikativ: *Wie sieht es dann und dort aus? Was denken, fühlen, tun Sie? Was ist Ihnen möglich?* Denn die Annahme ist ja, dass der Coachee probeweise bereits dort *ist*, und also beschreibt er, was er denkt, fühlt und tut – und nicht etwa, was er denken, fühlen und tun *würde*. Das ist für Coach und Coachee anfangs eine ungewohnte Situation. Sie bedarf der Übung und auch einer gewissen Beharrlichkeit von Seiten des Coachs, denn die Coachees rutschen aus der ungewohnten Sprach- und Denk-Perspektive manchmal wieder heraus. Dann gilt es, sie behutsam wieder in den Zielzustand hineinzuführen.

Eine Grundlage für die Arbeit mit dem Zielfilm ist die oben bereits erwähnte lösungsorientierte Kurzzeittherapie von Steve de Shazer und Insoo Kim Berg. Die beiden Psychotherapeuten hatten die Erfahrung gemacht, dass es ihren Klienten mehr hilft, sich auf ihre Wünsche, Ziele und Ressourcen zu konzentrieren anstatt auf ihre Probleme und deren Entstehung. Inspiriert wurden sie dabei u.a. von der Hypnosetherapie Milton H. Ericksons, der herausgefunden hatte, dass es sehr wirksam sein kann, die Zielklärung fast wie in einer Vision in eine möglichst anschauliche Imagination des Zielerlebens zu verwandeln. Er nutzte also den Zielfilm in gewisser Weise, um der (alltäglichen) *Problem-Trance* seiner Klienten eine durch die Psychotherapie induzierte *Lösungs-Trance* entgegenzusetzen. Mit dem Zielfilm lädst Du Deine Coachees also dazu ein, ihre Träume und Wünsche nicht nur zuzulassen, sondern sie so bildhaft und konkret zu erleben wie in einem Film, so dass es ihnen später leichter fällt, sie auch in der Realität tatsächlich umzusetzen. Bereits durch die intensive Vorstellung eines Tuns entstehen im Gehirn neuronale Verknüpfungen, die einer nachfolgenden Realisierung den Weg bahnen können.

Tipp

Wenn Deine Coachees angeregt aus ihrem Zielfilm erzählen und berichten, wie es im problemfreien Raum aussieht, solltest Du besonders aufmerksam sein und am besten stichwortartig mitschreiben, denn hier gibt es oft eine ganze Reihe von Aspekten ‚einzusammeln', die später Ansätze für Lösungen sein können!

Wenn sich Probleme mit dem Zauberstab lösen lassen: Die Wunderfrage

In ihrem Werkstatt-Buch *Lösungen (er-) finden* beschreiben Peter De Jong und Insoo Kim Berg anhand von transkribierten Therapie-Sitzungen sehr anschaulich, mit welchen Fragen sie es ihren Klienten ermöglichen, sich aus dem Problemdenken zu lösen und eine Vorstellung von einem Lösungszustand zu entwickeln. Meist handelt es sich um Variationen der Frage: *Wenn Ihr Problem verschwunden ist, wie sieht Ihre Situation dann aus?*

Peter De Jong und Insoo Kim Berg, Lösungen (er-)finden. Das Werkstattbuch der lösungsorientierten Kurzzeittherapie. Dortmund: modernes lernen 1999.

Durch Zufall entdeckte Insoo Kim Berg dabei auch die sogenannte „Wunderfrage". Ihre Klientin, eine völlig überlastete

Frau, die angesichts ihrer scheinbar ausweglosen Situation verzweifelt war, stieß irgendwann einen Seufzer aus und sagte: „Ich habe so viele Probleme. Vielleicht kann mir nur ein Wunder helfen." Die Therapeutin nahm diese Worte auf und fragte: „Okay, nehmen wir einmal an, es würde ein Wunder geschehen und das Problem, das Sie hierher geführt hat, wäre gelöst. Was wird dann anders sein in ihrem Leben?" Zum großen Erstaunen von Insoo Kim Berg begann die Frau, die konkrete Vision eines anderen Lebens zu beschreiben. Es war kein utopischer Entwurf, sondern eine realistische Beschreibung der Situation, in der ihre Probleme tatsächlich gelöst waren. Damit war die Wunderfrage geboren, die seither in der systemischen Therapie und im systemischen Coaching eine zentrale Rolle spielt.

Da es wichtig ist, bei dieser Frage auf die sprachlichen Details zu achten, sei sie hier in der Version wiedergegeben, die Steve de Shazer in seinem Buch *Der Dreh* formuliert:

„Ich möchte Ihnen jetzt eine ungewöhnliche Frage stellen. Stellen Sie sich vor, während Sie heute Nacht schlafen und das ganze Haus ruhig ist, geschieht ein Wunder. Das Wunder besteht darin, dass das Problem, das Sie hierher geführt hat, gelöst ist. Allerdings wissen Sie nicht, dass das Wunder geschehen ist, weil Sie ja schlafen. Wenn Sie also morgen früh aufwachen, was wird dann anders sein, das Ihnen sagt, dass ein Wunder geschehen ist und das Problem, das Sie hierher geführt hat, gelöst ist?"

Steve de Shazer, Der Dreh. Überraschende Wendungen und Lösungen in der Kurzzeittherapie. Heidelberg: Carl-Auer 1989.

Die Wunderfrage gehört dem Paradigma der hypothetischen, auf die Zukunft gerichteten Fragen an, mit denen Du arbeitest, um Deine Coachees zu einer Zielvision zu ermutigen. Als solche lässt sie sich natürlich modifizieren, indem Du Deine Phantasie spielen lässt und das Wunder durch eine andere Instanz ersetzt: *Stellen Sie sich vor, eine gute Fee würde Ihr Problem einfach wegzaubern... Stellen Sie sich vor, Sie würden in die Zukunft reisen und dort ist Ihr Leben perfekt. Wie genau sieht es aus?*

Mit Hilfe weiterer systemischer, hypothetischer und zirkulärer Fragen arbeitest Du dann daran, dieses Ziel noch klarer zu formulieren: *Was genau ist dann anders? Wie werden Sie sich dann verhalten? Welche anderen Gedanken und Gefühle haben Sie? Wer wird noch bemerken, dass ein Wunder geschehen ist? Und woran? Wann war es schon einmal ein bisschen so wie nach dem Wunder? Was können Sie jetzt schon tun, um ein Stück dieses Wunders wahr werden zu lassen?*

Die Erkundung des problemfreien Wunder-Raumes und der neuen, durch das Wunder eröffneten Möglichkeiten ist das Entscheidende bei der Wunderfrage. Deshalb ist es wichtig, dass Du hier ebenso beharrlich wie kreativ bist und möglichst viele Fragen nach dem Denken, Fühlen und Handeln stellst, das *nach dem Wunder* möglich sein wird. Wie schön dieser Ort wirklich ist, kannst Du daran bemerken, wie sehr sich die Gestik und Mimik der Coachees verändern, wenn sie Hauptakteure ihres Wunderfilms sind. Da macht sich Leichtigkeit breit, und oft geht ein Strahlen über Gesicht und Augen! Du erhältst dann einen ‚wunderbaren' Eindruck davon, was Menschen möglich ist, wenn sie in Kontakt mit ihren inneren Bildern und Szenarien des Gelingens kommen.

Ein Fallbeispiel: „Das Croissant im Park"

Frau B. ist Einkäuferin und seit über 20 Jahren in einem Unternehmen für Luxusgüter angestellt. Das Unternehmen ist ein Familienbetrieb, der stetig gewachsen ist. Sie ist inzwischen die älteste Mitarbeiterin der Abteilung und hat viele Veränderungsprozesse miterlebt und begleitet.
Der Coaching-Auftrag kommt durch eine Personalentwicklerin zustande, die Frau B. als eine geschätzte Expertin beschreibt, die allerdings Probleme habe, sich nach einer Umstrukturierung in das neu gebildete Team zu integrieren.
In der ersten Sitzung wird schnell klar, dass Frau B. nicht Probleme hat, sich in das Team zu integrieren, sondern dass sie enttäuscht ist von ihrer neuen Vorgesetzten, die ihr Aufgaben zuteilt, die nicht ihrer Expertise entsprechen. Da alle jüngeren Kollegen sehr gut mit der Vorgesetzten zurecht kommen, empfindet sie sich als Außenseiterin, die sich nicht in die „Fangemeinde" der Chefin einreihen will. Zudem treffen sich ihre Kolleginnen häufig privat zu Aktivitäten, an denen Frau B. keine Freude hat. Das wiederum irritiert die Kolleginnen. Ich lasse mir mehrere Situationen und Dialoge schildern und merke, wie sehr Frau B. daran leidet, weder eine befriedigende Aufgabe noch eine Zugehörigkeit im Team zu haben. Sie hat sich schon überwunden und an einer Tupperparty mit den jüngeren Kolleginnen teilgenommen, will sich aber eigentlich nicht in ihrer Freizeit anpassen, um im Team dazuzugehören.
Als ich merke, dass ich selbst allmählich ähnlich empfinde wie Frau B. und mir die Situation verfahren und irgendwie hoffnungslos erscheint, nehme ich dies zum Anlass, ihr die Wunderfrage anzubieten. Ich frage sie, ob sie Lust auf eine ungewöhnliche Frage habe, und als sie bejaht, bitte ich sie, sich zu entspannen. Dann stelle ich ihr die Wunderfrage in der oben wiedergegebenen Fassung und warte ab, welches ihre ersten Worte sind.
Ihre unmittelbare Reaktion ist ein Lächeln auf dem Gesicht. Dann schildert sie, woran sie am nächsten Morgen merken wird, dass ein Wunder geschehen sein muss: „Ich nehme dann wieder den längeren Fußweg von einer anderen Bushaltestelle in Kauf, um durch den kleinen Park zu gehen, und erfreue mich an dem Herbstlaub. Ich rieche den Duft der Blätter und höre die Vögel und sehe die Eichhörnchen. Dann kaufe ich mir beim Bäcker ein Croissant, dass ich mir immer verkniffen habe, weil es so viel Fett enthält, und esse es ge-

nüsslich auf. Wenn ich auf dem Flur meiner Abteilung zu meinem Büro gehe, grüße ich meine Kolleginnen, und falls es sich ergibt, frage ich sie, wie es ihnen geht. Dann setze ich mich an meinen Schreibtisch, und bevor ich den Computer anschalte, mache ich mir eine Liste, was ich an diesem Tag erledigen will. Dann rufe ich eine kollegiale Freundin einer anderen Abteilung an und verabrede mich mit ihr zum Mittagessen. Abends gehe ich zum Yogakurs und plane dann endlich meinen Weihnachtsurlaub." Ich habe sie zwischen diesen einzelnen Aktivitäten immer wieder nur gefragt: „Und woran merken Sie noch, dass ein Wunder geschehen sein muss?" Während sie vom Herbstlaub erzählte, kamen ihr die Tränen. Bei ihren weiteren Schilderungen blieb ihr Gesicht milde und ein sanftes Strahlen breitete sich aus. Sie erzählt mir später, dass ihre inneren Bilder vom Herbstlaub im Park und dem Croissant sie an das erinnert haben, was sie lange verloren geglaubt hatte.

In den folgenden Sitzungen erarbeiten wir, ausgehend von dem inneren Zielbild der Wunderfrage, mit welchen Strategien sich Frau B. wieder selbstbestimmter erleben kann. Sie macht dabei die interessante Entdeckung, dass sie nicht mehr nur auf ihren Beruf fokussiert ist, sondern auch in ihrem Privatleben anfängt, die Dinge zu unternehmen, die sie immer schon einmal machen wollte (Yoga-Kurs, Wanderung über die Alpen etc.). Diese Erlebnisse wiederum helfen ihr, bei der Arbeit entspannter auf die Aspekte zu schauen, die sie selbst nicht verändern kann. So kann sie nun auch wieder auf ihre Kolleginnen zugehen und stellt fest, dass diese sich sehr wohl auch für sie interessieren.

Fragen für den Zielfilm

- Nehmen wir an, Ihr Problem ist gelöst, was ist dann anders, als es jetzt ist?
- Wie erleben Sie die Situation dann? Welche Gefühle haben Sie dann? Und wo im Körper spüren Sie sie?
- Sie sagen, Sie sind dann glücklich, Sie tun dann nur noch das, was Ihnen Spaß macht – wie fühlt sich das genau an? Was tun Sie dann genau?
- Woran merken Andere, dass das Problem gelöst ist? Was machen sie dann möglicherweise anders?
- Und wenn X oder Y dieses oder jenes anders machen, was ist Ihnen dann wiederum möglich?
- Was geht dann vielleicht nicht mehr? Was wird dafür jetzt möglich?

Dritter Schritt: „Welchen Beitrag soll das Coaching leisten?“ Den Coaching-Auftrag klären

Ist die vertiefte Zielklärung abgeschlossen und der Zielfilm hinreichend konkret geworden, schließt sich der dritte und letzte Schritt der Auftragsklärung an. Hier geht es darum, eine Antwort auf die Frage zu formulieren, wobei genau Du als Coach Deinem Coachee im folgenden Coaching-Prozess behilflich sein kannst. Während Du also bei der Zielklärung danach fragst, was sich im Klientensystem verändern soll (dann und dort!), fragst Du bei der Auftragsklärung danach, was im Coaching-System passieren soll (hier und jetzt!). Dazu sind verschiedene Frageweisen möglich: *Wobei genau kann ich Ihnen nun im Coaching behilflich sein? Was sollte hier im Coaching passieren, damit es Ihnen dort in Ihrem Konflikt mit Ihrem Kollegen künftig besser geht? Was wäre aus Ihrer Sicht ein gutes Ergebnis für diesen Coaching-Prozess?*

Vielleicht hast Du Dich im vorangegangenen Abschnitt gefragt, wie Du wohl damit umgehen solltest, wenn Deine Coachees sehr große und bewegende Zielfilme drehen. Was tust Du, wenn Dir eine solche Zielvision allzu spektakulär erscheint? Als Antwort auf diese Frage dient eine gute Auftragsklärung. Sie ist als gemeinsam erarbeitete Übereinkunft zu dem, was im Coaching passieren soll, unverzichtbar. Die Frage nach dem Coaching-Auftrag macht für beide Beteiligten aus jedem noch so monumentalen Zielfilm ein gut handhabbares Kooperationspaket: *Ich habe verstanden, dass Sie in fünf Jahren Ihre erste eigene Südsee-Insel bewohnen wollen. Welchen Beitrag soll nun das Coaching dazu leisten?*

Zwischen dem genannten Ziel Deiner Coachees und ihrem konkreten Coaching-Auftrag an Dich besteht also ein relevanter Unterschied. Der Auftrag ergibt sich aus der Frage, welchen Anteil der Coaching-Prozess (und Du als Coach) bei der Erreichung dieses Ziels haben soll. Oft haben die Coachees, nachdem sie zuvor einmal tief genug in die Zielklärung eingestiegen sind, recht schnell ziemlich klare Vorstellungen davon. Und sie sind realistisch genug zu wissen, dass Du sie nicht mit einem Zauberstab zu Eigentümern einer Südsee-Insel machen kannst: „Ich möchte, dass Sie mich dabei unterstützen, meine Gedanken zu dem Thema zu sortieren und die einzelnen Schritte bis dorthin zu entwickeln!“

Sollten einmal von Deinen Coachees keine spontanen Ideen kommen, kannst

Du auch Vorschläge machen. Du hast Dich ja bis dahin schon eingehend mit dem Anliegen und den Zielen Deines Gegenübers beschäftigt und hast sicher eigene Ideen, was das Coaching zur Zielerreichung beitragen könnte. Diese Vorschläge, sollten sie denn nötig sein, formulierst Du als Hypothesen und aus Deiner ganz subjektiven Perspektive, um deutlich zu machen, dass es lediglich Vorschläge sind (und keine Direktiven oder Anweisungen): *Ich könnte mir vorstellen, dass es sinnvoll wäre, zunächst einmal Ihre Ressourcen in den Blick zu nehmen und zu schauen, auf wen und was Sie bei diesem Südsee-Projekt bauen können. Was meinen Sie?*

Man kann die oben als Eingangsfrage für den Coaching-Prozess empfohlene Formulierung: *Wobei kann ich Ihnen behilflich sein?* hier gut und gern wiederholen: *Wobei kann ich Ihnen nun im Hinblick auf das beschriebene Ziel – das Südsee-Insel-Projekt – hier im Coaching weiterhelfen?* Andere Formulierungen sind ebenfalls möglich: *Was könnte mein Beitrag als Coach sein, damit Sie Ihrem Ziel ein Stück näherkommen?* Oder auch als hypothetische Frage formuliert: *Nehmen wir einmal an, das Coaching hat den gewünschten Erfolg gehabt, was ist dann hier passiert?*

Die Antworten auf diese Frage(n) sehen dann im Idealfall so aus:
„Ich möchte, dass Sie mir dabei behilflich sind, …

... herauszufinden, warum ich immer ...
... Lösungen zu erarbeiten, wie ich ...
... Strategien zu entwickeln, die es mir ermöglichen ...
... zu erklären, warum ich ...
... mir Feedback zu geben zu ...

Ein Fallbeispiel: „Vom Problem über den Zielfilm zum Coaching-Auftrag"

Frau A. hat vor kurzem ihre erste Führungsposition im Vertrieb eines Konzerns in der Konsumgüterindustrie übernommen, nachdem sie sich in den letzten Jahren von ihrer Einstiegsposition in die Position einer Senior Marketing Managerin entwickelt hatte. Die Personalabteilung vermittelt das Coaching mit der Maßgabe, dass der Inhalt zwischen mir und der Coachee besprochen werden sollte und keinerlei Rückmeldung dazu erwünscht sei.
Ich lerne Frau A. als eine energiegeladene, optimistische und sehr reflektierte Coachee kennen, die ihre neue Rolle als Teamleiterin mit Freude übernommen hat und gleichzeitig mit großem Respekt von den Herausforderungen spricht, da sie in einem ihr teilweise fachfremden Bereich agieren wird. Sie schildert mir in unserem ersten Termin ihr Anliegen, das insbesondere den Umgang mit ihrer Vorgängerin betrifft. Diese hat innerhalb des Unternehmens in eine neue Position gewechselt, und mit dieser Abteilung müsse Frau A. künftig eng zusammenarbeiten. Frau A.

beschreibt ihre Vorgängerin als eine Führungskraft, die „mit ihrer Arbeit verheiratet ist". Für ihre Mitarbeiterinnen sei sie jederzeit ansprechbar, verfüge über eine sehr hohe fachliche Expertise und wolle über jedes Detail informiert sein. Frau A. hat den Eindruck, dass ihrer Vorgängerin das Loslassen schwerfällt, was sich unter anderem darin äußert, dass die Übergaben nur schleppend vorangehen. Frau A. möchte gerne so schnell wie möglich Verantwortung für ihr neues Team und die fachlichen Themen übernehmen, scheut sich aber, zu „forsch" voranzugehen, da sie zukünftig auf eine gute Zusammenarbeit mit ihrer Vorgängerin angewiesen ist.

Ich biete Frau A. einen Blick in die Zukunft an und frage sie, welchen Titel ein Film haben könnte, der über die erfolgreich von ihr geführte Abteilung berichten würde. Frau A. lässt sich darauf ein und gibt dem Film den Titel „Vom Operativen zum Strategischen". Sie berichtet mit leuchtenden Augen davon, wie ihr Team sich entwickelt und von ihr unabhängig wird. Sie beschreibt ausführlich, wie sie die Potentiale ihrer Mitarbeitenden ausschöpft, diese weiterentwickelt und für eine neue Sichtbarkeit der Abteilung im Unternehmen sorgt. Auch als Führungskraft möchte Frau A. ein Vorbild für andere sein und so das in sie gesetzte Vertrauen rechtfertigen.

Durch den Zielfilm treten neue Aspekte zu Tage, die über die Problematik der Übergaben hinausgehen. Auf die Frage, wie es ihr mit diesem „Zielfilm" gehe, erwidert Frau A., dass sie jetzt, mit ihrer positiven Zukunftsvision vor Augen, die Entschlusskraft habe, sich mit ihrer Vorgängerin zusammenzusetzen und gemeinsam die Übergabethemen „festzuklopfen". Ihr sei deutlich geworden, wohin sie die Abteilung entwickeln wolle, und das würde ihr helfen, die nächsten Schritte zu gehen. Ich frage Frau A. dann, welchen Beitrag das Coaching zu ihrer Zielerreichung leisten soll. Frau A. erwidert, dass sie das Coaching nutzen möchte, um Strategien für die Kommunikation mit ihrer Vorgängerin und eine zukünftige Zusammenarbeit zu entwickeln und um über die Mitarbeiterführung zu sprechen. Sie möchte gemeinsam mit mir gute Wege finden, wie sie ihre Mitarbeitenden entwickeln und ihre fachliche Expertise nutzen kann. Mit diesem gut umrissenen Auftrag starten wir das Coaching. Als erste Priorität identifiziert Frau A. die Kommunikation und den Umgang mit ihrer Vorgängerin.

Auftragsklärung als fortlaufender Prozess

Da sich die Aufträge im Lauf eines Coaching-Prozesses ändern können, ist es ratsam, die Auftragsklärung regelmäßig zu wiederholen bzw. anzupassen. Manchmal sind die ersten Ziele schnell erreicht und neue tauchen auf, oder aber der Auftrag verändert sich im Laufe eines Prozesses, weil die Coachee auf andere, tiefer liegende Themen gestoßen ist, deren Bearbeitung ihr nun wichtiger erscheinen. Manchmal haben sich auch schlicht die Rahmenbedingungen verändert. Das wird von der Coachee nicht immer klar thematisiert, weswegen Du als Coach darauf achten musst, Deinen Auftrag für das Coaching immer wieder neu einzuholen: *Ich habe den Eindruck, hier ist ein neues Thema aufgetaucht, das Sie sehr berührt. Wollen wir uns mit diesem Thema intensiver beschäftigen oder doch lieber bei unserem ursprünglichen Auftrag bleiben (und dieses Thema dann ggfs. an anderer Stelle anschauen)?*

Deine Coachees können dann selbst entscheiden, wie sie fortfahren wollen. Sie sind ja verantwortlich für die Inhalte, und Du bist verantwortlich für den Prozess. Daher stellst Du ihnen immer wieder transparent zur Verfügung, was Du wahrnimmst und ggfs. auch, welche Hypothesen in Dir aufsteigen. Besonders wichtig ist aber, immer wieder auf die Meta-Ebene zu gehen und zu fragen, ob Ihr (noch) auf dem richtigen Weg seid und ob das, was Du als Coach tust und vorhast, für Deine Coachees (noch) passend ist, oder ob sie sich lieber mit anderen Themen beschäftigen wollen. Ein absolutes Muss ist die erneute Auftragsklärung zu Beginn jeder neuen Sitzung, weil sich ja die in der letzten Sitzung besprochenen Themen zwischenzeitlich geklärt haben können. Auch dafür gibt es eine Reihe passender Anknüpfungsfragen: *Was ist in der Zwischenzeit passiert? Was gibt es Neues? Was liegt heute obenauf? Soll das Thema der letzten Woche auch heute unser Thema sein?*

Die Erfahrung zeigt, dass die bedeutsamsten Veränderungen im Coaching in der Zeit zwischen den Sitzungen geschehen. Du wirst erleben, dass Coachees, die zunächst unschlüssig, irritiert oder auch mal verwirrt aus einer Sitzung hinausgehen, nach einigen Tagen wertvolle Erkenntnisse haben oder unterschwellige Wandlungen verspüren. In aller Regel müssen die Anregungen des Coachings sich erst einmal setzen, müssen Dinge erst einmal ausprobiert werden, die beim letzten Treffen reflektiert wurden. Das mentale Um- und Neukonstruieren von Bewertungen braucht seine Zeit, und die gibst Du Deinen Coachees. Daher kann es auch einmal sein, dass ein Coachee sich nach einer Sitzung gar nicht mehr meldet. Da Du als Coach, der unabhängig vom Auftrag ist, Deinen Klienten nicht hinterher telefonierst (außer Du hast im Rahmen eines Coaching-Deputats den Auftrag dazu), wirst Du vielleicht niemals erfahren, welches der Grund dafür ist. Ob die erste Sitzung so toll war, dass sich ihre Probleme bereits aufgelöst haben, oder ob die Coachee sich nicht wohl gefühlt hat bei Dir, oder ob sie aus anderen Gründen gerade keine Zeit mehr hat – all dies wirst Du im ungünstigen Fall nie erfahren. Diese Ungewissheit gilt es auszuhalten! Es wird Gründe für das Nicht-Erscheinen geben, und Du solltest nicht gleich annehmen, dass es daran liegt, dass Du vielleicht nicht der passende Coach bist.

Da es also in manchen Situationen schwierig sein kann, Feedback von Deinen Coachees einzuholen, ist es ratsam, sie dazu zu ermuntern, Dir schon während des Prozesses eine Rückmeldung zu geben. Dabei geht es nicht darum, wie Du als Coach performst, sondern was im Prozess für Dein Gegenüber besonders hilfreich ist und was eher nicht. Dazu kannst Du Deine Coachees direkt auffordern: *Geben Sie mir bitte sofort eine Rückmeldung, wenn etwas für Sie hier nicht passend ist, aber gern auch, wenn etwas ganz besonders gut funktioniert!* Auch am Ende der Sitzung bietet es sich an, ein kurze Rückmeldung einzuholen: *Was war heute bedeutsam für Sie? Was nehmen Sie mit? Was ist jetzt anders als zu Beginn der Stunde?*

Die Auftragsklärung ist also das A und O im systemischen Coaching. Es kommt darauf an, den Auftrag möglichst klar herauszuarbeiten und nach Möglichkeit auch schriftlich zu fixieren. Aber es ist ebenso wichtig, diesen Auftrag in Abstimmung mit den Coachees jederzeit umstandslos wieder fahren zu lassen und durch einen neuen Auftrag zu ersetzen, wenn es die Situation erfordert. Niemals hältst Du an einem Auftrag fest, nur weil Du der Meinung bist, dass sei jetzt besonders wichtig für Dein Gegenüber. Wenn solche und ähnliche Gedanken in Dir auftauchen, merkst Du es daran, dass Du auf Deiner eigenen

PROBLEMFILM

ZIELFILM

AUFTRAG

inneren Landkarte unterwegs bist und die Landkarte Deiner Coachee aus den Augen verloren hast. Dann ist es höchste Zeit umzukehren und wie immer, wenn sich etwas schief anfühlt im Coaching, auf die Meta-Ebene zu gehen und noch einmal den Auftrag zu überprüfen: *Wie geht es Ihnen gerade? Wie erleben Sie unser Gespräch? Sind wir noch auf dem richtigen Weg? Ist das noch passend für Sie, was wir gerade machen? Und wenn nicht, welchen Weg wollen wir stattdessen einschlagen?*

Die Priorisierung von Teil-Aufträgen

Nicht selten kommt es vor, dass ein Coaching-Auftrag aus mehreren Teilen besteht. „Ich möchte hier im Coaching daran arbeiten, wie ich in der akuten Situation mit meiner Chefin in ein Verhältnis auf Augenhöhe komme. Außerdem würde ich gern mit Ihrer Hilfe darauf schauen, wie ich generell selbstsicherer im Kontakt mit anderen Menschen werden kann, besonders, wenn sie sich in höheren Positionen befinden!" In Fällen wie diesem, wo es einen akuten und einen grundsätzlicheren Aspekt des Themas gibt, fängst Du meist mit dem aktuellen Aspekt an, weil der das akute Leid hervorruft. Du suchst erste *quick wins*, um die Situation zu entspannen, und schaust dann auf die grundsätzliche Thematik. Prinzipiell kann man aber auch andersherum arbeiten. Im Zweifel fragst Du immer Deine Coachees, mit welchem Thema sie anfangen möchten. Das gilt ja für alle Fälle, in denen inhaltlich etwas zu entscheiden ist: Hier sind die Coachees am Zug.

Das gilt auch für den Fall, dass sich bei der Auftragsklärung verschiedene Themen zeigen. Hier hat es sich bewährt, diese ebenfalls vom Coachee priorisieren zu lassen. Dabei ist es besser, nicht nach Wichtigkeit zu fragen (denn die ist oft gar nicht so leicht zu ermitteln), sondern zeitlich zu priorisieren: *Womit wollen wir beginnen? Welches Thema liegt im Moment obenauf?* Die zeitliche Priorisierung hat den Vorteil, dass die anderen Themen dadurch nicht wegfallen oder als unwichtig erklärt werden: Sie sind lediglich aufgeschoben, aber nicht aufgehoben. Daher ist es sinnvoll, sie zu notieren und entsprechend zu nummerieren. Und natürlich kann sich der Coachee jederzeit entscheiden, nun doch zu einem der anderen Themen übergehen zu wollen.

Das ,Thema hinter dem Thema'

Vielleicht hast Du in der Coaching-Literatur gelesen, dass Du Dich als Coach nie mit dem zuerst von der Coachee angebotenen Thema zufrieden geben solltest, sondern dass es immer noch ein ,Thema hinter dem Thema' gebe. Das kann man in dieser Weise jedoch nicht verallgemeinern. Tatsächlich gibt es viele Coachees, die ihr Anliegen und auch ihr Ziel recht klar benennen und im Coaching bearbeiten, ohne dass im Verlauf des Prozesses noch etwas völlig anderes zum Vorschein käme. Es wird aber ebenso vorkommen, dass Deine Coachees ein Anliegen haben, von dem sich im Lauf des Gesprächs zeigt, dass es möglicherweise noch eine weitere oder tiefere Dimension hat. Aktuelle Spannungen, Unzufriedenheiten oder Konflikte beruhen tatsächlich oft auf tiefer liegenden Glaubenssätzen, familiären Verstrickungen oder Selbstwert-Themen. Das ,Thema hinter dem Thema', wenn es denn überhaupt eines gibt, ist daher in aller Regel kein völlig anderes, sondern eher eine tiefere Dimension des aktuell zutage tretenden Problems. Wenn Du im Laufe der Situationsschilderung oder auch in einer späteren Phase des Prozesses einen solchen Eindruck hast, kannst Du ihn Deinen Coachees zurückspiegeln: *Ich habe den Eindruck, dass sich in dem Konfliktverhalten, das Sie beschreiben, ein gewisses Muster erkennen lässt, das möglicherweise über diesen aktuellen Konflikt hinausreicht. Können Sie damit etwas anfangen? Wollen wir hier genauer hinschauen oder eher bei dem aktuellen Thema bleiben?*

Die Diskussion um das ,Thema hinter dem Thema' kann Dir eine Mahnung sein, bei der Auftragsklärung nicht zu schnell zufrieden zu sein. Wenn ein Auftrag sehr offen zutage liegt und mühelos greifbar wird, lohnt sich die Frage, ob das wirklich das eigentliche Thema ist, das den Coachee umtreibt, oder ob es nicht noch eine andere, tiefere Facette des Themas gibt, an die er sich (noch) nicht herantraut, weil er vielleicht denkt, dass ein Coaching kein geeigneter Ort für private, emotionale oder familiäre Themen sei. Das Wichtigste ist auch hier, offen und aufmerksam zu bleiben, denn Coaching-Aufträge können sich jederzeit ändern: zwischen den Sitzungen, weil sich das eine Thema in der Zwischenzeit geklärt hat und nun ein anderes obenauf liegt; aber auch mitten in einer Sitzung, weil das Gespräch etwas zutage gefördert hat, das dem Coachee nun wichtiger ist, als das ursprünglich vereinbarte Thema. In solchen Fällen kannst Du immer wieder fragen: *Ist der ursprüngliche Auftrag noch der Auftrag, oder wollen wir uns nun stärker um das Thema XY kümmern? Was hat sich seit der letzten Sitzung verändert, und worum soll es heute gehen? Sind wir noch auf dem richtigen Weg, ist das hier noch passend für Sie?*

Ein Fallbeispiel: „Geld oder Liebe?"

Frau K. kommt mit dem Anliegen ins Coaching, endlich eine Gehaltserhöhung in ihrem Unternehmen durchsetzen zu wollen, um die sie schon länger ringt. Sie schläft bereits schlecht und fragt sich, wie sie ihre Forderung vorbringen will. Nachdem sie die Situation und ihren Kontext beschrieben und das Ziel, die Durchsetzung der Gehaltserhöhung, wiederholt hat, frage ich sie, was denn wohl anders ist, wenn ihr diese Lohnerhöhung endlich gewährt worden sein wird. Ihre Antwort lautet ziemlich prompt: „Dann bin ich zufrieden, weil ich mich in meiner Arbeit angemessen gewürdigt fühle".

Aha, denke ich, es geht also gar nicht nur ums Geld, sondern im weiteren Sinn um die Wertschätzung ihrer beruflichen Tätigkeit. Geld steht ja oft für eine Beziehungsqualität, und so ist es auch hier. Das vordergründige Thema ‚Gehaltserhöhung' steht für das größere Thema ‚Anerkennung und Wertschätzung'. Ich stelle Frau K. meine Hypothese zur Verfügung, und sie kann damit sofort etwas anfangen. Ihr Ziel ist nun geweitet, und ich spüre, wie sie sich entspannt. Die harte Fixierung auf das Thema Geld, das sie eigentlich nicht wirklich braucht, kann sie nun loslassen. Als wir daraufhin gemeinsam auf der Suche nach Anerkennung und Wertschätzung durch ihren beruflichen Kontext wandern, fallen ihr eine ganze Reihe weiterer Felder ein, auf denen sie gern noch mehr Würdigung und Wertschätzung Arbeit erfahren würde. Insbesondere wünscht sie sich künftig mehr Kontakt zu ihrem Vorgesetzten, vor allem durch regelmäßige Feedback-Gespräche.

Damit ist der Wunsch nach einer Gehaltserhöhung keineswegs vom Tisch, aber Frau K. kann ihr Bedürfnis nun in einem weiteren Kontext sehen. Statt der Verengung auf das Thema ‚Geld' eröffnen sich ihr nun vielfältige Optionen, um mehr Zufriedenheit in ihrer beruflichen Tätigkeit zu erleben – auch dann, wenn etwa eine Gehaltserhöhung aus bestimmten Gründen gerade nicht umsetzbar ist. Es können dann alternative Lösungen angestrebt werden, wie z. B. die angedachten Feedback-Gespräche. Wie hier geht es im Coaching oft darum, das größere Bedürfnis freizulegen, das dem zunächst genannten, eng umrissenen Anliegen zugrunde liegt. Auf diese Weise, so zeigt das Beispiel, lässt sich dann auch die Anzahl der Handlungsmöglichkeiten erheblich erweitern. Die Lösung, die am Ende gefunden wird, muss dann mit dem ursprünglich formulierten Anliegen gar nicht mehr so viel zu tun haben.

Als Auftrag für das Coaching verabreden wir schließlich, die verschiedenen Optionen für mehr Anerkennung und Zufriedenheit im Job noch schärfer herauszuarbeiten, um dann das Gespräch vorzubereiten, das Frau K. dazu mit ihrem Vorgesetzten führen will.

Warm Up – Kontakt herstellen

- Sind Sie gut hergekommen?
  Möchten Sie etwas trinken?
- Vorstellung des Coachs, evtl. Visitenkarte übergeben, den Werdegang in Kurzform, aktuelles Berufsfeld, Beratungsansatz, Methodik

Regeln der Zusammenarbeit

- Kosten
- Stornobedingungen
- Vertraulichkeit (Regeln klären, wenn der Coachee nicht Auftraggeber ist)
- Rollen klären: der Coach ist verantwortlich für den Prozess; der Coachee verantwortlich für den Inhalt

Zusammenfassung:
Was ich von der Coachee schon weiß

- Wie ist die Klientin zu mir gekommen? (Anruf, E-Mail, Empfehlung, Anruf von der Führungskraft oder aus der Personalabteilung)
- Was weiß ich über ihre Profession, ihren Arbeitsplatz und das Coaching-Anliegen?

Das Anliegen ausführlich schildern lassen.

Manche Coachees tun dies sofort und unaufgefordert, andere kann man durch konkretes Nachfragen dabei unterstützen

- Verhalten des Coachs: aktives Zuhören (Blickkontakt, Paraphrase), Hypothesen der Coachee erfragen, vorsichtig eigene Hypothesen äußern, zusammenfassen

Den Perspektivwechsel vom Problem zum Ziel einleiten

- Differenziertes Fragen: Was soll an die Stelle des Problems treten? Was ist Ihnen möglich, wenn Sie dieses Ziel erreicht haben?
- Woran würden Sie oder andere wichtige Personen für Ihr Thema merken, dass Sie Ihr Ziel erreicht haben?

Den konkreten Coaching-Auftrag erarbeiten

- Wobei kann ich Ihnen hier im Coaching behilflich sein?
- Was soll mein Beitrag dabei sein, dieses Ziel zu erreichen?
- Was brauchen Sie, damit sich das Coaching für Sie gelohnt haben wird?

Konkretisierung der Zusammenarbeit

- Die Antworten des Coachees sollten
  - positiv formuliert sein
  - einen klar benannten Kontext haben
  - erreichbar und realistisch sein

Methodische Arbeit/ Coaching-Interventionen

(je nach Thema, methodischem Schwerpunkt des Coachs, Wunsch der Coachee)

- Am Ende der jeweiligen Themenbearbeitung Verweis auf die verbliebene Zeit: Was sollten wir jetzt noch miteinander tun?

Bilanz der Stunde

- Was war bedeutsam? Was nehmen Sie mit? Worüber werden Sie nachdenken?
- Evtl. Umsetzungs- und Transferfragen stellen, Fragen nach dem ersten bzw. nächsten Schritt
- Weitere Termine, Frequenz, Vertrag, Rücksprache mit Dritten klären

Protokoll/Dokumentation für den eigenen Gebrauch anfertigen

Selbstbeobachtungs- und Reflexionsaufgaben

- 1. Wie lange brauche ich in der Regel, um Andere in ihrer Not, aber auch in ihrem Glück zu verstehen?
- 2. Wie gelingt es mir am besten, mich in diese Menschen und ihre Situation hineinzuversetzen?
- 3. Was empfinde ich, wenn ich anderen Menschen behilflich sein kann? Und was noch?
- 4. Wie gut kann ich Lösungslosigkeit aushalten? Und welche Gefühle steigen in mir auf, wenn ich realisiere, dass ich meinem Gegenüber im Moment nicht helfen kann?
- 5. Wann habe ich zuletzt während eines Gesprächs mit Freunden oder Kolleginnen gedacht: „Ah, ich weiß die Lösung für ihr Problem!" Wie hat sich das angefühlt? Und was habe ich dann getan?

2. Einen sicheren Rahmen schaffen: Die ‚weichen' Faktoren eines Coaching-Gesprächs

Nach der Auftragsklärung im Coaching wollen wir uns nun die ‚weichen' Faktoren ansehen, die zum Gelingen eines Coaching-Prozesses beitragen: Welchen Rahmen braucht ein solcher Prozess? Mit welcher Haltung gehst Du in das Gespräch, und wie führst Du es? Wie schaffst Du Vertrauen und gewährst Vertraulichkeit? Dies alles läuft parallel zur Auftragsklärung und ist gerade zu Beginn des Prozesses besonders wichtig.

Vertrauen schaffen und eine tragfähige Beziehung aufbauen

Vertrauen ist die Grundlage für jeden Beratungsprozess. Die Menschen, die Deine Unterstützung suchen, müssen Dir vertrauen, damit sie Dir ihre Sorgen und Nöte anvertrauen. Sie müssen voraussetzen können, dass Du als Coach aufrichtig und zuverlässig bist und Dich ihnen und ihren Themen aufmerksam zuwendest. Dazu gehört auch, dass das zwischen Dir und Deinen Coachees Gesagte unter dem Schutz der Vertraulichkeit steht. Vertrauen kann man zwar nicht direkt erzeugen, wohl aber kann man Rahmenbedingungen schaffen, in denen Vertrauen entstehen und wachsen kann. Dazu gehört eine sichere, geschützte Umgebung, ein Raum, in dem Du Dich Deinen Coachees und ihren Problemen wertschätzend zuwenden kannst. Wenn dann auch noch ‚die Chemie stimmt' und Dein Gegenüber Dich sympathisch findet, wird sich das nötige Vertrauen bilden, um einen reflexiven Prozess des Wachsens und Werdens zu tragen.

Im Coaching gilt daher der Grundsatz, dass Deine Coachees aus freien Stücken zu Dir kommen und die Wahl haben, sich den Coach ihres Vertrauens selbst auszuwählen. Wenn sie sich bei Dir melden, haben sie sich aus individuellen Gründen entschieden, Dir vorerst ihr Vertrauen zu schenken – sei es aufgrund von Vorerfahrungen oder Empfehlungen, wegen einer tollen Website oder weil sie einfach das Foto anspricht. Werden Coach und Coaching dagegen von einer höheren Instanz verordnet, ist es schwerer, ein Vertrauensverhältnis aufzubauen. Wie das trotzdem gelingen kann, beschreiben wir weiter unten. Der nächste Schritt nach der ersten Kontaktaufnahme ist das obligatorische Vorgespräch, in dem sich Coach und Coachee persönlich kennenlernen. Hier trägt die Coachee Dir ihr Anliegen vor, und Du als Coach signalisierst Deine Bereitschaft und Expertise, an diesem Thema gemeinsam mit ihr zu arbeiten. Ist es ein Spezialthema, für das eine Kollegin geeigneter erscheint, kann auch dies transparent besprochen werden. Entweder sofort oder nach einer gewissen Bedenkzeit – manche Coachees schauen sich ja mehrere Coaches an –, entscheiden sich beide Seiten dann für eine Zusammenarbeit und klopfen spätestens jetzt die finanziellen, zeitlichen und räumlichen Rahmenbedingungen ab, in denen das Coaching stattfinden soll.

Transparenz als oberstes Gebot: Das Setting erklären und Rückmeldungen einholen

Die notwendige Vertrauensbasis entsteht auch dadurch, dass Du von Beginn an offen und transparent mit Deinen Coachees über alles Wesentliche sprechen kannst. Dieses Transparenzgebot ist eine wichtige Grundlage im systemischen Coaching. Du machst kein Geheimnis um das, was Du tust, sondern erklärst auch die Grundlagen Deines Coaching-Ansatzes. Du skizzierst Dein methodisches Vorgehen und machst während des Coaching-Prozesses immer wieder Vorschläge zum Einsatz bestimmter Interventionen: *Ich möchte Sie nun einladen, eine etwas ungewöhnliche Frage zu beantworten! Mein Vorschlag wäre, dass wir dazu einmal folgende Methode ausprobieren …*

Lehnt Deine Coachee eine bestimmte Intervention ab, weil sie vielleicht schlechte Erfahrungen damit gemacht hat („Bitte keine Rollenspiele!“) oder aber mit Wundern, Zaubertricks oder ähnlichem nichts anfangen kann, bestehst Du nicht auf Deiner Wahl, sondern versuchst etwas anderes. Interventionen sind dann passend und anschlussfähig, wenn sie von Deinem Gegenüber im Sinne seiner eigenen Lösungsfindung als passend erlebt werden. Dieser Grundsatz fordert von Dir Flexibilität und Offenheit, gerade auch dann, wenn Deine Lieblingsinterventionen einmal nicht greifen.

Transparent bist Du aber auch, was Dein eigenes Erleben des Coaching-Prozesses angeht. Hast Du das Gefühl, dass Ihr im Gespräch nicht richtig voran kommt, kannst Du auch dies offen ansprechen: *Ich bin mir gerade nicht ganz sicher, ob wir noch auf dem richtigen Weg sind. Wie geht es Ihnen? Was wäre für Sie hilfreich?* Denn anders als Ärzte oder Psychiater besitzt Du kein Geheimwissen, das über das Wohl und Wehe Deiner Coachees entscheidet. Im Gegenteil: Dein Kapital ist gerade Dein konstruktives Nichtwissen! Daher versicherst Du Dich immer wieder bei Deinen Coachees, ob der Prozess, den Du für sie gestaltest, passend ist oder ob er dann und wann vielleicht neue Ansätze und alternative Vorgehensweisen braucht.

Aktives Zuhören: Aufmerksamkeit üben und Interesse zeigen

Vor allem am Anfang eines Coaching-Gesprächs bist Du als Coach in erster Linie als aufmerksame Zuhörerin gefragt, denn nur, wer wirklich aufmerksam zuhört, kann seine Coachees und ihre Situation angemessen verstehen. Wenn diese spüren, dass Du ihren Erzählungen interessiert und konzentriert zuhörst, fühlen sie sich gut aufgehoben und entwickeln die Bereitschaft, sich weiter zu öffnen. Du solltest also alles beiseite schieben, was Dich vom Zuhören ablenkt, um Dich ganz auf das zu konzentrieren, was Dein Gegenüber zu berichten hat.

Viele Klienten wollen sich am Anfang eines Coaching-Prozesses erst einmal etwas von der Seele reden, das sie belastet. Der Coach als Zuhörer fungiert dabei als ein Gegenüber, das die Selbstbezüglichkeit seiner Coachees durchbricht. Die Person, die Dir gegenüber sitzt, kennt ihre Gedanken und Gefühle zu einem bestimmten Thema ja schon eine ganze Weile, und möglicherweise dreht sie sich dabei immer wieder im Kreis, aber nun hat sie endlich die Gelegenheit, ihre Sorgen und Nöte einem Anderen darzulegen. Dabei hört sie sich selbst beim Reden zu und gewinnt allein dadurch einen anderen Blickwinkel auf ihr Problem. Es ist nämlich ein großer Unterschied, ob wir der Stimme in unserem Inneren lauschen oder ob wir daraus einen Text formen, den wir einer anderen Person präsentieren. Manche Dinge verlieren ihren Schrecken allein dadurch, dass sie ausgesprochen werden, und so erscheint manch einer Coachee ihr Problem schon viel lösbarer, wenn sie es verbalisiert hat und es als ihre Geschichte im Raum steht.

Dass Du als Coach nur durch Dein zuhörendes Da-Sein eine dialogische Situation erschaffst, ist also schon extrem viel wert! Zugleich erhält das Anliegen der Coachee durch die Art der Verbalisierung bereits eine erste Struktur. Zudem findet hier ein erstes Warm-up statt – die Klientin nähert sich an und gewinnt Vertrauen zu Dir als Coach, sie ‚redet sich warm', bis sich dann später ihr eigentlichen Anliegen herauskristallisiert. Die Coach als aufmerksame und mitdenkende Zuhörerin ist dabei in der Lage, mehr zu hören als das, was ihr erzählt wird: Sie hört, wie sich die Stimme der Coachee ändert, ihre Lautstärke, die Betonung, die Art und Weise des Formulierens; diese vermeintlichen Kleinigkeiten sagen viel aus über das, wovon die Coachee erzählt: Sie transportieren Gefühle, Werte und Glaubenssätze, die Du aufmerksam registrierst und als innere Hypothesen zunächst für Dich behältst.

Im Coaching-Gespräch geht es darum, sich in die Gesprächspartnerin einzufühlen und hineinzudenken, ihr und ihrer Wirklichkeitskonstruktion Interesse und Aufmerksamkeit entgegenzubringen. Damit Dein Gegenüber Dein Interesse und Deine Empathie überhaupt bemerkt, ist es wichtig, dies alles immer wieder auch aktiv zu signalisieren. Dieser Aspekt wird gemeinhin als ‚aktives Zuhören' bezeichnet. Aktives Zuhören baut das nötige Vertrauen zwischen Dir als Coach und Deiner Coachee auf. Letztere sieht, dass Du ihr zuhörst, sie kommuniziert leichter und offener. Bei Dir als Coach steigert das aktive Zuhören die empathischen Fähigkeiten. Indem Du versuchst, Dich in die Andere hineinzudenken und ihre Wirklichkeit zu verstehen, senkst Du das Risiko, Deine eigene innere Landkarte auf die Deiner Coachee zu übertragen.

Besonders wichtig ist hier, den Blickkontakt nicht zu lange abbrechen zu lassen (zum Beispiel, weil Du Dich zu sehr auf das Mitschreiben konzentrierst). Dann stockt der Kontakt, und Deinem Coachee fällt es schwerer, eine angenehme Beziehung zu Dir aufzubauen. Dies kannst Du auch durch eine freundliche Miene und zustimmendes Kopfnicken fördern. Deine Sitzhaltung sollte offen und einladend, aber nicht zu offensiv sein. Im Zweifelsfall kann es hilfreich sein, sie der Sitzhaltung des Coachees anzupassen. Auch ein freundlich gebrummtes „Hhmm“ signalisiert: „Ah ja, ich verstehe.“ Es zeigt dem Coachee, dass Du bei ihm bist und seiner Geschichte konzentriert zuhörst. So ist es dann möglich, gelegentlich auch mal eine Botschaft hinter der Botschaft zu erkennen und zwischen den Zeilen zu lesen. Es gibt ja hier viele Zwischentöne zu registrieren, aus denen sich am Ende Dein Bild des Coachees ergibt. Das alles geschieht in Sekundenbruchteilen von ganz allein, aber Du kannst Deine Aufmerksamkeit beim Zuhören schulen, indem Du Dir immer wieder die Selbstbeobachtungs- und Reflexionsfragen stellst, die am Ende dieses Kapitels aufgelistet sind.

Zusammenfassungen: Kleine, aber gewichtige Interventionen

Aktives Zuhören bedeutet für Dich als Coach, Deiner Coachee eine niedrigschwellige Rückmeldung zu geben auf das, was sie Dir erzählt. Dazu gehört es, bestimmte Äußerungen in eigenen Worten wiederzugeben und von Zeit zu Zeit das Gehörte zusammenzufassen. Solche Zusammenfassungen dienen zum einen als Vergewisserung für Dich, inhaltlich alles richtig verstanden zu haben: *Ich würde gern einmal zusammenfassen, was ich bisher verstanden habe.* Die Coachee kann und wird Dich korrigieren, wenn sie sich missverstanden fühlt, oder einzelne Punkte noch näher erläutern, die ihr bei der Zusammenfassung auf- oder eingefallen sind. Oder sie sagt einfach: „Ja, genau.“ Zum anderen geben Zusammenfassungen der Coachee ein Feedback auf das von ihr Gesagte. Sie kann daran überprüfen, ob und inwieweit Du sie verstanden hast und – noch wichtiger – ob und inwieweit sie sich von Dir verstanden fühlt! Die Art Deiner Zusammenfassungen kann sogar darüber entscheiden, ob eine Coachee gern mit Dir weiterarbeiten möchte oder sich lieber noch einen anderen Coach ansehen will.

Zusammenfassungen sind immer schon kleine, aber gewichtige Interventionen: Die Coachee hört das von ihr Vorgetragene gespiegelt in den Worten ihres Gegenübers, und sie hört dabei auch, wie sie auf dieses Gegenüber gewirkt hat. Gemäß dem viel zitierten Satz „Du weißt erst, was Du gesagt hast, wenn Du die Antwort Deines Gegenübers gehört hast“, kann sie nun erstmals ‚von außen‘ auf ihre Kommunikationen schauen, wo sie ihre Gedanken sonst immer nur ‚von innen‘ kennt. Sie kann sich beim Kommunizieren beobachten, und dies allein erzeugt oft schon eindrucksvolle Zuwächse an Selbstreflexion und Selbsterkenntnis.

Die Zusammenfassung des Coachs ist außerdem immer auch eine Komplexitätsreduktion dessen, was die Coachee erzählt hat. Kein Mensch kann alles zusammenfassen, was gesagt wurde, und auch der Coach setzt eigene inhaltliche Schwerpunkte. Die Kunst der Paraphrase ist also auch, das Gehörte zugleich zu komprimieren als auch etwas zuzuspitzen bzw. auf den Punkt zu bringen. Als geübte Zuhörerin kannst Du Dinge manchmal deutlicher benennen als Dein Gegenüber. Coachees sind dafür oft dankbar! Wichtig bleibt aber, dass Du Dich immer wieder vergewisserst, ob Du das so auch richtig verstanden hast oder ob nicht doch etwas anderes gemeint ist.

Bei Coachees, die ‚ohne Punkt und Komma' reden, können Zusammenfassungen außerdem ein probates Mittel sein, die Geschwindigkeit zu drosseln und sie zum Zwecke der Prozesssteuerung gelegentlich behutsam zu unterbrechen. Mit dem Satz: *Lassen Sie mich einmal kurz zusammenfassen, was ich bisher verstanden habe, damit ich noch bei Ihnen bin!* kannst Du dem Rede-

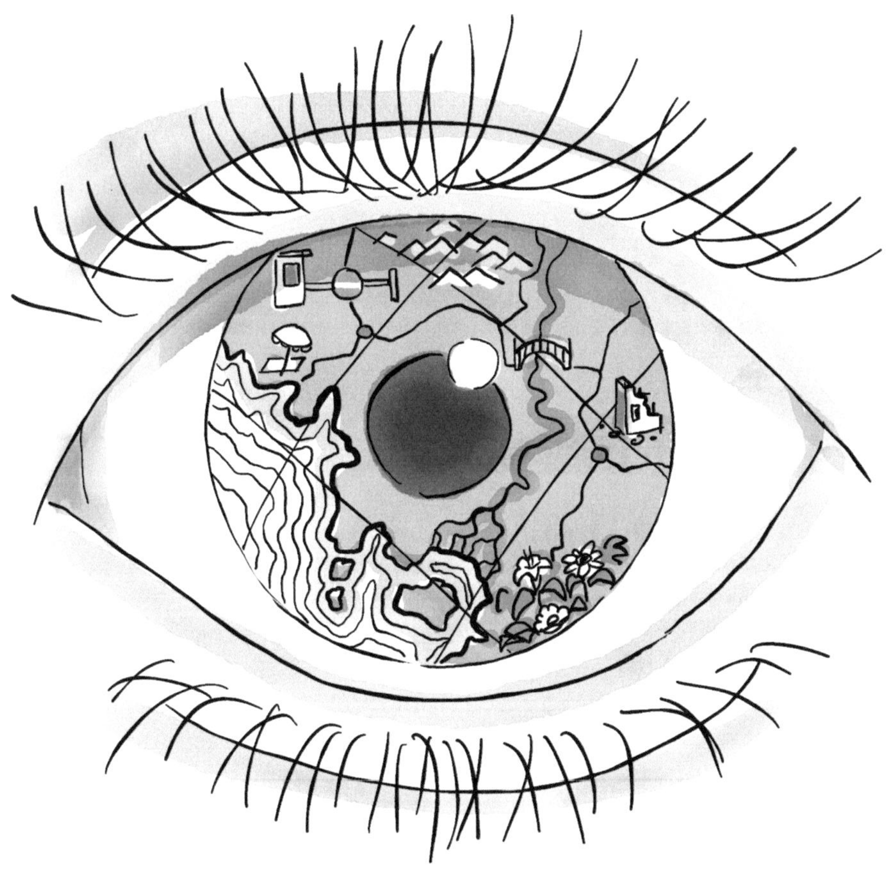

fluss Einhalt gebieten, ohne unhöflich zu sein. Zusammenfassungen können also wie eine unsichtbare Bremse unter dem Tisch wirken, mit der Du das Tempo rausnimmst und Raum für Reflexion schaffst.

Die sprachlichen Bilder der Coachees aufnehmen

Wir haben oben bereits gesehen, dass die Art der Versprachlichung der Ausgangssituation, die Wahl der Geschichten, Bilder und Metaphern durch die Coachees sehr aufschlussreich sein kann. Das gilt insbesondere für expressive Sprachbilder: „Mir steht das Wasser bis zum Hals!", „Ich fühle mich bedrückt und beengt!", „Ich fühle eine Schwere!" Aber nicht nur die Problemschilderung, sondern auch der Zielfilm erzeugt starke sprachliche Bilder: „Dann fühle ich mich leicht!", „Dann ist der Druck weg und ich habe wieder dieses schöne, kribbelige Gefühl im Bauch!", „Dann stehen mir alle Türen offen!" Es ist hilfreich, wenn Du Dir solche Bilder merkst, am besten notierst Du sie. Bei passender Gelegenheit kannst Du sie dann wieder aufgreifen und Dir erklären lassen. Wenn Du beispielsweise hörst: „Ich fühle mich in meinem Job wie in einem Hamsterrad", dann kannst Du da sehr schön ansetzen und weiterfragen: *Wie schnell dreht sich das Hamsterrad? Wer ist der Hamster? Wer ist noch mit in dem Hamsterrad?* Und immer wieder versuchst Du, das Gesagte möglichst genau zu verstehen: *Was meinen Sie genau damit? Dass der Job monoton ist oder dass Sie permanent unter Stress stehen?*

Sprachbilder wie diese bieten wertvolle Ansatzpunkte, die Problemschilderung zu konkretisieren, aber auch das Ziel des Coachings zu präzisieren: *Nehmen wir an, Ihr Job wäre kein Hamsterrad, sondern etwas, das sich gut anfühlt, wie sieht er dann aus? Wie fühlt er sich dann an?* Häufig tauchen im Laufe der Beschäftigung mit diesen Sprachbildern noch andere Facetten des Problems auf, die vorher nicht klar waren und die die Situation weiter veranschaulichen. Es ist also sehr hilfreich, die Bilder Deines Coachees aufzugreifen, weil Du mit ihnen die Wirklichkeitskonstruktion Deines Gegenübers aufschlüsseln kannst. Es kann aber ebenso nützlich sein, wenn Du als Coach Bilder zur Situation Deiner Coachees vorschlägst oder Metaphern anbietest, um Deine eigenen Eindrücke zu äußern und sie bestätigen zu lassen. Auch solche Bilder und Metaphern dienen dazu, einen geschilderten Sachverhalt noch besser greifbar zu machen: *So, wie Sie die Sache schildern, habe ich das Gefühl, Sie befinden sich in einem Hamsterrad.* – „Ja, genau so ist es!". Wichtig ist in diesen Fällen, dass Du Dir immer wieder bestätigen lässt, ob das vorgeschlagene

Bild passt oder welche andere Metapher noch besser geeignet wäre, um die Situation angemessen zu erfassen. *Wenn Sie Ihre Situation in einem Bild beschreiben sollten, welches würden Sie wählen?*

Du kannst über herkömmliche Bilder und Metaphern hinaus auch mit Buch- oder Filmtiteln sowie mit Heldinnen und Helden aus Mythologie und Populärkultur arbeiten:

Wenn Sie sich Ihre künftige Rolle als Führungskraft vorstellen, welche Figur aus der Mythologie (dem Märchen, Roman, Film etc.) wäre Ihr Vorbild? Was schätzen Sie an der Figur? Welche von ihren Fähigkeiten möchten Sie besonders gern haben und einsetzen – und welche vielleicht nicht so sehr? Und was wird Ihnen dann möglich sein?

Der Vorteil der Arbeit mit solchen Bildern und Metaphern ist, dass sie sich im Gedächtnis festsetzen und für Deine Coachees immer wieder leicht abrufbar sind. Um diesen Erinnerungseffekt zu verstärken, kannst Du Deinen Coachees auch vorschlagen, sich Bilder ihrer Heldinnen und Helden, also von Jeanne d'Arc, Batman oder Steve Jobs, an den Spiegel zu heften, auf den Schreibtisch zu stellen oder in die Schublade zu legen.

Ein Fallbeispiel: „Tut Anch Amun"

Frau K. arbeitet in der Weiterbildungsabteilung einer Versicherung. Die Abteilung wurde reorganisiert, und ihre bisherige Rolle als Trainerin für Kommunikation, Konflikte und Führung gibt es nicht mehr, weil alle Seminare an externe Trainingsanbieter outgesourct wurden. In ihrer neuen Rolle als Personalentwicklerin betreut sie einen Unternehmensbereich. Ihr Coaching-Anliegen ist, mit mehr Motivation an die neue Rolle herangehen zu können. Ihre frühere Aufgabe hat sie mit Herzblut ausgefüllt, und sie hat dabei viel Anerkennung erfahren. Ihr Chef wünscht sich von ihr, dass sie sich offener auf das Neue einlassen kann. In der Abteilung gilt sie schon als ‚die Bewahrerin', die sich schwer tut, sich auf die neue Situation einzulassen. Frau K. fühlt sich falsch wahrgenommen.

Während wir gemeinsam über die Bedeutung des Festhaltens an dem, was kostbar ist und war, sinnieren, erinnere ich mich an eine TV-Dokumentation, die ich am Vorabend gesehen habe. Ein Ägyptologe berichtete dort von den neuesten Erkenntnissen über Tut Anch Amun, vor allem wie er in einem langwierigen Verfahren mumifiziert worden war: Zuerst hatte man den Leichnam vier Wochen lang getrocknet, danach drei Wochen lang täglich mit Ölen eingerieben. Dies alles wurde betrieben, damit der Körper für die Seele, wenn sie wiederkehrt, ein guter Ort sei. Nur die Pharaonen kamen in den Genuss dieser Prozedur. Bei rangniedrigeren Würdenträgern gab es nur eine schlichte Behandlung und bei ganz ‚normalen' Menschen gar keine. Warum? Weil die Könige so kostbar waren, weil ihr Wert geschätzt wurde. Die Prozeduren durften auch nur von ganz

besonders eingeweihten Menschen ausgeübt werden. All diese Rituale spiegelten die besondere Würdigung des Vorgangs wieder.
Diese Bilder kommen mir plötzlich in den Sinn, als ich Frau K. zuhöre. Kurz denke ich noch, es könnte etwas gewagt sein, ihr Erleben der Situation am Arbeitsplatz mit der Mumifizierung zu verknüpfen, als ich schon dabei bin, ihr davon zu erzählen. Und Frau K. kann tatsächlich etwa damit anfangen! Bisher hat sie sich immer als die einzige in der Abteilung gefühlt, die das Kostbare wertschätzt. Sie wurde dafür als Bewahrerin belächelt und fühlte sich gleichzeitig unter Druck, sich zügig auf ihre neue Rolle einzulassen. Ich ermuntere sie nun, mehr zu erzählen, was sie an ihrer Arbeit kostbar gefunden hatte und auch, was die Teilnehmer in ihrer bisherigen Rolle genau an ihr geschätzt haben. Während sie von diesen Kostbarkeiten erzählt, beginnt sie zu strahlen.
Nehmen wir einmal an, Sie würden fühlen, dass auch Ihr Chef diese Arbeit würdigt und dass sie rückwirkend das Ansehen erhielte, das Sie sich wünschen. Was würde das für Sie bedeuten? „Dann könnte ich mich besser einlassen auf das Neue", sagt sie sofort. Wieder einmal staune ich darüber, dass die menschliche Psyche gar kein Wunder ist, sondern irgendwie doch inneren Gesetzmäßigkeiten folgt: Bevor eine Motivation für das Neue entsteht, braucht es immer die Würdigung des Bisherigen. Frau K. hat das sofort verstanden und dann auch unmittelbar fühlen können, was sie braucht. Gemeinsam übertragen wir das Bild der kostbaren Grabkammer Tut Anch Amuns auf ihre Situation. Sofort kommen ihr Ideen, wie sie für sich selbst, aber auch mit ihren ehemaligen Kollegen die bisherigen Jahre würdigen und verabschieden könnte. Als wir dies alles zusammengetragen haben, frage ich Frau K. schließlich, wie sie sich nun fühle. Sie antwortet mit den Worten „versöhnt und zuversichtlich".

Schweigen und Lösungslosigkeit aushalten

Es gibt wohl kaum ein Phänomen, das in einem Gespräch mehr Verunsicherung auslösen kann als das Schweigen des Gesprächspartners. Hat mir der andere nichts mehr zu sagen? Erreiche ich mein Gegenüber nicht, langweile ich ihn gar? Habe ich vielleicht unbeabsichtigt etwas Unangemessenes oder Unpassendes gesagt? Häufig versuchen wir dann, den vermeintlich stockenden Prozess wieder anzukurbeln, indem wir eine Erklärung oder eine Frage nachschieben. Unsere Sozialisierung über Sprache lässt uns Schweigen oft nicht als Teil eines Gesprächs, sondern als unangenehmen Schwebezustand betrachten, der schnellstmöglich aufgelöst werden sollte.

Im Coaching ist das grundsätzlich anders. Eine eminent wichtige Fähigkeit des Coachs besteht genau darin, Schweigen nicht nur auszuhalten, sondern als notwendigen Teil eines Reflexionsprozesses anzusehen und zu begrüßen. Wenn der Coachee nicht redet, dann denkt oder spürt er nach, und dieser offene Prozess kann darauf hinweisen, dass etwas Verfestigtes in Bewegung gerät. Um es ein wenig zuzuspitzen: Alles, was Dein Coachee Dir ohne großes Nachdenken und ‚wie aus der Pistole geschossen' vorträgt, ist im Prinzip das, was er immer schon gedacht hat. Hier passiert wenig Neues. Das, was Du im Coaching aber erzeugen willst, nämlich hilfreiche Perspektivwechsel im psychischen System Deiner Coachees, das erfordert Nachdenken und Nachspüren, und das geht in der Regel mit Schweigen einher, aber auch mit einem Herausgehen aus dem Blickkontakt. Deine Coachees schauen dann an Dir vorbei und lassen ihren Blick schweifen. Dieses Schweigen gilt es zu ermöglichen, indem Du Deinen Interventionen Raum lässt und sie nicht zerredest, indem Du eine neue Frage nachschießt, wenn nicht gleich eine Antwort kommt. Du kannst Deine Coachees auch direkt zum Schweigen einladen: *Ich weiß, diese Frage klingt zunächst recht ungewöhnlich. Nehmen Sie sich gerne einen Augenblick Zeit und schauen Sie, was sie in Ihnen auslöst!*

Beim Schweigen kann das Gesagte nachklingen und wirken. Zerstörst Du das Schweigen, weil Du denkst, der Prozess stockt und braucht neue Interventionen, kann es sein, dass Du Dein Gegenüber bei der Lösungsfindung störst. Nicht jeder hat sofort Worte, findet sofort Erklärungen, kann sofort einen nächsten Schritt benennen. Manchmal muss im Schweigen etwas entstehen, das Du nicht bewirken kannst, auch nicht durch eine schlaue Intervention. Daher gilt: Schweigen ist im Coaching auszuhalten, denn es handelt sich um ein gutes Zeichen für inneres Um- und Neukonstruieren! Und sollte es Dich doch einmal verunsichern, wenn Dein Coachee schweigt: Nachfragen hilft immer dabei, sich besser kennenzulernen, und schafft weiteres Vertrauen. Es kann also im Coaching durchaus einmal das Beste sein, eine zeitlang nichts zu tun. Dabei kann es auch in der Coach-Rolle sinnvoll sein, von sich aus zu schweigen und geduldig abzuwarten, bis der Coachee den eigenen, selbst gesagten Satz in sich hat nachklingen lassen, über ihn nachgedacht hat und ihn – nach einem gewissen Zögern – weiterdenkt und weiterspricht. Wenn Du Dich auf dieses Experiment einlässt, wirst Du feststellen, dass Coachees manchmal ganz ohne eine Frage von Dir Dinge sagen, die wie eine Antwort auf diese ungesagte Frage klingen. Du musst also nicht immer unbedingt etwas tun, geschweige denn immer Fragen stellen.

So wie es Dich herausfordern kann, wenn niemand etwas sagt, so mag es Dich verunsichern, dass weit und breit (noch) keine Lösung in Sicht ist. Dein im Grundsatz positiver Wunsch zu helfen kann dann dazu führen, dass Du beginnst, unbemerkt Lösungsvorschläge zu machen. Immerhin leben wir ja in einer Welt, in der von uns Erwachsenen erwartet wird, dass wir Probleme rasch lösen. Im Coaching ist jedoch auch dies anders. Hier dürfen Lösungen sich langsam und in aller Ruhe entwickeln, und manchmal geht es auch ganz ohne eine ‚Lösung'. Außerdem: Wenn (noch) keine Lösungen in Sicht sind, dann hat das stets seine Gründe. Dann ist das Problem und das mit ihm einhergehende Leid vielleicht noch nicht hinreichend gewürdigt, oder es gibt andere Gründe, warum es Deiner Coachee zur Zeit günstiger erscheint, am Problem festzuhalten, als an einer Lösung zu arbeiten. Dann lässt Du Dich davon nicht verunsichern, sondern fragst aufmerksam weiter und richtest Deine Aufmerksamkeit darauf, was der Grund für diese Lösungslosigkeit sein könnte. *Was ist das Gute daran, dass es bis jetzt noch keine Lösung für dieses Problem gibt?*

Probleme auf ihre Ressourcen abklopfen

Systemisch-konstruktivistisches Coaching beruht auf der Überzeugung, dass jeder Mensch als Maßstab der Dinge seine eigenen Sichtweisen und seine eigene Wirklichkeit mitbringt. Für das Coaching bedeutet dies, dass der von den Coachees geschilderte Problemfilm ihr ganz persönlicher ‚Film' ist, mithin eine individuelle Darstellung von etwas, das man auch ganz anders verfilmen könnte. Im Coaching wird es daher fast immer darum gehen, das Wahrnehmungsfeld Deiner Coachees zu erweitern und sie dabei zu unterstützen, die Sachverhalte, die ihr Wohlgefühl stören, anders zu beschreiben, alternativ zu erklären und neu zu bewerten. Dein Ziel wird es dann sein, bei den Menschen, die zu Dir kommen, durch die Art der Prozessgestaltung und die Auswahl Deiner Interventionen neue Denk- und Handlungsmuster anzuregen.

Dies tust Du einerseits im Rahmen des beschriebenen Drei-Phasen-Modells, und zwar nach der Auftragsklärung. Keine Interventionen ohne Auftrag!, lautet ein geflügeltes Wort der systemisches Beratung, denn erst, wenn der Coaching-Auftrag klar ist, ergibt es Sinn, mit der konkreten Lösungsarbeit zu beginnen. Vorher weißt Du ja noch gar nicht, wohin die Reise gehen soll. Du kannst aber bereits in der Phase der Problemschilderung etwas tun, das über das bloße Zuhören und innere Hypothesenbilden hinausgeht, nämlich offen oder verdeckt dafür zu sorgen, dass die Aufmerksamkeit Deiner Coachees sich auf die Ressourcen, Kraftquellen und Lösungspotentiale richtet, die in ihren Problemszenarien eben auch aufscheinen.

Wie dies gelingen kann, hat der Psychiater Gunther Schmidt aufgezeigt, der bereits in den 1980er Jahren entdeckte, dass die systemischen Therapie- und Beratungsansätze einerseits und Milton Ericksons Hypnose-Techniken andererseits von ähnlichen Voraussetzungen ausgehen. Beide beschreiben Lebensprozesse als Ausdruck von regelhaften Mustern, verstehen lebende Systeme als autopoietische, sich selbst organisierende Systeme (auch wenn Erickson diesen Begriff nicht benutzt) und gehen davon aus, dass Veränderung geschieht, indem diese Muster unterbrochen werden. Kurz gesagt: Wer sich verändern will, muss etwas ander(e)s machen als bisher. Vor diesem Hintergrund hat Schmidt den systemischen Beratungsansatz mit sanft ‚hypnotisierenden' Interventionen angereichert, die gleichsam unterschwellig wirken und kein explizites Trance-Setting benötigen.

Zu diesen hypnosystemischen Mini-Interventionen gehört es etwa, im Coaching-Gespräch die Aufmerksamkeit der Coachees so zu lenken, dass diejenigen, die mit einem verengten Blick und einem Gefühl der Machtlosigkeit ins Coaching gekommen sind, wieder in ein Gefühl von Autonomie und Handlungsfähigkeit zurückfinden. Das Mittel dazu ist das aktive Zuhören und Zusammenfassen, denn bereits hier kannst Du negative Zuschreibungen und Selbstwahrnehmungen ressourcenorientiert umformulieren – und dies eben auch schon im *Problem Talk.* Wenn Dein Coachee beispielsweise erzählt, was ihm alles nicht gelingt, kannst Du entsprechend umformulieren: *Ah, ich verstehe: In der Vergangenheit ist Ihnen dies und das bisher noch nicht gelungen.* Auf diese Weise führst Du cinen Unterschied ein, der einen Unterschied macht: Du suggerierst, dass das Verhalten in der Zukunft möglicherweise anders sein wird. Du kannst diese Unterscheidung auch auf die Person beziehen: *Ah, ich verstehe: Ein Teil von Ihnen kann ganz schön kritisch sein!* Damit rücken andere Persönlichkeitsanteile ins Blickfeld, die milder sind. Wenn Dein Coachee seiner Chefin Vorwürfe macht, kannst Du entsprechend umformulieren: *Ah, ich verstehe: Sie wünschen sich von Ihrer Chefin, dass sie Ihnen künftig mehr Zeit widmet!* So hilfst Du Deinem Coachee dabei, Vorwürfe in Wünsche zu verwandeln. Und immer dann, wenn Deine Coachees davon erzählen, was sie nicht mehr wollen oder was nicht mehr sein soll, unterstützt Du sie dabei, positiv zu denken, indem Du entsprechend nachfragst: *Sondern? Was wollen Sie stattdessen? Was soll stattdessen passieren?*

Entscheidend ist dabei, den Fokus konsequent immer wieder auf Ressourcen und Kraftquellen zu lenken, auf das Positive und das Gelingen, und zwar gerade auch in den Bereichen, die als problematisch und leiderzeugend erfahren werden. Schaut Ihr gemeinsam auf das Problem als einen dysfunktionalen Lösungsversuch für ein anderes Problem, dann kann das für Dein Gegenüber sehr entlastend sein! Gunther Schmidts hypnosystemischer Ansatz zeigt sehr schön, dass es niemals nur darum geht, *über was* im Coaching gesprochen wird, sondern immer auch und vor allem darum, *auf welche Weise* dies geschieht.

> *Gunther Schmidt, Einführung in die hypnosystemische Therapie und Beratung. Heidelberg: Carl-Auer 2005.*

Der Coachee weint: Wie umgehen mit Gefühlen im Coaching?

Sei darauf gefasst, dass Du es im Coaching auch mit Gefühlen zu tun haben wirst. Alle Menschen haben Gefühle, gerade auch dann, wenn ihnen ihr Leben vorübergehend nicht so gut gelingt. Neben den Basis-Emotionen wie Freude, Liebe, Ärger, Wut, Angst, Scham, Ekel und Trauer lassen sich unendlich viele weitere Gefühle identifizieren. Die Fähigkeit, diese wahrzunehmen, zu differenzieren und benennen zu können, wird als emotionale Kompetenz bezeichnet. Hinsichtlich der Intensität des Erlebens und Ausdrückens von Gefühlen unterscheiden wir Menschen uns erheblich. Bei den sogenannten positiven Gefühlen wie Freude oder Stolz wird dies genauso deutlich wie bei den sogenannten negativen Gefühlen wie Ärger, Wut, Frustration, Trauer und Angst. Zudem erleben wir bei allen Gefühlen ihre unmittelbar ansteckende Wirkung: Wenn unser Gegenüber weint, kommen auch uns leicht die Tränen, und beim Lachen ist es kaum anders.

Wenn Deine Coachees im Coaching-Prozess ihre Gefühle zeigen, ist dies in zweifacher Hinsicht ein gutes Zeichen: Zum einen signalisiert die Gefühlsäußerung, sei es Wut, Trauer oder Angst, dass ein wichtiges Thema angesprochen worden ist, dass das Coaching also auf einem bedeutsamen Weg ist. Zum anderen zeigt sich daran aber auch, wie tragfähig die Beziehung zwischen Dir und Deiner Coachee bereits ist, denn die meisten Menschen zeigen sich mit ihren Gefühlen nur in vertrauensvollen Beziehungen. Daher möchten wir Dich ermutigen, im Coaching keine Angst vor Gefühlen zu haben. Weder ist die Sorge berechtigt, wer einmal angefangen hat zu weinen, hörte nie wieder auf, noch ist es richtig, dass Gefühle in einem beruflichen Coaching keinen Platz hätten. Gefühle gehören zum Leben, auch und gerade im Beruf, selbst wenn sie dort vielleicht nicht so offen gezeigt werden dürfen. Veränderungen gelingen nur, wenn wir auch ihre emotionale Dimension in den Blick nehmen. Die Entscheidung, auf welche Aspekte des Problems sich Deine Coachees einlassen, über was sie sprechen wollen und über was nicht, und welche innere Bewegung sie Dir mitteilen, werden sie selbst treffen. Und wenn Du den Eindruck haben solltest, Deine Fragen oder Hypothesen könnten Deinem Gegenüber zu nahe kommen, dann kannst Du Deine Intervention als ein Angebot formulieren: *Ich bin mir nicht sicher, ob es für Sie angemessen ist, wenn ich das anspreche. Bitte sagen Sie es mir, sollte ich Ihnen hier zu nahe treten!*

Und wenn einmal Emotionen aufgetaucht sind, mit denen Du und Deine Coachees in dieser Form nicht gerechnet haben, kannst Du danach fragen, welche Art der Unterstützung sie brauchen. Als Richtschnur gilt auch hier das systemische Grundverständnis, dass Du andere Menschen nicht in irgendeiner Weise steuern, sondern ihnen lediglich Angebote machen kannst, die dann angenommen, modifiziert oder abgelehnt werden – und zwar stets aus guten Gründen. So wahren Deine Coachees ihre Autonomie: im Zeigen und Verbergen von Gefühlen ebenso wie im Benennen oder Zurückweisen von Fragen und Hypothesen.

Wenn Dir starke Gefühle begegnen, dann erkenne diese erst einmal an: *Ich merke, das macht Sie traurig.* Gegebenenfalls kannst Du Taschentücher reichen. Auf jeden Fall aber lässt Du der Situation ihren Raum. Da kommt vielleicht etwas ins Fließen, das lange Zeit blockiert war, und das ist gut so. Vielleicht fragst Du nach einiger Zeit, was Deine Coachee jetzt braucht, wie Du sie unterstützen kannst. Irgendwann hören die Tränen auf und sie fängt von ganz alleine an zu sprechen. Oder Ihr findet gemeinsam einen passenden Einstieg und könnt Euer Gespräch fortsetzen, zum Beispiel, indem Du auf die Situation Bezug nimmst: *Wofür stehen diese Tränen? Wonach steht Ihnen jetzt der Sinn?*

Herausfordernd erscheint der Umgang mit starken Gefühlen im Coaching für angehende Coaches vielleicht auch deshalb, weil sie die Sorge haben, dadurch mit ihren eigenen Gefühlen konfrontiert zu werden, denn Deine Spiegelneuronen sorgen ja dafür, dass Du die Gefühle Deines Gegenübers auch in Dir selbst spürst. Da kann es passieren, dass die Tränen der Coachees auch bei Dir zu feuchten Augen führen, aber auch das ist eine völlig normale Reaktion. Sie ist eine angemessene Form von Resonanz und In-Kontakt-Sein und als solche integraler Bestandteil Deiner Coach-Rolle. Wichtig ist nur, dass Du als Coach bemerkst, wenn das Thema etwas mit Dir selber zu tun hat. Dann heißt es, Deine Interventionen sorgfältig dahingehend zu überprüfen, ob Du hier eher etwas für Dich selber statt für den Coachee tun willst. Und wenn die akute Gefühlswallung abgeklungen ist, kannst Du sie schließlich selbst zum Gegenstand des Coaching-Prozesses machen: Du fragst danach, was sie für Deine Coachees bedeutet, welche Rolle diese Emotion im Hinblick auf ihr Anliegen spielt und welche lösenden Momente dadurch möglicherweise ins Blickfeld gekommen sind.

Die wertschätzende Haltung: Coaching als gleichwürdige Begegnung

Deine Haltung im Coaching ist im Grundsatz die einer wertschätzenden Entdeckerin: Staunend erkundest Du die Welt, an der Dich Deine Coachees teilhaben lassen, fast wie ein unbekanntes Universum. Wertschätzend nimmst Du die Kräfte und Fähigkeiten, die Geschichten und Muster wahr, die dort herrschen, und erkennst an, dass man auch so das Leben erfolgreich meistern kann: *Das finde ich interessant (beeindruckend, besonders etc.), wie Sie das machen!*

Dabei hilft die systemische Theorie: Du hast es im Coaching mit Menschen zu tun, also mit lebenden Systemen, die sich von innen heraus selbst organisieren und steuern. Du kannst sie nicht von außen instruieren, ja, nicht einmal wirklich verstehen, wohl aber anregen, inspirieren, verwirren, verstören und berühren – dem System quasi einen Schubs geben, damit es etwas ander(e)s macht. Doch damit eine solche Irritation nicht als Störung, sondern als Anregung aufgefasst wird, musst Du sie aus einer angemessenen, anerkennenden Haltung heraus ausführen: aus der systemischen Haltung des professionellen Nichtwissens und des stets nur unvollkommenen Verstehens. Eine solche Grundhaltung gibt Dir die Chance, die Menschen, die Dir – nicht nur im Coaching – begegnen, unvoreingenommen in ihren Systemzusammenhängen wahrzunehmen und deren Eigenlogik zu begreifen. Auf dieser Basis kannst Du sie dabei unterstützen, wie sie selbst herausfinden können, was für sie die beste Lösung ist. Du bist behilflich bei der Suche nach Unterschieden im Erleben und folgst dabei der Maxime, stets so zu intervenieren, dass auf der anderen Seite des Tisches mehr und neue Handlungsmöglichkeiten entstehen.

Schon aus dem oben beschriebenen Transparenzgebot geht hervor, dass Du Deinen Coachees auf Augenhöhe begegnest – Mechthild Erpenbeck spricht hier von „Gleichwürdigkeit". Ohne Geheim- und Besserwissen erkundest Du ihre inneren Landkarten und Wirklichkeitskonstruktionen. Dabei glaubst Du fest daran, dass jede Art von Handeln für den Einzelnen in diesem Moment Sinn ergibt. Daher bringst Du den bisherigen Verhaltensstrategien, so abwegig, befremdlich oder sogar leiderzeugend sie Dir auch erscheinen, grundsätzlich Wertschätzung entgegen. Zugleich entwickelst Du ein Gespür für die innere Not, aber auch für das große Glück Deiner Coachees. Ein leitender Gedanke kann hier sein, mit Deinen Coachees so umzugehen, wie Du es selbst gern hättest: aufmerksam in der Beziehung, berührbar als Person und transparent in Deinem professionellen Handeln.

Du schaffst auf diese Weise einen angstfreien Raum, in dem Deine Coachees sich öffnen können. Zu dieser angenehmen Atmosphäre trägt die Einrichtung des realen Coaching-Raums ebenso bei wie Dein Auftreten und Deine Körpersprache. Du würdigst das Erreichte und bist bereit, auch das Gute im Schlechten zu sehen und die gute Absicht einer Handlung selbst dann anzuerkennen, wenn die eingetretenen Folgen schmerzlich sind. Hier nutzt Du die Möglichkeiten zirkulärer und hypothetischer Fragen. Du weißt, dass es nicht immer einfach ist, leiderzeugendes Verhalten, Denken oder Fühlen zu ‚lassen', und dass es manchmal ängstigen kann, sich von alten Gewohn- oder Gewissheiten zu lösen. Du interessierst Dich dann dafür, welches der Preis dafür wäre, das Problem aufzugeben, und welches andere (größere) Problem möglicherweise auftauchen würde, wenn das kleine, überschaubare Problem nicht mehr da ist. Du würdigst verborgene Ressourcen und erkennst alles das an, was schon gut läuft. Die systemische Haltung lässt Dich in die Eigenverantwortung Deiner Coachees vertrauen, so dass Du Dich ganz auf den Coaching-Prozess konzentrieren kannst.

Achte darauf, dass es Dir als Coach in diesem Prozess gut geht. Die nötige Achtsamkeit beginnt bei Dir selbst: Immer wieder aufs Neue bist Du bereit, Dein Handeln und Denken zu reflektieren und Deine eigene innere Landkarte immer weiter zu erkunden. Je besser Du Deine Schubladen und Knöpfe kennst, desto eher kannst Du wahrnehmen, was Deine Coachees mit ihren Gefühlen und Verhaltensmustern in Dir auslösen. Den liebevollen, milden Blick, mit dem Du sie in ihrer Systemlogik betrachtest, darfst Du gern auch Dir selbst zukommen lassen!

> *Mechthild Erpenbeck, Wirksam werden im Kontakt. Die systemische Haltung im Coaching, Heidelberg: Carl-Auer 2017.*

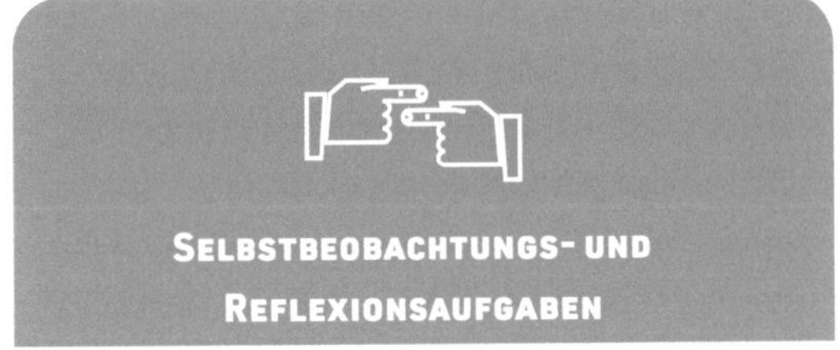

Selbstbeobachtungs- und Reflexionsaufgaben

- 1. Wie gut kann ich es aushalten, wenn andere Menschen weinen? Und bei welchen Anlässen weine ich selbst?
- 2. Was ist für mich eine gute Beziehung? Woran bemerke ich sie? Und was ist mir auf der Basis einer guten Beziehung möglich?
- 3. Was brauche ich, damit ich anderen Menschen vertrauen kann? Und was macht mich misstrauisch?
- 4. Bin ich selbst ein vertrauenswürdiger Mensch? Was brauchen Andere wohl, damit sie mir vertrauen können? Und wie kann ich Ihnen das noch weiter erleichtern?
- 5. Welchen Rahmen brauche ich, um wirksam zu werden und hilfreich zu sein? Und was noch?
- 6. Wie ist es um meine Diskretion bestellt? Wie gut kann ich Dinge für mich behalten, die Andere mir anvertraut haben?

3. Woher kommen meine Coachees? Wann, wo und wie oft sehen wir uns? Die formalen Aspekte der Auftragsklärung

Zur Auftragsklärung gehören auch die formalen und kontextabhängigen Aspekte des Coaching-Prozesses: Aus welchem System, also aus welcher Branche bzw. welcher Organisation, kommen Deine Coachees und was solltest Du darüber wissen? Wer genau ist der Auftraggeber für das Coaching, und wer bezahlt das Honorar? Wie hoch ist dieses Honorar, und wie viele Coaching-Stunden sollten die Coachees einplanen? Und wenn die Firma das Coaching bezahlt – wie hoch ist das Stunden-Kontingent, also wie viele Sitzungen stehen Euch zur Verfügung? Und schließlich: Wann, wie oft und wo findet das Coaching statt? All diese Rahmenbedingungen, auch wenn sie nebensächlich erscheinen, haben Einfluss auf den Coaching-Prozess. Daher sollten sie von Dir im Vorfeld gut überlegt sein.

Hilfreich ist es, wenn Du Dir zu jedem Coaching-Prozess die folgenden fünf Orientierungsfragen stellst:

1. Woher kommt mein Coachee?
2. Wer ist mein Auftraggeber?
3. Wie genau lautet mein Auftrag?

4. Wer bezahlt mich?
5. Wem soll meine Arbeit (noch) nutzen?

Gibt es hier Unklarheiten, kann es sein, dass entweder Missverständnisse auftreten oder sich das Coaching irgendwie ‚nicht richtig' anfühlt. Um das auszuschließen, gilt es auch die formalen Aspekte der Auftragsklärung stets im Blick zu haben.

Den Kontext klären, aus dem Deine Coachees kommen

Auch wenn systemische Coaches professionelle Nichtwisser sind, erweist es sich in der Regel als hilfreich, einige grundlegende Informationen über das Herkunftssystem Deines Gegenübers zu besitzen. Zum einen ist das ein Gebot der Höflichkeit. Dein Coachee bemerkt an Deinem Branchenwissen, dass Du Dich auf ihn vorbereitet hast und mit Deiner Aufmerksamkeit bei ihm bist. Auch fassen die Coachees schneller Vertrauen, wenn sie merken, ihre Coach kennt sich in ihrer Branche aus und weiß, was dort gerade los ist. Boomt das Geschäft oder werden Stellen abgebaut? Wird ein Change-Prozess von dem nächsten abgelöst oder handelt es sich um einen im Hinblick auf Veränderungen eher schwerfälligen Sektor in der öffentlichen Verwaltung? Aus solchen Kontexten entstehen dann oft unterschiedliche Aufträge. Möglicherweise gibt es in Non-Profit-Unternehmen, wo Sinn und Überzeugung groß geschrieben werden, das Gehalt dagegen kleiner, in der Mehrzahl andere Coaching-Anliegen als zum Beispiel in Versicherungskonzernen, wo die Sicherheit groß ist, aber vielleicht manchmal die täglichen Herausforderungen fehlen. Das kann sein, muss aber nicht sein, denn mittlerweile sind ja fast alle Branchen einem mehr oder weniger starken Veränderungsdruck ausgesetzt.

Deine Vorab-Recherche dient auch dazu herauszufinden, wie sehr Coaching als Beratungsformat in dem jeweiligen System Deiner Coachees bereits etabliert ist. Das ist zum Beispiel in klassischen Großunternehmen oder Konzernen eher der Fall als in Gewerkschaften, Universitäten oder Krankenhäusern, auch wenn die letztgenannten hie und da aufholen. Dementsprechend musst Du dann mehr oder weniger ausführlich erklären, was (systemisches) Coaching eigentlich ist und wie es funktioniert, und dies mit den Erwartungen Deiner Coachees abgleichen. Möglicherweise hängt von der Branche und der konkreten Organisation auch ab, ob es für Dein Gegenüber eher etwas Positives, vielleicht sogar eine Auszeichnung ist, hier mit Dir im Coaching zu sitzen, oder aber eine gefühlte Schmach, weil in seinem Unternehmen nur die *Low Performer* ins Coaching geschickt werden.

Diese Informationen lassen in Dir allerlei Hypothesen aufsteigen. Das täten sie übrigens auch, wenn Du Dich nicht informiert hättest, nur wären es dann möglicherweise andere gewesen. Du kannst ja gar nicht anders, als über jeden Menschen, der Dir begegnet, sofort innere Eindrücke zu sammeln und Vermutungen zu bilden. Das geschieht auf einer weitgehend unbewussten Ebene und passiert in Sekundenbruchteilen. Wichtig ist, dass Du jederzeit weißt, dass das, was da in Dir aufsteigt, Deine eigenen Bilder und Annahmen sind, die im Zweifelsfall mehr mit Dir als mit Deinem Gegenüber zu tun haben. Dann nämlich kannst Du diese Hypothesen auch wieder fahren lassen, wenn sie sich als nicht hilfreich erwiesen haben. Wenn Du Dich also vorab über Deine Coachees und ihre beruflichen Kontexte informierst, dann sammelst Du bereits erste Vermutungen über mögliche Anliegen. Sie helfen Dir, probeweise ein erstes Vorverständnis zu bilden, und Du kannst sie auch als Fragen ins Gespräch einbringen, um zu sehen, ob Deine Coachees etwas mit Deiner Idee anfangen können: Man hört ja derzeit viel über Ihre Branche. Wie stellt sich das aus Ihrer Sicht dar? Welches sind Ihre Erfahrungen, was dort gerade los ist?

Wenn es nicht passt, bist Du ebenso schnell bereit, Deine Annahmen fallenzulassen und neue Hypothesen zu bilden. Du solltest in dieser Hinsicht uneitel sein und Dich nicht in Deine Hypothesen verlieben, auch wenn sie Dir noch so schön und schlüssig vorkommen.

Feldkompetenz: Fluch und Segen zugleich

Besondere Aufmerksamkeit ist immer dann gefordert, wenn Du eine Coachee aus einem Bereich vor Dir hast, den Du selbst gut kennst, in dem Du also über Feldkompetenz verfügst. Wenn Du zum Beispiel als Personalentwicklerin in einem Autokonzern gearbeitet hast, dann ist die Versuchung besonders groß, zu schnell zu verstehen, wo in diesem Feld die aktuellen Probleme liegen. Es kann dann passieren, dass Du nicht mehr genau hinhörst, was Dein Gegenüber Dir erzählt, sondern auf der Basis Deiner eigenen inneren Landkarte, die in diesem Bereich besonders detailliert ist, vorschnell Hypothesen bildest und Schlussfolgerungen ziehst, die am Ende mit dem Anliegen Deiner Coachee möglicherweise kaum etwas zu tun haben.

Die Feldkompetenz von Coaches ist also eine zweischneidige Angelegenheit. Sie schafft einerseits Zugang zu bestimmten Branchen, weil Feldkompetenz Vertrauen erzeugt. Wenn Du als Coach zum Beispiel selbst als Hochschullehrerin gearbeitet hast, kennst Du das System Hochschule. Bei Deinen Kundinnen und Kunden schafft das Vertrauen und öffnet Türen, zumal wenn es ein System ist, das vermeintlich anders tickt als ‚die Wirtschaft'. Für die Verantwortlichen wie für die Coachees kann es also wichtig erscheinen, dass ihre Coaches über Feldkompetenz im akademischen Bereich verfügen. Da auf der anderen Seite aber die Gefahr lauert, in der konkreten Arbeit mit Deinen Coachees deren Probleme und Sichtweisen mit Deinen eigenen zu verwechseln, ist hier der Satz: „Es kann alles auch ganz anders sein!" besonders groß zu schreiben. Du musst Dich innerlich immer wieder frei machen von der Versuchung, aus einer „Ah ja, das kenne ich!"-Haltung heraus zu coachen, sondern gerade auch das vermeintlich Vertraute mit fremden Ohren zu hören.

Mit anderen Worten: Du musst Dir den fremden Blick von außen, den Du in der Dir vertrauten Branche nicht mehr hast, immer wieder selbst antrainieren. Das ist nicht einfach, aber es geht: Du kannst Dir angewöhnen, in jede Situation möglichst offen und mit wenig Vorannahmen hineinzugehen und Dir erst einmal von Deinen Coachees beschreiben zu lassen, wie sie die Welt und ihr System sehen. Dann kann auch in einem Coaching mit Feldkompetenz die nötige Offenheit und Unvoreingenommenheit entstehen. Denn die Erfahrung zeigt: Auch wenn das Problem Deines Coachees auf den ersten Blick so ähnlich aussieht, wie das Problem, dass Du (damals) vielleicht ebenfalls hattest und gut zu kennen meinst – bei genauem Hinsehen erweist es sich doch stets als hinreichend verschieden.

Die Vertragsgestaltung zwischen Coach und Coachee

Ist der Coachee gut bei Dir angekommen, so gilt es, die entsprechenden Rahmenbedingungen für den Coaching-Prozess klar und transparent auszuhandeln. Damit hier keine Missverständnisse aufkommen, solltest Du die wichtigsten Bestandteile möglichst in einem schriftlich fixierten Vertrag aufführen. Hier ist die Höhe des Honorars ebenso zu finden wie die voraussichtliche Zahl der Sitzungen, aber auch die Dauer einer Sitzung. Da gibt es nämlich Unterschiede: Manch einer macht einstündige Sitzungen, ein anderer arbeitet grundsätzlich 90 Minuten und wieder andere veranschlagen halbe Tage. Das hängt von individuellen Vorlieben ebenso ab wie von bevorzugten Methoden, aber natürlich immer auch vom Anliegen Deiner Coachees. Hier wirst Du als Coach im Laufe der Zeit Deinen eigenen Weg finden.

Im Vertrag finden sich außerdem eventuell anfallende Zusatzkosten (etwa für die Anreise) sowie Ausfall- bzw. Stornoregelungen, die klären, bis wann ein Coaching-Termin kostenfrei abgesagt werden kann. Bei Dreiecks- oder Vierecksverträgen, die wir unten beschreiben, haben die beauftragenden Unternehmen oft ihre eigenen Regelungen für solche Fälle. Da musst Du dann überlegen, ob das passend für Dich ist oder ob Du unter solchen Bedingungen lieber nicht tätig werden möchtest. Außerdem kannst Du im Vertrag auch die formalen Rahmenbedingungen festlegen: In welchen Räumlichkeiten findet das Coaching statt, in welchen Abständen triffst Du Dich mit Deinen Coachees und welchen Zeitraum stellst Du Dir ungefähr für den gesamten Prozess vor.

Die Coaching-Verbände bieten Beispielverträge, an denen Du Dich orientieren kannst. Am besten legst Du einmal so ein Vertragswerk fest und wandelst es dann je nach Anlass ab. Eine solche Vertragsgestaltung erscheint Dir vielleicht auf den ersten Blick banal oder übertrieben, solange es sich um eine klassische, nämlich duale Konstellation im Coaching handelt. Soll heißen: Eine selbstzahlende Coachee hat sich aus freien Stücken auf die Suche nach einem Coach gemacht, weil sie sich von diesem Unterstützung bei der Begleitung eines Veränderungsvorhabens erhofft; sie hat Dich gefunden und nach einem unverbindlichen Vorgespräch mit dem Coaching beauftragt. Ihr habt Euch bei diesem Gespräch bereits miteinander bekannt gemacht, die Rahmenbedingungen geklärt und wechselseitig überprüft, ob ‚die Chemie stimmt'. In solchen Fällen mag es auch einmal ausreichen, den Coaching-Vertrag mündlich abzuschließen.

Ein Fallbeispiel: „Der Schicksalsschlag"

Ich erhalte einen Anruf mit einer Coaching-Anfrage: Frau M., um die 30, die gerade in den Beruf eingestiegen ist und zwei kleine Kinder hat, möchte sich von mir coachen lassen. Da es kein berufliches Thema ist, sondern ein persönliches, bezahlt sie das Coaching selbst. Frau M. hat die Nachricht erhalten, dass ihre Mutter, zu der sie ein enges Verhältnis hat, schwer erkrankt ist und vermutlich innerhalb der nächsten drei bis vier Jahre sterben wird. Auf diese neue Lebenssituation möchte sich Frau M. mit Hilfe eines Coachings vorbereiten. Auf mich ist sie gekommen, weil sie von einer Kollegin gehört hat, dass ich nicht nur Führungskräfte coache, sondern auch viel Erfahrung mit solchen persönlichen Schicksalsschlägen habe.

Ich erkundige mich kurz nach ihrem Anliegen und vereinbare ein für sie kostenloses Vorgespräch im Umfang von 60-90 Minuten zum gegenseitigen Kennenlernen. Ich nehme mir dafür immer so viel Zeit, um genau zu verstehen, worum es meinen Coachees geht. Nach dem Vorgespräch, in dem wir ihr Anliegen und auch schon den Auftrag für das Coaching klären, empfehle ich ihr, über die Entscheidung, ob sie das Coaching mit mir machen möchte, unbedingt eine Nacht zu schlafen und sich nach Möglichkeit auch noch andere Coaches anzuschauen. Am nächsten Tag meldet sie sich telefonisch bei mir und möchte bald-

*möglichst mit dem Prozess beginnen.
In der ersten regulären Coaching-Sitzung präzisieren wir noch einmal den bereits avisierten Auftrag: Frau M. hat ein sehr enges Verhältnis zu ihrer Mutter, die zurzeit noch arbeiten kann, um die sie sich aber künftig immer intensiver kümmern muss. Sie erhofft sich von dem Coaching, jemanden zu haben, der sie nicht kennt und mit dem sie die sich verändernde Situation immer wieder neu sortieren kann. Vor allem möchte sie dadurch sicherstellen, dass sie selbst in der Betreuungssituation nicht ‚untergeht', sondern immer wieder Kraft schöpfen kann und ihre eigenen Bedürfnisse im Blick behält. Sie möchte emotional erwachsen werden und wünscht sich außerdem Unterstützung bei dem Rollenwechsel von der Tochter zur ‚mütterlichen' Betreuerin der eigenen Mutter. Dabei soll ich sie als Coach begleiten.
Wir halten dies als Coaching-Auftrag fest und vereinbaren auf ihren Wunsch zunächst regelmäßige Sitzungen im Abstand von drei Monaten. Bereits nach dem ersten Treffen merkt Frau M. indes, wie gut ihr das Gespräch tut, so dass sie künftig zunächst einmal pro Monat eine Coaching-Sitzung haben möchte. Jeweils am Ende jeder Sitzung vereinbaren wir den Folgetermin. Dieser Rhythmus gibt ihr Halt und ein Gefühl von Sicherheit: So kann es nicht passieren, dass ihr plötzlich die Dinge über den Kopf wachsen. Ihr Wunsch ist es, diesen Rhythmus so lange beizubehalten, bis sie das Gefühl hat, selbst wieder ausreichend Boden unter den Füßen zu haben. Wir vereinbaren, dass ich Frau M. meine Leistungen regelmäßig, nämlich alle zwei Monate, in Rechnung stelle. Das hat auch für sie den Vorteil, dass sie nicht am Ende des Prozesses eine sehr hohe Rechnung zahlen muss.*

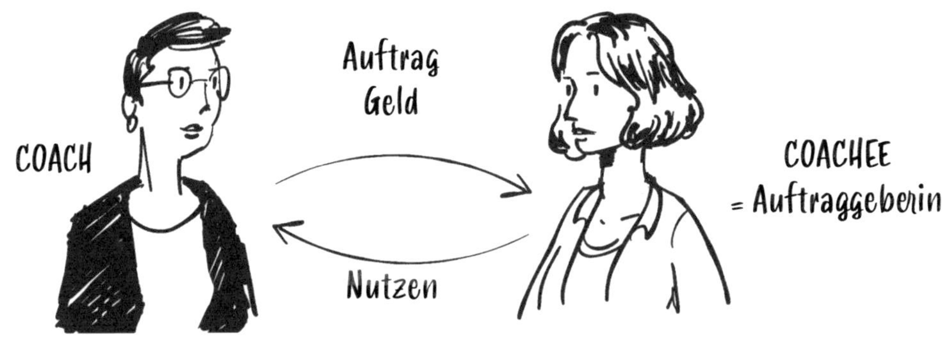

Wenn noch eine dritte Partei beteiligt ist: Dreiecksverträge

Je nachdem, wie Du Dich am Markt positionierst, wird es vorkommen, dass bei Deinen Coaching-Prozessen auch einmal eine dritte oder gar eine vierte Instanz mit im Spiel ist. Häufig werden professionelle Coachings mittlerweile durch eine Organisation, zum Beispiel ein Unternehmen, beauftragt. In solchen Fällen findet der Erstkontakt in der Regel zwischen Coach und Auftraggeber statt, der in Gestalt einer Führungskraft oder einer Personalerin auftritt. Dabei wird entweder telefonisch oder in einem gemeinsamen Treffen ein erster, übergeordneter Auftrag erarbeitet, bei dem sich zeigt, was sich das Unternehmen von dem Coaching seiner Mitarbeiterin verspricht.

Das zweite Gespräch führst Du als Coach dann mit der Coachee selbst. Anders als in der dualen Konstellation wird diese Auftragsklärung dann oft schon vom auftraggebenden Unternehmen bezahlt. Hier geht es um das Kennenlernen, aber auch um eine erneute Auftragsklärung, diesmal mit der Coachee. Was verspricht sie sich von dem Coaching? Welches sind ihre Ziele? Wie verhalten sie sich zu den Erwartungen des Unternehmens? Als Coach hast Du hier darauf zu achten, dass sich der übergeordnete Auftrag durch das Unternehmen und der konkrete Coaching-Auftrag der Coachee nicht eklatant widersprechen. Sollte das einmal so sein, müsstest Du es transparent machen und alle Parteien an einen Tisch holen. Um solche Situationen von vornherein auszuschließen, empfiehlt es sich, eine Auftragsklärung vorzunehmen, bei der alle Beteiligten anwesend sind. Die nötige Transparenz lässt sich am besten herstellen, wenn Ihr zu Anfang einmal zu dritt oder zu viert zusammen sitzt, so dass alle Beteiligten im Beisein der anderen ihre Ziele für das Coaching formulieren können.

In der Regel treten deutliche Interessenunterschiede zwischen den Coachees und den Coaching-Auftraggebern eher selten auf. Meist arrangieren sich die potentiellen Coachees mit den Erwartungen ihrer Unternehmen oder treiben sie sogar selbst voran. Im Zweifelsfall hilft es, auch während des Prozesses Situationen zu schaffen, in denen man zu dritt zusammenkommt, um etwa die Ziele der Auftraggeber noch einmal abzugleichen oder auch erreichte Ergebnisse gemeinsam zu reflektieren. Wichtig ist es, von Anfang an mit dem Auftraggeber zu klären, was passiert, wenn das Coaching nicht die gewünschten Ergebnisse zeitigt. Bleibt dann alles, wie es ist? Wird der Coachee dann entlassen? Das sind äußerst wichtige Rahmenbedingungen für einen Coaching-Prozess, die Du kennen solltest!

Auch in solchen Dreier-Konstellationen gilt im Grundsatz die Vertraulichkeitsregel: Alles, was im Coaching besprochen wird, verbleibt zwischen Coach und Coachee. Allerdings kann die Coach dem Unternehmen auf Anfrage einen allgemeinen Überblick geben, also etwa mitteilen, welche Themen behandelt werden oder worden sind. Auch besteht die Möglichkeit, dass der Coachee die Coach von ihrer Verschwiegenheitsverpflichtung befreit, weil er möglicherweise selbst ein Interesse hat, dass die Coach die Ergebnisse des Coachings an seine Führungskraft weitergibt. In der Regel wird der Coachee das aber selber tun und der Vorgesetzten von den Ergebnissen des Coaching-Prozesses berichten. Das Allerwichtigste in einer solchen Konstellation ist es aus Coach-Sicht, transparent zu bleiben, den Auftrag sauber zu klären und sicher in seiner Rolle zu sein. Führt Ihr ein Gespräch zu dritt oder zu viert, übernimmst Du als Coach die Funktion einer Moderatorin. Dabei musst Du unbedingt Deine eigene Rolle verdeutlichen und die Voraussetzungen für das Coaching im Blick behalten. Niemals solltest Du mit Deinem Coachee vor dem Auftraggeber arbeiten!

Ein Fallbeispiel: „Stellvertreterin aus den eigenen Reihen gesucht"

Ein Personalberater kontaktiert die coachingakademie auf der Suche nach einem Coach für Frau O., Anfang 30 und Mitarbeiterin in einer Werbeagentur. Ich übernehme den Auftrag und lasse mir von dem Personalberater das Coaching-Thema beschreiben. Er bittet mich schließlich, zur vertieften Auftragsklärung Kontakt mit Herrn E., dem Vorgesetzten von Frau O. aufzunehmen. Herr E. hat die Agentur vor 25 Jahren gegründet und führt sie noch heute. Da er es aber nicht mehr schafft, alle Standorte zu betreuen, möchte er einen Stellvertreter nominieren. Hier schwankt er zwischen den Leiterinnen dreier Standorte, von denen Frau O. eine ist. Frau O. macht das aus Sicht ihres Chefs sehr gut, hat aber noch einige Entwicklungsfelder, wie Herr E. meint. So trete sie manchmal sehr direktiv auf, sei bisweilen etwa zu rigide und lasse ihren Mitarbeitenden nicht genügend Freiraum. Herr E. wünscht sich, dass Frau O. im Coaching daran arbeitet, konstruktiver mit allen Beteiligten umzugehen, und zwar vor allem dann, wenn es mal schwierig oder stressig wird. Wir verabreden, dass Herr E. sich mit Frau O. in Verbindung setzt, um sie über das geplante Coaching zu informieren und mich zwecks Terminabsprache anzurufen.

Als ich Frau O. dann – nach telefonischer Absprache – zum ersten Mal gegenübersitze, ist sie zunächst skeptisch. Sie sieht nicht recht ein, wozu sie ein Coaching braucht, und ist auch ein wenig gekränkt, dass ihr Chef dies für nötig hält. Auf meine Frage, welche Auswirkungen es wohl haben könnte, wenn sie sich – da sie ja nun schon einmal da sei – auf das Coaching einlasse und welche, wenn nicht, ist sie schließlich bereit zu bleiben und das Ganze einmal auszuprobieren. Ich schildere ihr die Entwicklungsziele, die sich ihr Chef für sie vorstellt, und sichere ihr Vertraulichkeit zu. Schließlich vereinbaren wir im Rahmen der Auftragsklärung drei Ziele für das Coaching: 1) Umgang mit den Erwartungen ihres Chefs; 2) Reflexion des eigenen Kommunikationsverhaltens; und 3) Vorbereitung auf die Rolle der Stellvertreterin von Herrn E.

Nachdem wir über insgesamt fünf Sitzungen an den vereinbarten Themen gearbeitet haben, nehme ich mit Herrn E. Kontakt auf, um ein Sechs-Augen-Gespräch zum Abschluss des Coaching-Prozesses zu vereinbaren. Die letzte Sitzung mit Frau O. nutze ich zur Vorbereitung dieses Auswertungsgesprächs. In dem abschließenden Treffen unter sechs Augen, in dem ich als Moderatorin auftrete, stellt Frau O. ihre Entwicklungsschritte und Einsichten während des Coaching-Prozesses dar, während Herr E. ihr im Gegenzug mitteilt, dass er sie an der Seite des Standortleiters aus Frankfurt zu seinem Co-Stellvertreter ernennen werde. Frau O. freut sich darüber, auch weil sie den extravertierten und kommunikativen Kollegen schätzt und das Gefühl hat, dass sich beide in der Position gut ergänzen werden. So endet das Coaching mit erfreulichen Ergebnissen für alle Seiten.

Noch komplexer: Vierecksverträge

Vierecksverträge kommen dann zustande, wenn etwa die Führungskraft, die eine bestimmte Erwartung an einen Mitarbeiter hat, zusammen mit einer Vermittlerin, etwa aus der Personalabteilung, mit Coach und Coachee zusammenkommt. Vermittler können aber auch Externe sein, etwa eine Repräsentantin der coachingakademie, die den Auftrag entgegen genommen hat, aber das Coaching nicht selbst durchführt, sondern im Vorgespräch lediglich die Beratungsorganisation vertritt. Hier gilt es aus Vermittlersicht, zunächst einmal genau zu überlegen, wer bei einem Auftragsklärungsgespräch dabei sein sollte. Für Dich als Coach ist es dabei noch herausfordernder, allen Seiten gegenüber klar und transparent zu agieren. Das

Wichtigste ist in solchen Situationen, stets die Unabhängigkeit vom Kunden und auch von dessen Auftrag zu wahren. Stellst Du fest, dass Du nicht in der nötigen Transparenz und Professionalität arbeiten kannst, lehnst Du einen solchen Auftrag auch einmal ab.

Hast Du den Auftrag angenommen, bist Du in erster Linie demjenigen zu Loyalität verpflichtet, der das Coaching beauftragt hat und Dich dafür bezahlt. Das machst Du am besten von Anfang an auch Deinem Coachee deutlich. Wünscht dieser sich beispielsweise, das Unternehmen zu verlassen und sich beruflich neu zu orientieren, kann es sein, dass Du einen solchen Auftrag ablehnen musst, weil er von dem übergeordneten Auftrag des Unternehmens nicht abgedeckt ist. Auch hier ist aber wiederum die beste Möglichkeit, in der oben beschriebenen Weise Transparenz herzustellen, denn vielleicht ist eine solche Entscheidung ja am Ende auch im Sinne des Unternehmens.

Und natürlich hast Du auch in solchen Konstellationen ebenfalls eine Loyalitätsverpflichtung gegenüber Deinem Coachee. Sie wird im Wesentlichen durch die Vertraulichkeitsvereinbarung geregelt. Bleibst Du klar in Deiner Rolle und kommunizierst die Vertragsbedingungen transparent mit allen Beteiligten, dann lassen sich auch in solchen Dreier- oder Vierer-Konstellationen alle Fragen klären und mögliche Widersprüche oder gar Konflikte frühzeitig erkennen, aufdecken und besprechbar machen.

Ein Fallbeispiel:
„Raus aus dem schwarzen Loch – und aus dem Unternehmen?"

Zum Coaching meldet sich Herr P., 34 Jahre alt, der in verschiedenen Organisationen erfolgreich als Projekt-Manager für den digitalen Vertrieb gearbeitet hat. In dieser Funktion arbeitet er nun in einem neuen Unternehmen. Seine dortige Chefin hat ihn für die herausfordernde Aufgabe geholt, mehrere Einzelmarken des Unternehmens in der digitalen Vermarktung unter einer Marke zusammenzufassen. Sie ist von ihm überzeugt und will ihn außerdem zur Führungskraft aufbauen.
Die Initiative für das Coaching geht von der Chefin aus, die Herrn P. die Gelegenheit geben will, sich auf die neue Führungsrolle vorzubereiten, aber auch spürt, dass es bei ihm gerade nicht so richtig gut läuft. Die Personalabteilung des Unternehmens beauftragt die coachingakademie formell mit dem Coaching und gewährt dafür einen Umfang von 10 Stunden, gibt Herrn P. aber bei der Auftragsklärung freie Hand. Worum es im Coaching gehen soll, möge er allein mit seinem Coach aushandeln. Herr P. führt Vorgespräche mit zwei Coaches der coachingakademie und entscheidet sich schließlich dafür, mit mir arbeiten zu wollen.
In unserem Erstgespräch stellt sich heraus, dass Herr P. in einer tiefen Krise steckt. Er hat keinen Zugriff mehr auf seine Kompetenzen, die ihm doch in der Vergangenheit

immer verlässlich zur Verfügung standen und mit denen er erfolgreich komplexe Aufgaben erledigen konnte. Doch jetzt schläft er schlecht, empfindet sich als kraftlos und irgendwie gelähmt. Herr P. fühlt sich nicht wirksam und hat das Gefühl für sich verloren. Für mich klingt das fast nach einer beginnenden Depression. Das Coaching soll ihn dabei unterstützen, wieder in seine Kraft zu kommen. Er möchte lernen, eine gute Selbstführung zu praktizieren, die es ihm ermöglicht, immer wieder zu entspannen und in seine Balance zu kommen.

Auf meine Frage, was mit dem anderen Thema ist, der neuen Führungsrolle im Unternehmen, denkt er kurz nach. Er ist sich dann aber sicher, dass er sich im Coaching erst einmal um das „schwarze Loch" kümmern will, in dem er gerade zu verschwinden droht. Auf das Führungsthema können man dann ja im Rahmen des 10-Stunden-Volumens später noch eingehen. Wir arbeiten also an dem Thema des „schwarzen Lochs" und erkunden zunächst diese Metapher: Was bedeutet das schwarze Loch für ihn? Wie sieht es darin aus? Wie erklärt er sich seine Entstehung? Wir kommen im Rahmen dieser Erkundung auch zu seiner Familiengeschichte: Aus einer Einwandererfamilie kommend, musste er sich von früh auf immer schon um alles kümmern. Er war gewissermaßen der geborene Projektleiter der Familie. „Ich musste damals einen Sack voller Flöhe hüten – und so ist es heute wieder." Vielfach sei er dabei an die Grenzen seiner Werte geraten: Damals waren es die chaotischen Planungen seiner Brüder, heute sind es die alteingesessenen Vertriebler, mit denen er nicht klar kommt, weil sie sein Digitalisierungsprojekt unterlaufen, wo es nur geht.

Es platzt aus ihm heraus: „Ich will dieses Projekt mit denen gar nicht machen! Ich will nicht mehr allein die Verantwortung dafür tragen, dass das gelingt. Und als Führungskraft hätte ich das gleiche Problem." Herr P. hat das starke Gefühl, stattdessen lieber etwas Schönes für sich machen zu wollen. In der zweiten Sitzung arbeiten wir daran, was er alles tun könnte, um sich wieder mit dem Schönen und Freudvollen in seinem Leben zu verbinden. Je mehr er dabei ins Gefühl kommt, umso stärker wird der Impuls: „Ich will das nicht mehr!" Zwischen der zweiten und der dritten Sitzung hat Herr P. viele schöne Dinge unternommen und neue Kraft geschöpft. Er teilt mir gleich zu Anfang mit, dass er eine Entscheidung getroffen habe: Er möchte aus dem Unternehmen aussteigen. Zwar könnte seine berufliche Perspektive dort klappen, aber sie würde ihn immens viel Kraft kosten. Seiner Chefin ist er weiterhin verbunden, aber er merkt, dass das für ihn so einfach nicht passt.

Als von seinem Unternehmen bezahlte Coach signalisiere ich ihm, dass der ursprünglich vereinbarte Coaching-Auftrag damit beendet ist. Für ihn ist das völlig in Ordnung; er stellt in Aussicht, sich vielleicht später noch einmal – und dann auf eigene Kosten – zu melden, wenn er in der Orientierungsphase für einen neuen Job ist. Auf meine Frage, ob ich seine Chefin (und seine Personalabteilung) über den Verlauf und das Ende des Coachings *informieren soll, entscheidet er, das lieber selbst tun zu wollen. Den Rest der dritten Sitzung arbeiten wir daran, wie ein guter Ausstieg aussehen könnte. Damit endet der Coaching-Prozess.*

Wo, wann, wie oft und wie lange findet ein Coaching statt?

Auch wenn es hier keine einheitlichen Regeln gibt, wollen wir Dir doch einige Leitlinien zu den räumlichen und zeitlichen Rahmenbedingungen eines Coachings geben.

Zunächst zur Dauer, denn danach werden auch Deine Coachees und ihre Auftraggeber Dich fragen: Ein Coaching-Prozess dauert eigentlich so lange, wie er eben dauert, also bis der Coachee der Meinung ist, sein Ziel – oder wenigstens ein Etappenziel – erreicht zu haben. Damit ist der Coaching-Auftrag abgeschlossen. Es kann auch einmal sein, dass Coach und Coachee beschließen, die Zusammenarbeit aus anderen Gründen zu beenden, etwa, weil das Budget aufgebraucht ist oder eine andere Beratungsform mehr Erfolg verspricht, sei es ein Training, eine Fachberatung oder eine Psychotherapie. Für einen abgeschlossenen Coaching-Prozess kannst Du in der Regel zwischen einer und zehn Sitzungen veranschlagen. In manchen Fällen hat der Coachee schon nach einer Stunde einen Aha-Effekt erlebt, so dass sich alles Weitere von selbst ergibt und es keiner Coaching-Begleitung mehr bedarf. Wenn Unternehmen ihre Führungskräfte mit Coaching unterstützen, dann ermöglichen sie meist fünf bis zehn Stunden. Alles, was über zehn Sitzungen hinaus geht, ist eigentlich kein Coaching mehr (auch wenn es noch so genannt wird), sondern eher eine Art Monitoring oder Shadowing. Die allermeisten Coaching-Anliegen lassen sich gut in drei bis fünf Sitzungen bearbeiten.

Grundsätzlich sei daran erinnert, dass Coaching ein eher kürzeres, lösungsorientiertes Beratungsformat ist und keine lang andauernde Begleitung. Das heißt, auch wenn Du Deine Miete bezahlen musst, besteht die oberste Priorität stets darin, Dich selbst als Coach möglichst schnell überflüssig zu machen. Dies gilt bei selbstzahlenden Kunden mit einem begrenzten Budget noch mehr als bei Firmenkunden, die von vornherein ein Deputat von fünf oder zehn Coaching-Stunden bekommen haben. Hier schaut Ihr gemeinsam, welche Themen Ihr in welcher Reihenfolge bearbeiten wollt. Hat Deine Coachee einen akuten Konflikt, kann es sein, dass Ihr schon in deutlich kürzerer Zeit zu einem hilfreichen Perspektivwechsel kommt. Bewährt hat sich grundsätzlich die Faustregel, jede einzelne Sitzung so anzugehen, als sei es die einzige, die Ihr zur Verfügung habt, denn dadurch behältst Du stets die Lösungsorientierung im Auge.

Die einzelne Coaching-Stunde dauert in der Regel eine Stunde – es sei denn, Du arbeitest lieber im 90-Minuten- oder im Zwei-Stunden-Rhythmus. Ein Takt von 45 oder 50 Minuten ist im Coaching, anders als bei Therapeuten, eher unüblich. Am Ende wirst Du hier Deine eigenen Regeln finden. Natürlich spielen dabei auch wieder Kontext- wie Anliegenfaktoren eine Rolle: Habe ich eine lange Anreise zu meiner Coachee (oder sie zu mir) und hat diese ein komplexes Thema, vereinbare ich vielleicht eher einen längeren Zeitraum, als mit der jungen Führungskraft, die sich eine zeitlang jede Woche mit mir für eine Stunde treffen möchte, um den aktuellen Führungsalltag zeitnah zu reflektieren.

Kommen wir nun zu der Frage nach dem Wo. Hier empfiehlt es sich, sofern Du Coaching professionell anbieten willst, dass Du Dir über kurz oder lang einen eigenen Coaching-Raum einrichtest. Du solltest nicht in zu privaten Räumen coachen und nach Möglichkeit auch nicht in den Büros Deiner Coachees. Manchmal lässt es sich nicht vermeiden, aber ideal ist das nicht. Es geht ja im Coaching immer darum, neue Perspektiven einzunehmen und die Richtung des Denkens zu verändern, und das fällt im eigenen Büro schwerer als in einem neutralen, professionell ausgestatteten Coaching-Raum. Wenn Du also zum Coaching schon ins Unternehmen Deiner Coachees gehst (oder als interne Coach im eigenen Unternehmen arbeitest), dann sollte es auf jeden Fall ein möglichst neutrales Besprechungszimmer oder ein Konferenzraum sein.

Die ‚Vertragsgestaltung' für interne Coaches und coachende Führungskräfte

Die beschriebenen Faustregeln orientieren sich an der klassischen Situation, dass eine professionell am Markt auftretende Coach einen externen, also ihr im Prinzip bis dahin unbekannten Coachee bei der Bearbeitung eines Anliegens unterstützt und dafür von ihm selbst oder von seinem Unternehmen entsprechend honoriert wird. Vielfach wird aber Coaching heute auch in anderen Kontexten angeboten, mehr und mehr zum Beispiel als unternehmensinternes Coaching (zum Beispiel durch einen HR Business Partner) oder als Coaching oder eine Coaching-ähnliche Unterstützung der Mitarbeitenden durch eine Führungskraft mit Coaching-Expertise. In solchen oder ähnlichen Kontexten müssen die oben beschriebenen Vertrags- und Kontextbedingungen entsprechend angepasst werden. Als interne Coach kennst Du nicht nur die Organisation, aus denen Deine Coachees kommen, sondern Du kennst vielleicht auch diese Coachees bereits, bevor Ihr eine Coaching-Verabredung trefft. Möglicherweise sind sie Deine Mitarbeitenden oder Führungskräfte der Abteilungen, die Du als HR Business Partner betreust. Eine solche Konstellation hat ihre Vorteile: Ein Grundmaß an Vertrauen ist bereits da, und der ganze Aspekt des Beziehungsaufbaus fällt weitgehend weg. Du kennst die Organisation und weißt, was dort gerade passiert und wo ihre Aufmerksamkeit ist. Du sprichst dieselbe Sprache wie Deine Coachees, und Ihr werdet recht schnell ein gemeinsames Bild davon haben, worum es in der Organisation geht. Meist wirst Du daher auch schon wissen, welches Thema Deine Coachees in einem Coaching behandeln wollen. Dies alles kann sehr hilfreich sein.

Hier liegt zugleich ein wichtiger Unterschied zum externen Coaching: Während die Zielklärung mit einem von außen kommenden Coach selbst ein wichtiger Bestandteil des Coaching-Prozesses ist, liegen die Ziele (und damit auch der Coaching-Auftrag) bei internen Coachings oft implizit schon vor, wenn Ihr mit dem Prozess beginnt. Sie ergeben sich meist aus den aktuellen Anforderungen der Organisation und müssen im Coaching nur noch präzisiert und konkretisiert werden. So kann zum Beispiel im Rahmen der Implementierung eines neuen Führungsmodells ein HR Business Partner eine Führungskraft im Rahmen eines Coachings dabei unterstützen, die neuen agilen Methoden einzuüben und umzusetzen. Gleichwohl bleibt auch hier die Ziel- und Auftragsklärung wichtig: *Wobei genau kann ich Ihnen im Rahmen der Implementierung des neuen Führungsmodells behilflich sein? Wo benötigen Sie noch Unterstützung und was funktioniert bereits gut?*

Die Nähe zum System Deiner Coachees kann bei internen Coaching-Prozessen aber auch zu einem Stolperstein werden. Als Coach kennst Du die eingespielten Abläufe und Strukturen so gut, dass immer die Gefahr besteht, nicht mehr genau hinzuschauen und zu schnell zu verstehen, wo das Problem liegt. Als interne Coach musst Du daher versuchen, Dir zusätzlich zu Deiner hilfreichen Innenperspektive auch noch eine Außenperspektive anzutrainieren, die Du von Natur aus nicht hast. Insbesondere die systemische Haltung eignet sich dazu, das Gewohnte und Vertraute immer wieder in Frage zu stellen und Dich stets aufs Neue daran zu erinnern, dass alles auch ganz anders sein könnte. Auf diese Weise kannst Du vorübergehend die Perspektive eines Außenstehenden einnehmen, wenn Du aus der Rolle der Personalerin oder Führungskraft in die Rolle einer Coach schlüpfst.

Hinzu kommt, dass Du als Interne natürlich nicht nur Deinen Coachee, sondern auch die anderen Kolleginnen und Mitarbeiter kennst, die möglicherweise in seiner Problembeschreibung vorkommen. Du verfügst außerdem über Informationen aus dem System, die möglicherweise für Deinen Coachee relevant sind, die Du aber aus Gründen der Vertraulichkeit gegenüber Dritten nicht teilen kannst. Hier gilt es daher, immer wieder gut zu unterscheiden, was Du von Deinem Wissen aus der Organisation in das Coaching einfließen lassen kannst und was nicht. Und ganz besonders wichtig ist hier, in einem System, wo jeder jeden kennt, das Prinzip der Vertraulichkeit. Nichts von dem, was Du mit Führungskraft A oder der Mitarbeiterin B im Coaching besprichst, sollte den anderen Mitarbeitenden und Führungskräften zu Ohren kommen. Das ist die Grundlage dafür, dass internes Coaching oder Coaching durch Führungskräfte überhaupt funktionieren kann.

Nicht zuletzt erfordert ein interner Coaching-Prozess eine – zumindest vorübergehende – Beziehungsveränderung zwischen Menschen, die sich vorher als gute Kollegen, Chefin und Mitarbeiter oder möglicherweise auch aus privaten Bezügen kennen können. Der Coach, der sich mit der Coachee noch beim Mittagessen in der Kantine wunderbar persönlich und auch einmal weniger differenziert über firmeninterne Zusammenhänge, Entwicklungen oder auch Personen ausgetauscht hat, tritt nun in die Rolle des professionellen Nicht-Wissenden und des differenziert Nachfragenden. Daran muss sich nicht nur die potentielle Coachee gewöhnen, auch der Coach muss sich innerlich erlauben, hier bewusst einen Rollenwechsel vorzunehmen. Als Führungskraft ist es dabei vor allem wichtig zu unterscheiden, ob es sich bei potentiellen Themen und Anliegen um solche handelt, für die Du als Führungskraft zuständig bist, oder um solche, die nur Deinen Mitarbeitenden betreffen und außerhalb Deiner Zuständigkeit als Führungskraft liegen. Während Du die ersten im Rahmen Deiner Führungsfunktion löst, also qua Entscheidung oder Delegation, kannst Du im zweiten Fall Deiner Mitarbeiterin anbieten, sie im Rahmen eines Coachings zu unterstützen, zum Beispiel, wenn sie selbst Führungsaufgaben hat, von denen sie sich teilweise überfordert fühlt. Dann setzt Du Deinen HR Business Partner-Hut oder Deinen Führungshut für eine bestimmte Zeit ab und den Coach-Hut auf und versuchst, Deinem Gegenüber bei der Lösung ihres Problems behilflich zu sein.

Bei jeder Form des internen Coachings kommt es besonders darauf an, den Coaching-Prozess klar als solchen zu markieren und von der anderen, ihn einrahmenden Arbeitsbeziehung zu unterscheiden. Dieser Rollenwechsel erfordert größtmögliche Klarheit und Transparenz und kann durch äußere Rahmenbedingungen unterstützt werden. So solltest Du das Coaching auf jeden Fall in anderen als den vertrauten Räumlichkeiten durchführen, und Du kannst Dich, wenn Du willst, auch tatsächlich als Coach anders kleiden, um den Rollenwandel sichtbar zu machen, und zwar für Dich selbst und Dein Gegenüber. Beim internen Coaching hängt also viel von Deiner inneren Haltung ab, was im externen Coaching äußerlich festgeschrieben wird. Der Coaching-Vertrag wird in aller Regel mündlich geschlossen, nämlich als Verabredung, innerhalb des jeweiligen professionellen Rahmens zu einem bestimmten Thema ein Coaching durchzuführen. Geld oder andere Formen der Honorierung sind ebenfalls nicht vorgesehen. An die Stelle derartiger Rahmungen tritt im internen Coaching die bloße Verabredung, für eine begrenzte Zeit die übliche Arbeitsbeziehung zu suspendieren, um einen Coaching-Prozess durchzuführen. Um diesen entsprechend zu rahmen, ist auf beiden Seiten maximale Transparenz und Rollenklarheit vonnöten.

Etwas anderes ist es hingegen, wenn Du als coachende Führungskraft in dem Sinne auftrittst, dass Du Coaching-Methoden und die systemische Coaching-Haltung in Deine tägliche Führungsarbeit einfließen lässt. Da sich Coaching und Führung in ihrem auf Kommunikation beruhenden Grundverständnis zurzeit aufeinander zubewegen, werden solche Situationen häufiger Vorkommen als ein klar als (internes) Coaching markierter Rollenwechsel, wie wir ihn oben beschrieben haben. In solchen Fällen braucht es keine Auftragsklärung, weil diese in Deiner Führungsfunktion schon enthalten ist. Es handelt sich dann auch nicht eigentlich um Coaching, sondern um (mit Coaching-Kompetenzen unterfütterte) Führungsarbeit.

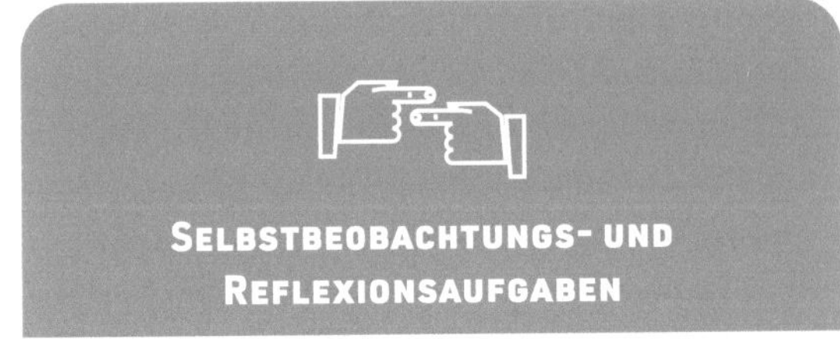

Selbstbeobachtungs- und Reflexionsaufgaben

- 1. In welchen Branchen-, Berufs- und Lebenskontexten möchte ich gern coachen? Und in welchen noch?
- 2. Welche Arbeits- und Berufswelten sind mir fremd? Und was brauche ich, um mich sicherer zu fühlen, mit ihnen in Kontakt zu treten?
- 3. Wie ließe(n) sich meine Lieblingszielgruppe(n) beschreiben (Alter, Geschlecht, Status, Branche u.ä.)?
- 4. Wer müsste zu mir ins Coaching kommen, damit ich einen Schreck bekomme? Und was bräuchte ich, um den Schreck wieder loszuwerden?
- 5. Welche Fach- und Feldkompetenzen bringe ich mit ins Coaching? Welche Branchen, Positionen oder Funktionen kenne ich selbst aus meiner eigenen Erfahrung gut? Und welche noch?
- 6. Welcher innere Film läuft bei mir ab, wenn ich höre: „Geschäftsführerin", „Sozialpädagoge", „freie Wirtschaft", „Behörde", „Controllerin", „Jurist"?

4. Das Hauptwerkzeug im Coaching: Die Kunst, angemessen ungewöhnliche Fragen zu stellen

Deine wichtigsten Instrumente im Coaching sind Fragen. Sie kommen in den unterschiedlichsten Formen vor, dienen vielfältigen Zwecken und zeigen oft erstaunliche Wirkungen. Sie können die sprichwörtlichen Lichter aufgehen lassen oder Verwirrung stiften, neugierig machen oder im positiven Sinne irritieren. Die richtigen Fragen zur rechten Zeit können Veränderungen anstoßen oder sogar markante Entwicklungssprünge auslösen. Mit Fragen steuerst Du den Coaching-Prozess, denn als Nichtwissende hast Du keine fachliche Expertise und gibst keine Ratschläge. Stattdessen lenkst Du durch Deine Fragen die Aufmerksamkeit und die Wahrnehmung Deiner Coachees auf die Themen, Gefühle und Gedanken, die gerade wichtig oder interessant erscheinen.

Fragen sind also Dein wichtigstes Steuerungsinstrument als Coach. Sie verschaffen Dir zunächst die nötigen Informationen über Deine Coachees, ihr Leben und ihre Wirklichkeitskonstruktion. Du erfährst, wer alles am Problem beteiligt ist, wann es angefangen hat, welche Kontexte noch relevant sein könnten und wie das Ziel aussieht, das an seine Stelle treten soll. All dies erzählen Dir Deine Coachees in der Regel nicht aus sich heraus, sondern in Form von mehr oder weniger ausführlichen Antworten auf Deine Fragen. Sie tun dies erfahrungsgemäß besonders gern und eingehend, wenn Du diese Fragen aus einer aufmerksamen und interessierten, respektvollen und wertschätzenden Haltung heraus stellst! Fragen lassen Dich aber nicht nur das Anliegen Deiner Coachees verstehen, sondern schärfen auch ihren eigenen Blick auf das Problem, indem sie unbekannte Sichtweisen eröffnen, neue Bewertungen ins Spiel bringen und Sachverhalte in einem anderen Licht erscheinen lassen. So kannst Du schon in der Phase der Situationsschilderung mit Deinen Fragen und Kommentaren vorsichtig die Stärken und Ressourcen Deines Gegenübers adressieren. Deine Fragen sind grundsätzlich konstruktiv, ressourcen- und lösungsorientiert in dem Sinne, dass sie die Coachees von ihrer oft leidvollen Fokussierung auf die eigenen Sicht- und Verhaltensweisen lösen.

Am besten gelingt dies mit Fragen, die sich Deine Coachees selbst noch nicht gestellt haben, denn diese sind besonders geeignet, starre Muster ins Wanken zu bringen. Aber welche Fragen hat er oder sie sich wohl noch nie gestellt und auch von einer besten Freundin noch nie beim Wein gestellt bekommen? Damit nähern wir uns dem Geheimnis systemisch-konstruktivistischer Fragen, die der norwegische Psychotherapeut Tom Andersen in seinen Arbeiten zum Reflecting Team in der systemischen Familientherapie als „angemessen ungewöhnliche Fragen" bezeichnet hat. Es sind Fragen, die so ungewöhnliche Perspektiven einnehmen, dass sie die Befragten in einem positiven Sinn irritieren: Sie müssen darüber erst einmal nachdenken, um sich in die unvertraute Perspektive hineinzudenken und kommen auf diese Weise fast unbemerkt dazu, ihr Problem probeweise einmal aus einer anderen Blickrichtung zu betrachten.

Tom Andersen (Hrsg.), Das Reflektierende Team. Dialoge und Dialoge über die Dialoge. Dortmund: modernes lernen, 6. Aufl. 2018.

Doch dazu später mehr, denn gerade am Anfang eines Coaching-Gesprächs wirst Du zunächst eher ‚normale', man könnte auch sagen: angemessen gewöhnliche Fragen stellen, um erst einmal Informationen über Deine Coachees zu sammeln.

Im Coaching unverzichtbar: Informations- oder Reporterfragen

Vor allem zu Beginn eines Coaching-Prozesses nutzt Du hauptsächlich ‚Reporterfragen', um Dich von Deinen Coachees ins Bild setzen zu lassen: Wer sind sie, mit welchem Anliegen kommen sie zu Dir und was solltest Du von ihrer aktuellen Lebens- oder Berufssituation wissen? Es geht hier in erster Linie um Informationsgewinnung und noch nicht um einen Perspektivwechsel. Meist beginnen Deine Fragen mit dem Buchstaben W: Wer, mit wem, wo, wann, wie lange, wie oft, wann zu erstenmal, wann und wo nicht etc. Mit diesen Fragen machst Du Dir – eben wie eine Reporterin – ein Bild von der Situation Deiner Coachees. Während Du dies tust, überlegst Du, was Du noch wissen möchtest und warum Du glaubst, dass dieses Wissen für das Coaching wichtig sein könnte. Manchmal ist da vielleicht eine verständliche, aber für den Prozess nicht immer nötige Neugierde im Spiel oder aber ein Glaubenssatz nach dem Motto: „Je mehr ich weiß, desto besser kann ich helfen!"

Während Deine Coachees also zunächst in Ruhe von sich erzählen und sich auf diese Weise ‚warmreden', fassen sie Vertrauen und geben Dir zugleich die nötigen Informationen zum Verstehen der Situation. Du hörst aufmerksam zu und öffnest mit angemessen gewöhnlichen W-Fragen den Problemkoffer. Dein Ziel ist dabei, den Kontext zu erschließen und die Systeme kennenzulernen, in denen sich das Ganze abspielt; zu erfahren, wer noch daran beteiligt ist, seit wann das Problem auftritt, wann und wo es nicht spürbar ist, welcher Persönlichkeitsanteil besonders darunter leidet und welcher andere weniger usw. All dies sind Fragen von unschätzbarem Wert, um eine Idee von der Problemkonstruktion Deines Gegenübers zu bekommen.

Der Vorteil der W-Wörter, also: wer, was, wann, wo, wie, wie lange, seit wann etc., liegt darin, dass sie offene Fragen einleiten, die eine Vielzahl von Antwortmöglichkeiten bieten. Dagegen verführen geschlossene Fragen dazu, lediglich mit Ja oder Nein zu antworten. Offene Fragen laden Dein Gegenüber zum Aus- und Weitererzählen ein und ermöglichen auch Zwischentöne, während geschlossene Fragen ein Gespräch regelrecht abwürgen können. So ermuntert zum Beispiel die Frage *Wie zufrieden sind Sie in Ihrem Job?* dazu, nuanciert zu antworten und auch Ambivalenzen zu benennen: Was gefällt mir gut, was nicht so, wo bin ich im Zweifel usw. Du kannst das noch fördern, indem Du eine solche, offene Frage mit einer Skala verbindest: *Wie zufrieden sind Sie auf einer Skala von 1 bis 10?* (die Arbeit mit Skalierungen stellen wir unten ausführlich vor). Die geschlossene Version dieser Frage würgt die Sprechfreude Deines Gegenübers dagegen eher ab: *Sind Sie zufrieden in Ihrem derzeitigen Job?* – „Ja/Nein/Geht so". Dann kann es sein, dass Ihr Euch in einem Frage-Antwort-Spiel befindet, aber nicht mehr in einem lebendigen Coaching-Gespräch. Aber keine Angst, wenn Du versehentlich mal eine geschlossene Frage gestellt hast: Das ist in der Regel gar kein Problem! Sprechfreudige Coachees erzählen auch auf geschlossene Fragen gern ausführliche Geschichten, und andere schaffen es, auch offene Fragen recht einsilbig zu beantworten. Solange man gut miteinander im Kontakt ist, sind also auch gelegentlich herausrutschende geschlossene Fragen unproblematisch.

Ist die Situation beschrieben und das Anliegen grob dargelegt, kannst Du auch die eine oder andere ungewöhnliche Frage ausprobieren, um noch genauer zu verstehen, in welcher Situation sich Dein Coachee gerade befindet: *Aus welchem Grund kommen Sie gerade jetzt ins Coaching? Was würde passieren, wenn nichts passiert? Wie sehr belastet Sie das Problem, auf einer Skala von 1 bis 10?* Oder noch ungewöhnlicher: *Was müssten Sie tun, damit sich das Problem noch weiter verschlimmert?* Hier kannst Du schon einmal ausloten, wie hoch der Leidensdruck ist und wie Dein Coachee seinen eigenen Anteil am Problem einschätzt. Auch wenn Du Dein Gegenüber dann in einen ausführlichen Zielfilm einlädst, leitest Du diesen mit einer angemessen ungewöhnlichen Frage ein: *Nehmen wir einmal an, Ihr Problem ist über Nacht verschwunden, wie sieht Ihr Tag dann aus? Wer bemerkt das als erster? Was ist Ihnen dann möglich? Und was noch?*

Mit solchen Interventionen vom Typ der hypothetischen Fragen führst Du Deinen Coachee in einen vorgestellten, imaginären Raum, in dem das Problem nicht mehr da ist, und lässt Dir beschreiben, wie es in diesem Raum

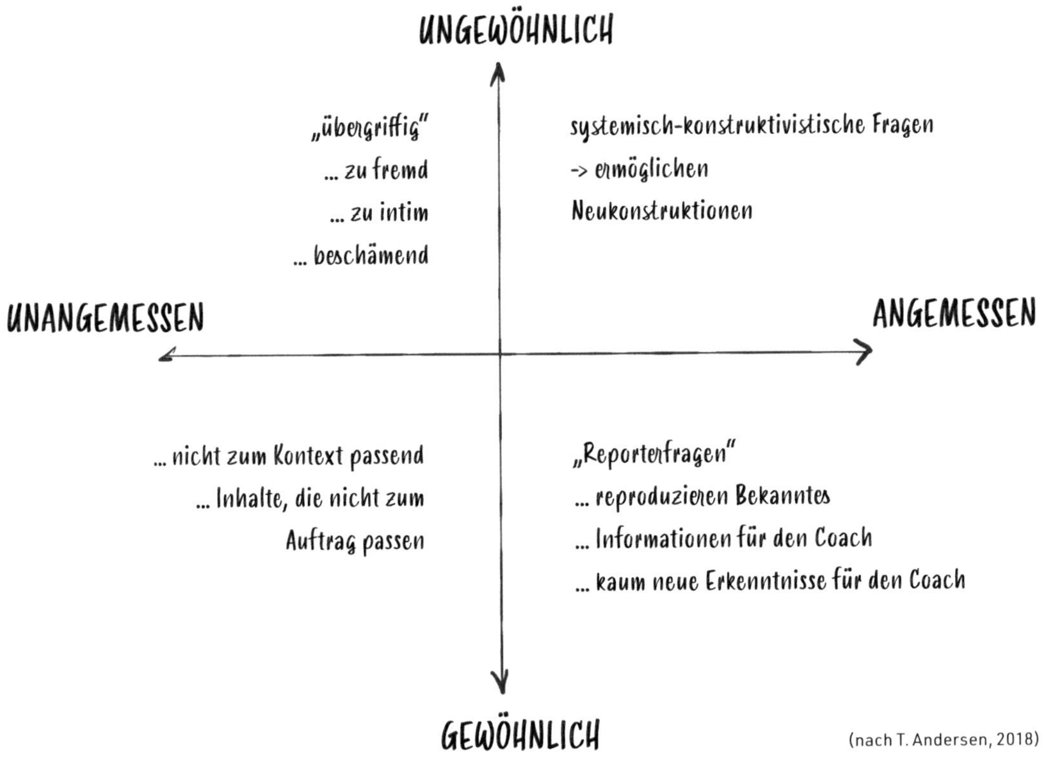

(nach T. Andersen, 2018)

aussieht. Hier fragst Du also nicht mehr nach Bekanntem, sondern versuchst, Dein Gegenüber buchstäblich auf andere, neue Gedanken zu bringen. Du veränderst die Perspektive und lädst dazu ein, Neues und Unbekanntes zu denken.

Angemessen ungewöhnlich: Systemisch-konstruktivistische Fragen

Auf dem Informationsabend zu unserer Coaching-Ausbildung berichtete eine Teilnehmerin einmal von ihrer Chefin, die ebenfalls eine solche Ausbildung absolviert hatte. Dadurch, so berichtete die Interessentin, habe ihre Chefin sich in der Kommunikation erheblich verändert, und das wolle sie nun auch. In welcher Weise hat sie sich denn verändert?, fragten wir zurück, und schoben die Hypothese nach: Könnte es sein, dass sie jetzt mehr fragt? „Nein", antwortete die Teilnehmerin, „sie hat auch vorher schon viel gefragt. Aber sie fragt jetzt anders." Diese Beschreibung trifft den Kern der systemisch-konstruktivistischen Fragetechniken recht gut. Im Vergleich zur alltäglichen Kommunikation eröffnen sie ungewohnte Perspektiven und zielen darauf ab, die Coachees neu und anders als bisher auf ihre Probleme schauen zu lassen. Angemessen ungewöhnliche Fragen laden dazu ein, neue Sichtweisen und Bewertungen auszuprobieren und festgefügte Wirklichkeitskonstruktionen umzukonstruieren.

Vorab ist allerdings ein Warnhinweis angebracht: Es gibt keine *per se* systemischen Fragen, sondern systemisch ist immer die Haltung, aus der heraus Du Deine Coachees befragst. In diesem Sinne lassen sich systemische Fragen am treffendsten als solche Fragen beschreiben, die die Aufmerksamkeit auf die Eigenschaften und Eigenlogiken von Systemen richten. Meist sind dies hypothetische oder zirkuläre Fragen, die die subjektive Wirklichkeit der Befragten thematisieren, ihre Problemkonstruktionen erforschen sowie Erklärungen, Ressourcen und Lösungsansätze erkunden. Sie zielen darauf ab, die Verbindung von inneren und äußeren Prozessen in den Blick zu nehmen und der Reflexion zugänglich zu machen. Ihr Ziel ist stets, das Spektrum der Handlungsmöglichkeiten zu erweitern.

Gleiches gilt für die sogenannten Verschlimmerungs- oder Ausnahmefragen: *Was müssten Sie tun, damit das Problem noch ärger wird? Und wann tritt es gar nicht auf?* Skalierungsfragen dienen zur Beschreibung von inneren Zuständen oder äußeren Phänomenen, die schwer messbar sind. Sie machen Unterschiede sichtbar und verweisen auf die grundsätzliche Gestaltbarkeit von Situationen. Zirkuläre Fragen tragen dazu bei, reale oder vermutete Zusam-

menhänge zwischen Ursachen und Wirkungen einer Interaktion auszuleuchten. Dafür werden die angenommenen Sichtweisen anderer, nicht anwesender Beteiligter in den Beratungsprozess einbezogen und für die Suche nach Lösungen nutzbar gemacht: *Wer würde als erste(r) bemerken, dass Ihr Problem gelöst ist? Und wer noch? Und woran?*
Abzugrenzen von den angemessen ungewöhnlichen Fragen sind schließlich unangemessen ungewöhnliche ebenso wie unangemessen gewöhnliche Fragen, also alles das, was peinlich berührt, Schamgrenzen überschreitet oder aus anderen Gründen abwegig ist und nicht in einen Coaching-Prozess gehört. Solche Fragen sortieren wir aus. Sollte Dir doch einmal eine unangemessene Frage herausrutschen, spricht die Reaktion der Coachees in aller Regel eine klare Sprache – sie weichen aus, gehen auf Distanz, antworten nicht oder sind sogar verärgert. In der systemischen Beratungspraxis ist über die Jahre ein großer Fundus an Frageformen und Formulierungen entstanden, die psychische wie soziale Systeme in konstruktiver, eben ‚systemischer' Weise irritieren können. Sie erlauben es, in unterschiedlichen Phasen des Beratungsgesprächs klärende, inspirierende oder lösungsorientierte Impulse zu setzen. Eine Auswahl daraus wollen wir Dir nun vorstellen.

Fragen, die verflüssigen und konkretisieren

Vom Verflüssigen sprechen wir, wenn es darum geht, feste Zuschreibungen aufzulösen. Hat sich die Wahrnehmung bestimmter, negativ empfundener Eigenschaften bei Deiner Coachee allzu sehr verfestigt („Ich bin recht schüchtern"), dann ist es hilfreich, das Selbstbild in dieser Hinsicht etwas fluider und durchlässiger zu gestalten. So kannst Du den Problemdruck reduzieren und zugleich Ressourcen sichtbar machen. Dazu ersetzt Du die feste und undifferenzierte Zuschreibung („Ich bin…") durch konkrete Handlungen und bestimmte Situationen in ihrem jeweiligen Kontext: *Wann und wo genau verhalten Sie sich vorsichtig und zurückhaltend? Wo noch? Und wo erleben Sie sich ganz anders?*

Ebenso gilt dies für die Wahrnehmung anderer Menschen. Auch hier, zum Beispiel in konflikthaft zugespitzten Beziehungen, kann es hilfreich sein, pauschale Zuschreibungen zu differenzieren: *Sie sagen, Ihr Kollege ist arrogant und überheblich. Was tut er genau, das Sie zu diesem Eindruck bringt? Wann tut er dies? Und wann nicht? Wann hat es begonnen?*

Fragen nach Unterschieden und Ausnahmen

Mit dem Verflüssigen geht einher, dass Du im Coaching immer wieder nach Unterschieden fragst. Solche Fragen wirken auf den ersten Blick nicht sonderlich spektakulär, haben aber eine enorme Wirkung, weil sie deutlich machen, dass das vermeintlich übermächtige Problem keinesfalls überall und zu jeder Zeit besteht. Es gibt immer Ausnahmen, die wir aber nicht mehr wahrnehmen, wenn sich unsere Aufmerksamkeit mehr und mehr auf ein unliebsames Problem richtet und alles andere ausblendet: *Wann tritt Ihr Problem nicht auf? Wann ist es am stärksten? Mit wem ist es weniger spürbar? Wann hat es angefangen? Welche Aspekte sind wann und in welcher Situation wichtiger bzw. unwichtiger? Welcher Teil in Ihnen hat das Problem besonders – und welcher andere Teil nicht so sehr?*

Da Deine Coachees oft so sehr unter einem Problem leiden, dass es ihnen allgegenwärtig vorkommt, lenkst Du mit diesen Fragen ihre Aufmerksamkeit auf verborgene Ressourcen: Zeiten und Orte, Personen und Situationen, an denen ihr Problem nicht oder nur in abgeschwächter Form auftritt. Du suchst nach Unterschieden im Erleben. Dadurch lässt sich das Problem einerseits eingrenzen, relativieren und in gewisser Weise auch verkleinern. Andererseits kannst Du gemeinsam mit Deinen Coachees dann auf die Ausnahmen schauen und überlegen, was sie dort anders machen, so dass ihr Problem nicht auftritt. Diese bislang ungenutzten Kraftquellen nutzt Ihr dann, um gemeinsam Lösungen zu erarbeiten.

Fragen nach Erklärungen

Sehr hilfreich ist es auch, danach zu fragen, wie sich Deine Coachees selbst erklären, aus welchen Gründen und auf welchen Wegen ihr Problem entstanden ist. Lässt Du Dir diese Erklärungen ausführlich beschreiben, so erfährst Du, wie Dein Gegenüber die Welt sieht und von welchen Glaubenssätzen sein Verhalten gesteuert wird: *Wie erklären Sie sich selbst, dass...? Wie kommt es aus Ihrer Sicht dazu, dass...?*

Auf diese Weise kommst Du der Sinn- und Wirklichkeitskonstruktion Deiner Coachees auf die Schliche. Du erfährst, wie ihre Deutungen und Bewertungen sind, und kannst später entsprechende Perspektivwechsel einführen. Ebenso kannst Du Dir erklären lassen, warum es in einigen Bereichen mittlerweile besser geworden ist und wo es vielleicht doch noch etwas mehr hakt: *Wie erklären Sie sich die Verbesserungen? Und wie erklären Sie sich die Unterschiede, die nach wie vor zwischen dem beruflichen und dem privaten Bereich in dieser Hinsicht bestehen?*

Die Haltung, die Du gegenüber den Selbsterklärungen Deiner Coachees einnimmst, leitet sich aus der Grundhaltung der neugierig-wertschätzenden Zugewandtheit ab: *Das ist ja interessant, wie Sie sich das erklären!* Auf diese Weise wird deutlich: Es ist nur eine mögliche Erklärung für eine Beobachtung, die sich auch noch ganz anders deuten ließe.

Fragen nach Ressourcen

Du arbeitest im systemischen Coaching grundsätzlich ressourcenorientiert, das heißt, Du erkundest, wo Deine Coachees über eigene, manchmal verborgene Kraftquellen verfügen, um ihre Probleme auf eine für sie passende Weise zu lösen. Um ihnen dabei behilflich zu sein, sich mit diesen Kraftquellen (wieder) zu verbinden, musst Du ihnen dabei helfen, sie zu entdecken und dann auch zu bergen. Dazu dienen neben den oben genannten Fragen nach Ausnahmen und Unterschieden auch solche Fragen, die direkt auf Ressourcen abzielen: *Was ist Ihr Erfolgsrezept im Leben? Was oder wer könnte Sie bei einer Lösung des Problems unterstützen? Was haben Sie selbst bereits unternommen? Wann haben Sie in der Vergangenheit schon einmal ein ähnliches Problem gelöst? Und wie haben Sie das damals gemacht?* Du bist hier als Coach einerseits dabei behilflich, diese Ressourcen überhaupt in den Blick zu nehmen, denn der andauernde Blick auf das Nichtgelingen führt dazu, dass wir Menschen das, was uns gelingt, irgendwann nicht mehr recht wahrnehmen. Andererseits unterstützt Du Deine Coachees dabei, auch neue Kraftquellen zu entdecken, über die sie vielleicht noch niemals nachgedacht haben. Das Fragen nach Ressourcen ist im systemischen Coaching kaum hoch genug einzuschätzen, denn in den eigenen Ressourcen findet sich in aller Regel der Schlüssel für Lösungen.

Hypothetische Fragen

Eine der wichtigsten hypothetischen Fragen haben wir oben bereits vorgestellt: die Wunderfrage, mit der Du Deine Coachees in eine Zielvision führst. *Stellen Sie sich vor, das Problem ist über Nacht wie durch ein Wunder gelöst, woran würden Sie es am nächsten Tag bemerken?* Dic Wunderfrage ist ein Spezialfall hypothetischer Fragen, die ansonsten ohne Wunder auskommen. Es geht stets darum, sich einen imaginären, hypothetischen Raum vorzustellen, in dem das Problem nicht mehr da ist. Dieser Raum liegt meist in der Zukunft: *Nehmen wir einmal an, wir treffen uns in einem halben Jahr zufällig am Bahnhof wieder und Ihr Problem ist dann gelöst, was erzählen Sie mir dann? Nehmen wir an, Sie haben den Konflikt mit Ihrem Chef gelöst, was wird Ihnen dann möglich sein?*

Hypothetisch meint in diesem Fall, dass Du eine nicht reale, sondern an- oder vorweggenommene Situation voraussetzt, um Deine Klienten probeweise in dieser Situation herumzuführen: *Nehmen wir einmal an, Sie hätten sich bereits selbständig gemacht. Beschreiben Sie mir doch bitte mal, wie dann Ihr typischer Tag aussieht?* Man kann hier auch von einer Als-ob-Perspektive sprechen: Du tust so, als ob etwas bereits eingetreten sei, und fragst dann ausführlich nach, was dann anders ist, was besser ist, aber auch, was dann nicht mehr geht. Meist lässt sich dadurch das eigentliche Ziel gut konkretisieren. Zugleich erleben Deine Coachees diesen Zielzustand schon einmal in ihrer Vorstellung und aktivieren auf diese Weise bereits die beteiligten neuronalen Netzwerke. Diesen Effekt kannst Du unterstützen, indem Du bei Dir wie bei deinem Gegenüber auf die genauen Formulierungen achtest und statt des Konjunktivs (dann hätte ich..., dann würde ich..., dann könnte ich...) den Indikativ verwendest (dann habe ich..., dann kann ich.., dann werde ich...).

Dabei darfst Du ruhig einmal korrigierend eingreifen. Scheue Dich nicht davor, im Zielfilm ein bisschen hartnäckig zu sein. Gerade die hypothetische Frageperspektive ist für Deine Coachees (und vielleicht am Anfang auch für Dich) ungewöhnlich. Viele reden lieber über ihr Problem, denn das ist ihnen ja vertraut. Dann führst Du sie behutsam wieder zurück in den hypothetischen Raum und lädst sie ein, sich doch wenigstens für einen Moment auf die ungewöhnliche Perspektive einzulassen, dass ihr Problem verschwunden sein wird.

Zirkuläre Fragen

Zirkuläre Fragen sind im besten Sinne systemische Fragen, insofern sie einerseits ermöglichen, den Kontext oder eben das System einzubeziehen, in dem ein Problem auftritt. Andererseits erweitern sie die Perspektiven auf ein bestimmtes Thema, Gefühl oder Verhalten durch das Einbeziehen einer oder mehrerer Außenperspektiven, die gar keinen Bezug zum Problem haben müssen: *Wie würden andere das Problem beschreiben? Was würde Ihr Chef sagen? Was Ihre Ehefrau? Wenn ich jetzt Ihre Kinder fragen würde, was würden die mir berichten?*

Du kannst Dir auch virtuelle Experten zu bestimmten Problemlagen ausdenken und sie ins Coaching einladen: *Was würde der Dalai Lama zu Ihrem Problem sagen? Was Greta Thunberg? Wie würde Angela Merkel auf Ihre Situation schauen?* In der Regel werden sich Deine Coachees gut in diese anderen Personen hineinversetzen können, entweder weil sie sie gut kennen oder weil sie sehr klar für einen bestimmten Standpunkt stehen. Außerdem sind wir im Alltag ohnehin ständig damit beschäftigt, uns zu fragen, was die anderen wohl über uns und unser Verhalten denken. Lässt sich Deine Coachee auf diesen Perspektivwechsel ein, erlebt sie ihr eigenes Problem für einen Moment aus einer anderen Blickrichtung und erfährt dadurch, dass es durchaus unterschiedliche Möglichkeiten gibt, auf dieses eine Thema zu schauen – und dass ihr eigener Blick auch nur eine Beobachterperspektive unter vielen ist.

Ein Phänomen, das bei diesen zirkulären Fragen regelmäßig auftaucht, ist, dass manche Menschen, die sich selbst gern kritisch sehen, überhaupt kein Problem damit haben zu erzählen, wie sehr ihre Kollegen oder ihr Chef sie und ihre Arbeit schätzen. Es hat dann den Anschein, als könnten sie sich selbst nur würdigen, indem sie durch die Brille eines anderen schauen. Du kannst in solchen Fällen im Coaching sehr schön die Selbstwahrnehmung mit der (imaginierten) Fremdwahrnehmung abgleichen und gemeinsam mit Deinem Coachee reflektieren, wie es zu solchen Abweichungen kommen kann und wo vielleicht Ressourcen für neue, mildere Selbsteinschätzungen liegen.

Paradoxe Fragestellungen und Interventionen

Zu den paradoxen Interventionen gehören die berühmten Verschlimmerungsfragen, die mit einem radikalen Perspektivwechsel arbeiten: Während wir in der Regel manisch daran denken, wie wir ein Problem wegbekommen, wird hier in paradoxer, spielerischer Weise die entgegengesetzte Blickrichtung eingenommen: *Was müssten Sie denn tun, damit das Problem, dass Sie gerade beschrieben haben, sich noch weiter verschlimmert? Dass der Konflikt mit Ihrer Kollegin noch weiter eskaliert? Und was könnten Sie noch tun?*

Wie schaffen wir es, dass es noch schlimmer wird? Das hört sich im ersten Moment seltsam an, führt aber – wenn Du Fragen dieser Art gut einführst – meist dazu, dass Dein Coachee nach einem Schmunzeln tatsächlich bereit ist, darüber nachzudenken, was möglicherweise sein eigener Anteil an dem Problem sein könnte. Wenn man es in der Hand hat, etwas zu verschlimmern, dann hat man es doch irgendwie auch in der Hand, es weniger schlimm zu gestalten, oder? Lässt Dein Coachee sich auf diese Frage ein, wird er sich weniger machtlos und ausgeliefert fühlen und ein Stück weit seine Handlungsfähigkeit zurückgewinnen.

Eine Variante der Verschlimmerungsfragen stellt die ‚Gebrauchsanweisung für ein Problem' dar: Nehmen wir einmal an, ich wollte Ihr Problem auch haben – was genau müsste ich dafür tun? Und was noch? Beschreiben Sie mir das doch bitte einmal Schritt für Schritt. Auch hier geht es darum, die Stellschraube einmal in dic andcre Richtung zu drehen: Wenn ich den Knopf kenne, mit dem ich das Problem anschalte oder verschlimmere, dann muss ich ihn im Prinzip nur in die andere Richtung drehen, um es abzuschwächen oder ganz auszuschalten. Wenn ich meiner Coach genau beschreiben kann, wie sie mein Problem auch bekommt, trete ich innerlich schon einen Schritt zurück und betrachte das, was mich belastet, schon mit etwas mehr Distanz und bin ihm nicht mehr so ausgeliefert.

Gerade bei diesen paradoxen Fragetechniken ist es ratsam, sie nicht gleich am Anfang eines Prozesses zu stellen. Das gilt vor allem dann, wenn Leid und Schmerz noch überwiegen. Eure Beziehung muss tragfähig sein und Deine Coachee bereit, einen Perspektivwechsel vorzunehmen. Und auch dann solltest Du solche sehr ungewöhnlichen Fragen immer besonders rahmen und speziell einführen: *Wenn Sie erlauben, würde ich Ihnen gern eine etwas merkwürdige Frage stellen. Vielleicht lassen Sie sich einmal darauf ein! Ich möchte Sie einladen, auf eine Frage zu antworten, die Ihnen auf den ersten Blick bestimmt seltsam vorkommt.*

Leitest Du Deine besonders ungewöhnlichen Fragen so ein, dann sind Deine Coachees vorgewarnt, dass jetzt etwas Unerwartetes kommt, vor dem sie sich aber nicht fürchten müssen. Meist lachen sie dann, wenn sie die Frage hören, und lassen sich schmunzelnd auf den Perspektivwechsel ein. Oft ist ihnen in diesem Moment bereits ein Licht aufgegangen.

Verflüssigen und Konkretisieren

- Was tut Ihre Vorgesetzte genau, wenn sie aggressives Verhalten zeigt?
- Was tut Ihr Abteilungsleiter, damit andere ihn als hilflos beschreiben?
- Was passiert dann? Wer ist dabei anwesend?
- Wann hat Ihre Kollegin begonnen, ihr Verhalten zu verändern?
- Was genau tut er/sie?

Einbeziehen einer Außenperspektive

- Wie sprechen wohl Ihre Mitarbeiter über Sie, wenn Sie nicht anwesend sind?
- Wenn Ihre Kollegin hier wäre, wie würde sie uns die Situation schildern?
- Was würde Ihre Chefin über den Ablauf der Ereignisse berichten?
- Was schätzen Ihre Mitarbeiter an Ihnen?
- Wie würden Ihre Kunden die Leitung Ihrer Abteilung beurteilen?

Hypothetische Fragen

- Wenn Sie eine Betriebsversammlung einberufen würden, wie würde die Abstimmung aussehen?
- Angenommen, der pensionierte Vorgesetzte würde Sie besuchen, was würde er Ihnen empfehlen?
- Nehmen wir an, in fünf Jahren ist alles bestens, was wäre dann anders? Und was bliebe gleich?

Fragen nach Ressourcen

- Welche ähnlichen Probleme, die Sie schon gelöst haben, fallen Ihnen ein?
- Wie könnte hier eine ähnliche Lösung aussehen?
- Was möchten Sie in Ihrem Leben gern bewahren, wie es ist? Was machen Sie gerne? Was können Sie gut?
- Was müssten Sie tun, um mehr davon in Ihrem Leben zu haben?

Fragen nach Ausnahmen

- Wenn dieses Problem das nächste Mal auftritt und etwas anderes versucht werden sollte, was würden Sie dann tun?
- Wie lange ist das Problem nicht aufgetreten?
- In welchen Situationen oder Zeiten war das Problem nicht da? Wie erklären Sie sich dies?
- Was haben Sie (und Andere) in diesen Situationen oder Zeiten anders gemacht?

Fragen nach Unterschieden

- Skalenfragen: Was müssten Sie tun, um einen Punkt höher zu rücken?
- Um wie viel Prozent sind Sie Ihrer Lösung schon näher gekommen? Und wo wollen Sie hin?
- Zu wie viel Prozent glauben Sie, das Ziel erreichen zu können?
- Wer würde als erster merken, dass Sie sich verändert haben?
- Was wäre ein kleiner Unterschied, den nur Sie merken würden?

Fragen nach Erklärungen

- Wie kommt es zu den Unterschieden zwischen Ihrer Sicht und der Sicht von XY?
- Wie erklären Sie sich die Verbesserung?
- Wie erklären Sie sich das Verhalten Ihrer Kollegin?

Paradoxe Fragen

- Was müssten Sie tun, damit es noch schlimmer wird?
- Wie könnten Sie die Situation eskalieren lassen?
- Wenn Sie Ihr Problem schon längst verabschiedet hätten, es aber noch einmal bewusst einladen wollten: Wie könnten Sie das tun?

Wann und wie Du systemisch-konstruktivistische Fragen einsetzt

Grundsätzlich gibt es keine festen Regeln, wann systemisch-konstruktivistische Fragen im Coaching nützlich sind und wann nicht. Eine Orientierung lässt sich aber von dem Phasen-Modell ableiten, das wir oben vorgestellt haben. In der Auftragsklärung, besonders in der ersten Phase der Situationsschilderung, wirst Du noch viel mit gewöhnlichen Reporterfragen arbeiten, weil Du hier vorrangig Informationen sammelst und den Coachee das erzählen lässt, was er leicht abspulen kann. Um Perspektivwechsel geht es noch nicht, durchaus aber, wie oben beschrieben, um das Betonen von Ressourcen. Außerdem kannst Du hier bereits sein soziales Umfeld durch zirkuläre Fragen erschließen, aber auch nach Unterschieden im Erleben seines Problems fragen, etwa durch Skalierungen. In den Zielfilm führst Du ihn dann mit hypothetischen Fragen. Weitere Perspektivwechsel sowie andere gewichtige systemische Interventionen setzt Du grundsätzlich erst dann ein, wenn klar ist, worum es im Coaching gehen soll, also nach der Auftragsklärung. Grundsätzlich kannst Du also systemisch-konstruktivistische Fragetechniken zu verschiedenen Zeitpunkten und in unterschiedlichen Phasen des Coaching-Prozesses einsetzen. Dabei ist es auch gar kein Problem, dieselbe Frage mehrfach zu verwenden.

Das Hauptkriterium dafür, wann Du welche Frage stellst, sind stets Deine eigenen Hypothesen, also Deine Annahmen und Vermutungen über die Zusammenhänge, Wechselwirkungen und Rekursivitäten im Klientensystem. In hypothetische Frageformen übersetzt, verknüpfen sie Sachinhalte mit Vermutungen und führen fiktive Situationen in das Gespräch ein: *Einmal angenommen, Ihre Chefin würde öfter mit Ihnen reden, was wird Ihnen dann möglich sein?* Solche Fragen lösen zwar noch keine Probleme, ermöglichen aber neue Sinnkonstruktionen und öffnen auf diese Weise die Tür für neue Denk- und Verhaltensansätze. Die Wirkung systemischer Fragen lebt davon, dass sie angemessen dosiert und behutsam eingesetzt werden – sowohl im Hinblick auf den Prozessverlauf wie auf die situative Verfasstheit Deines Gegenübers. Grundsätzlich gilt: Systemische Fragen brauchen Raum. Um diesen Raum zu schaffen, gilt es, Pausen auszuhalten und nicht immer gleich die nächste Frage hinterherzuschießen. Dass die Coachees erst einmal nachdenken müssen, ist ja im Zweifelsfall ein gutes Zeichen. Sie probieren dann die neue Sichtweise für sich aus und betrachten das Problem aus einer für sie ungewöhnlichen Perspektive!

Dass Deine Coachees intensiv über etwas nachdenken, was ihnen nicht sofort zugänglich ist, merkst Du übrigens auch daran, dass sie aus dem Blickkontakt gehen. Sie schauen dann an Dir vorbei, den Blick etwas nach oben gerichtet, in die Ferne. Bei Online-Coachings wenden sie den Blick manchmal von der Kamera ab und blicken nicht selten im 90-Grad-Winkel zur Seite, als schauten sie aus einem Fenster. Neben dem Schweigen ist dieser suchende Blick grundsätzlich ein gutes Zeichen im Coaching, weil Du daran merkst, dass Deine Fragen im Inneren Deines Gegenübers etwas Bedeutsames ausgelöst haben.

Wichtig ist es auch, die bisweilen merkwürdig anmutenden Fragen nicht ‚aus der Hüfte zu schießen', sondern sie entsprechend vorzubereiten und einzubetten. Dazu kann die Formulierung eines Vorschlags oder einer Einladung helfen: *Ich möchte Ihnen nun gern eine etwas ungewöhnliche Frage stellen und würde Sie einladen, sich einmal darauf einzulassen! Was müssten Sie tun, damit der Konflikt mit Ihrer Kollegin noch weiter eskaliert? Wie könnten Sie es schaffen, dass das nächste Meeting in einem Desaster endet?*

Oft macht auch die akkurate Formulierung einen Unterschied: Wann benutzt Du bei hypothetischen Fragen den Konjunktiv und wann den Indikativ? Hier hilft es, sich vorab noch einmal der genauen Formulierung bestimmter Fragen zu vergewissern und sie in bestimmten Fällen – etwa bei der Wunderfrage – sogar auswendig zu lernen oder abzulesen. Ohnehin wirst Du mit einiger Übung wahrscheinlich eine Reihe von Lieblingsfragen haben, mit denen Du Dich sicher fühlst und immer wieder arbeitest.

Für das Gelingen dieser Art des Fragens gibt es übrigens untrügliche Anzeichen. Das kann der fast anstrengungslose Fluss des Gesprächs ebenso sein wie plötzliches Schweigen oder ein Leuchten in den Augen Deines Gegenübers. Oder die schlichte Bemerkung: „Das ist eine gute Frage. Darüber habe ich noch nie nachgedacht". In dem Moment weißt Du: Ihr seid auf einem guten Weg, weil Du mit Deinen Fragen für die Coachee wesentliche Aspekte berührst.

Keine Angst vor Redundanz: Die Frage „Und was/wer/wie/wo/wann noch?"

Zum Schluss wollen wir noch eine der einfachsten und zugleich wirkungsvollsten systemischen Fragen vorstellen. Es ist eine klassische Anschlussfrage, und sie lautet: *Und wer/was/wie/wo/wann noch?* Diese kleine Frage hilft Dir immer dann, wenn Deine Coachees aus ihren sozialen Systemen oder auch aus ihrem inneren Erleben berichten und Du das Bedürfnis hast, noch mehr Details zu erfahren. Sie kann aber auch dazu eingesetzt werden, Dein Gegenüber anzuregen, noch etwas weiter und noch etwas tiefer über einen Aspekt nachzudenken. Dann kannst Du mit dieser Frage sehr schön an seine Erzählungen anknüpfen und punktuell um Vertiefung bitten: Und wer ist noch daran beteiligt? *Und wer noch? Was haben Sie noch versucht, um Ihr Problem zu lösen? Und was noch?*

Die *Und noch?*-Frage hat den Effekt, dass Deine Coachees nicht nur das erzählen, was obenauf liegt, also das, was sie immer schon erzählt haben und wofür sie nicht lange nachdenken müssen. Stattdessen müssen sie die bekannten Grenzen überschreiten und sich überlegen, was es über das Bekannte hinaus noch zu erzählen gibt. Dabei stoßen sie in Bereiche ihrer eigenen Welt vor, über die sie selbst noch nicht so gut nachgedacht haben. Hier gibt es auch für sie einiges zu entdecken! Zugleich entstehen durch dieses Nachdenken Pausen im Gespräch, die Du aushältst, weil es sich ja um Denkpausen handelt. Und keine Angst – Du quälst Deine Coachees damit nicht! Wenn ihnen nach dem dritten, vierten oder fünften *Und noch?* irgendwann wirklich nichts mehr einfällt, dann teilen sie Dir das mit. „Nein, das ist es jetzt. Weitere Beteiligte (oder Motive, Gefühle, Zeiträume etc.) fallen mir nicht ein."

Besonders wichtig ist dieses vertiefende *Und noch?*-Fragen im Zielfilm, wenn Du Deine Coachees aus ihren problembefreiten Räumen berichten lässt. Der positive Sog, den Ihr von dort mitnehmen wollt, entsteht dann am besten, wenn die Coachees an diesem Ort möglichst viel Zeit verbracht und viele, im günstigsten Fall multimodale Erfahrungen gemacht haben. Da hilft es dann ganz besonders, sie mit der *Und noch?*-Frage in der hypothetischen Situation ohne Problem zu halten und dort herumzuführen: *Und wer wird noch merken, dass sich Ihr Problem über Nacht verflüchtigt hat? Und was werden Sie noch tun? Und was noch? Und was wird Ihnen dann noch möglich sein? Und was noch? Und was noch?*

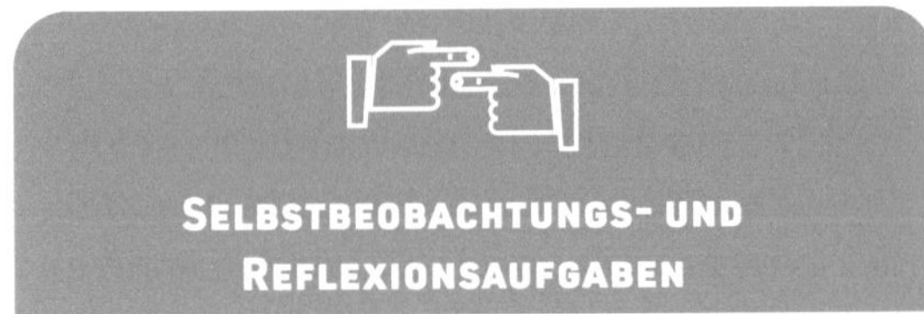

Selbstbeobachtungs- und Reflexionsaufgaben

- 1. Woran merke ich, dass ich, wenn ich meinem Gegenüber eine Frage gestellt habe, wirklich an der Antwort interessiert bin?

- 2. Wie oft frage ich, um zu antworten? Und wie oft frage ich, um zu verstehen? Und wie erkläre ich mir den Unterschied?

- 3. Wann erscheinen mir Fragen unangemessen? Und welche sind das?

- 4. Wonach traue ich mich leicht zu fragen? Und wobei fällt es mir schwerer?

- 5. Was passiert in mir, wenn mein Gegenüber meine Frage nicht beantworten kann? Stelle ich sie noch einmal, formuliere ich sie um oder entschuldige ich mich für meine dumme Frage?

- 6. Wie gut kann ich Pausen aushalten?

5. Skalierungen, Umdeutungen und paradoxe Interventionen

Nachdem Du die verschiedenen Frageperspektiven als Grundbausteine systemischer Coaching-Prozesse kennengelernt hast, wollen wir nun einige weitere Basis-Interventionen im Coaching vorstellen. Sie sind nicht auf bestimmte Themen beschränkt, sondern können prinzipiell bei allen Anliegen hilfreich sein. Eine Auswahl spezifischer Interventionen für die klassischen Coaching-Themen Konflikt, Führung, Veränderung und berufliche Positionierung findest Du dann im dritten Teil des Buches.

Hypothesen äußern und als Interventionen zur Verfügung stellen

Beginnen wir mit den Hypothesen, die ja in Dir während eines Coaching-Gesprächs ohnehin unablässig aufsteigen. Dass sich Annahmen und Vermutungen in Dir einstellen, während Du erfährst, wer Deine Coachees sind und was sie ins Coaching führt, geschieht von ganz allein. Daher ist die in manchen Coaching-Büchern zu lesende Aufforderung, sich doch des Bildens von Hypothesen möglichst ganz zu enthalten, kaum umsetzbar. Stattdessen geht es aus unserer Sicht eher darum zu beobachten, welche Hypothesen in Dir aufsteigen und was Dein Gegenüber gerade in Dir auslöst. Das können wichtige Wegweiser dafür sein, wie Du den Prozess weiter steuern und welche Fragen Du stellen willst. In der Regel behältst Du diese Überlegungen für Dich und verarbeitest sie innerlich. Es kann aber auch Situationen geben, in denen es sinnvoll ist, Deine Hypothesen auszusprechen, um sie Deinem Gegenüber zur Verfügung zu stellen. Du kannst Hypothesen zum Beispiel formulieren, wenn Du eine Idee hast, was in der Situation gerade hilfreich sein könnte: *Bitte sagen Sie, wenn das für Sie nicht passt, aber ich könnte mir vorstellen, dass es Ihnen gut tun würde, jetzt erst einmal eine Auszeit zu nehmen.*

Vielleicht verspürst Du auch ein starkes Gefühl, das Du mit Deinem Coachee teilen willst: *Ich fühle eine große Schwere, während Sie Ihre Situation beschreiben. Wie geht es Ihnen?* Oder Du formulierst Hypothesen, um die Sichtweisen Deines Gegenübers probeweise um neue Perspektiven zu erweitern und ihm alternative Deutungsansätze zur Verfügung zu stellen: *Ich weiß nicht, ob Sie darüber schon einmal nachgedacht haben, aber könnte es vielleicht sein, dass Ihr Kollege Gefühle in Ihnen auslöst, die schon älter sind, die Sie aus anderen Situationen bereits kennen? Das ist aber nur eine Hypothese meinerseits, und wenn die nicht passt, lassen wir sie gleich wieder fahren.*

Das Formulieren innerer Hypothesen, um sie als Interventionen einzusetzen, will stets gut überlegt sein. Wichtig ist vor allem, dass Du damit keine objektiv anmutende Diagnose stellst oder gar einen Ratschlag gibst, sondern nur Deine ganz eigene, subjektive Sichtweise zum Ausdruck bringst, denn Du bist ja auch nur eine Beobachterin neben anderen, die kein Deutungsmonopol für die Wahrheit ihrer Coachees hat. Du formulierst Deine Hypothesen daher stets aus der Ich-Perspektive und im Konjunktiv, dem Könnte es eventuell sein-Modus: *Mir geht gerade durch den Kopf, doch das ist nur so eine Idee, die Ihnen vielleicht gar nichts sagt, aber könnte es vielleicht sein, dass …?* Die Coachee kann dann, wenn die Hypothese deutlich als Deine subjektive Beobachtung markiert ist, sie entweder aufgreifen oder fallen lassen, je nachdem, ob sie ihr etwas sagt oder nicht. Sie fühlt sich nicht verpflichtet, über eine Sache zu sprechen, nur weil Du als Coach sie wichtig findest, sondern kann einfach über sie hinweggehen. Und auch Du als Coach hängst nicht an Deinen Hypothesen, sondern wirfst sie jederzeit gern in den virtuellen Papierkorb, den Ihr immer bei Euch habt, wenn sie bei Deinen Coachees nichts auslösen.

Ganz entscheidend ist außerdem, dass Du Deine Hypothesen aus einer wertschätzenden und ressourcenorientierten Haltung heraus vorbringst. Du beschämst Deine Coachees nicht, indem

Du hervorhebst, was ihnen alles nicht gelingt und wo sie ihren Ansprüchen nicht genügen, sondern orientierst Dich im Gegenteil daran, sie zu stärken und wieder in ihre Kraft zu bringen. Du lenkst mit Deinen Hypothesen ihre Aufmerksamkeit auf verdeckte Ressourcen und möglicherweise verborgene Kraftquellen, um so beinahe unmerklich neue Lösungen ins Blickfeld zu rücken.

Spiegelungen: Feedback zu Gehörtem, Gesehenem und Gefühlten geben

Auch bei der Technik der Spiegelung nutzt Du Deine eigenen Wahrnehmungen und Empfindungen: Du hörst, was Deine Coachee sagt, Du siehst, wie sie sich gebärdet, und Du empfindest nach, wie sie sich fühlt. Kurzum: Alles, was Du wahrnimmst, löst etwas in Dir aus, das Du ebenso wie Deine Hypothesen in der Regel für Dich behalten wirst. Doch kannst Du diese Wahrnehmungen, wenn es Dir vom Prozess her passend erscheint, auch zurückspiegeln: *Ich kann gut spüren, wie erzürnt Sie noch immer sind. Auf mich wirken Sie, so wie ich Sie hier im Coaching erlebe, sehr fürsorglich und verantwortlich im Umgang mit andern Menschen.* Du stellst Deinen Coachees dann Deine Wahrnehmungen zur Verfügung, an denen sie feststellen können, wie sie auf Dich wirken. Möglicherweise öffnet ihnen das die Augen dafür, dass sie mit ihrem Auftreten auf andere Personen ähnlich wirken. Allein aus dieser Erkenntnis können dann schon Verhaltensänderungen resultieren. Im Grunde spiegelst Du ja die ganze Zeit, denn allein schon dadurch, dass Du aktiv zuhörst und das Gehörte in eigenen Worten zusammenfasst, gibst Du ja Feedback, wie Du Dein Gegenüber im Coaching erlebst. Ein anderer Effekt ist, dass die Coachees durch Dein Feedback bestimmte Seiten und Fähigkeiten an sich wahrnehmen, die ihnen zuvor nicht so deutlich waren. Auch hier ist es wichtig, dass Du sie durch Deine Rückspiegelungen in ihren Stärken stärkst und auf vielleicht noch nicht entdeckte Ressourcen aufmerksam machst. Gerade auch die Technik der Spiegelung erfolgt auf der Basis einer wertschätzenden und ressourcenorientierten Haltung.

Freilich kann es auch einmal nötig und hilfreich sein, dass Du als Coach Deine Coachees durch Deine Spiegelungen mit ihrem eigenen Verhalten konfrontierst. In einem Prozess zum Beispiel, der schon recht lange läuft, in dem der Coachee aber alle bislang erörterten Lösungsansätze am Ende als nicht umsetzbar abgelehnt hat, kannst Du auch eine solche Wahrnehmung spiegeln: *Ich nehme wahr, Herr K., dass wir nun schon recht lange miteinander arbeiten, aber Sie bisher noch keine zufrie-*

denstellende Lösung gefunden haben, obwohl wir einige gründlich geprüft haben. Könnte es sein, dass es Ihnen im Moment gar nicht so wichtig ist, das Problem zu lösen? Rückspiegelungen können sich also immer auch auf den aktuellen Stand oder den Fortgang des Coaching-Prozesses beziehen. Das Ziel ist dann, gemeinsam mit dem Coachee zu erörtern, ob Ihr noch auf dem richtigen Weg seid; ob der eingangs verabredete Auftrag erfüllt und abgeschlossen ist; ob Coaching überhaupt der richtige Weg ist oder ein anderer vielleicht besser wäre.

Skalierungen: Weiche Wirklichkeiten auf den Punkt bringen

Die Arbeit mit Skalen, auf denen die Coachees Befindlichkeiten und erlebte Zustände mit einer Zahl benennen können, gehören zum Grundinventar des systemischen Coachings. Ihr großer Vorteil ist, dass sich damit weiche Wirklichkeiten, also gefühlte, gedachte oder erlebte Situationen oder Bewertungen, schnell und spielerisch auf den Punkt bringen lassen: *Auf einer Skala von 1 bis 10: Wie zufrieden sind Sie derzeit in Ihrem Job?* Das Erstaunliche ist, dass Deine Coachees hier fast immer schnell eine Zahl finden werden. Bei dieser Zahl bleibst Du aber nicht stehen, sondern fragst stets nach ihrer Bedeutung: *Was bedeutet die 4 für Sie? Wann war es schon einmal besser? Welche Zahl würden Sie gern erreichen? Und was braucht es, um von der 4 in einem ersten Schritt auf eine 5 zu kommen?* Wichtig ist also, nie bei den bloßen Zahlenwerten stehenzubleiben, sondern sie im Hinblick auf ihre Bedeutung in der Wirklichkeitskonstruktion Deiner Coachees zu hinterfragen: Was bedeutet der Wert für Sie? Dabei kann dann herauskommen, dass sich die Bewertung der Coachees von Deinen eigenen deutlich unterscheidet. Für den anderen mag eine 5 schon ein passabler Wert sein, während Du alles unter 8 vielleicht für indiskutabel hältst. Daher ist es hier besonders wichtig, Deine eigene innere Landkarte nicht mit der des Coachees zu verwechseln.

Du kannst mit der Skalenarbeit auch sehr schön abfragen, wie viel Zeit, Energie oder Raum gerade da ist, um das Problem zu lösen. Vielleicht gibt es durchaus einen Leidensdruck, aber die Kraft oder die Zeit fehlt im Moment, das Thema entschieden anzugehen. Dann kannst Du mit Deinen Coachees gemeinsam überlegen, wie mit dieser Situation anders umzugehen wäre: Ob sich das Problem irgendwo parken lässt oder ob eine Fachberatung oder vielleicht sogar eine psychotherapeutische Unterstützung besser helfen könnten. Auch die

Frage: *Wie hoch schätzen Sie die Wahrscheinlichkeit ein, dass Sie Ihr Ziel erreichen?* kann dabei helfen, das Coaching-Ziel noch einmal genauer abzuklopfen. Als Faustformel kannst Du nehmen, dass Dich alles, was bei dieser Frage unter 50 Prozent liegt, hellhörig machen sollte. Ist dieses Ziel wirklich ein geeignetes, wenn die Wahrscheinlichkeit der Zielerreichung so gering ist? Das gilt es wiederum zurückzuspiegeln und im Gespräch zu klären: *Wie erklären Sie sich, dass der Wert so niedrig ist? Was müsste passieren, damit er höher wird? Was könnten Sie dazu beitragen?*

Im Zusammenhang mit Beobachtungsaufgaben ermöglichen Skalenfragen einen anderen Umgang mit problembehaftetem Verhalten. Anstatt lediglich die Situation pauschal zu beklagen, eröffnen sie die Möglichkeit, genau hinzuschauen und Unterscheidungen zu treffen: Wo sind feine Unterschiede zu erkennen, wann ist es eine 3, und wann nur eine 2? Und was ist dann anders? Die Coachee verlässt ihre ‚Opferrolle' und erlangt ihre Handlungsfähigkeit zurück.

„WEICHE WIRKLICHKEITEN" AUF DEN ● BRINGEN

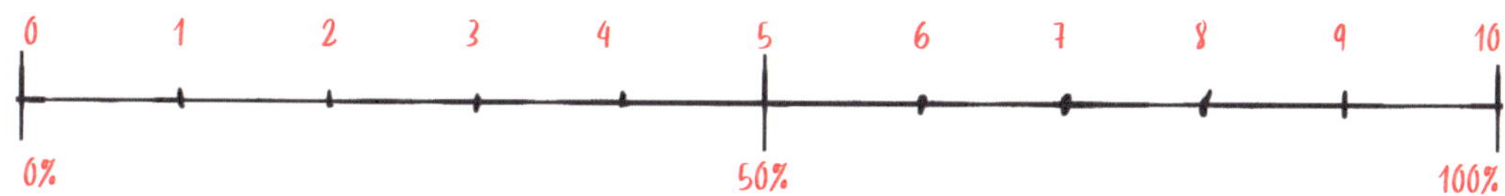

FRAGEN NACH ZIELEN/MOTIVEN

- Bei welchem Wert würden Sie sagen, dass Sie Ihr Ziel erreicht haben?
- Wie hoch schätzen Sie die Wahrscheinlichkeit ein, dass Sie Ihr Ziel erreichen?

FRAGEN NACH VERÄNDERUNGEN

- Wie hat sich der Skalenwert seit der letzten Sitzung verändert?

FRAGEN AUF DER ZEITLINIE

- Was ist der beste Wert, den Sie in der Vergangenheit erreicht haben?
- Warum war der Wert besonders niedrig?

Ein Fallbeispiel: „Wem gehört das Problem?"

Herr V. ist seit acht Jahren Sachbearbeiter in einer großen Versicherung. Er möchte nun den nächsten Schritt nehmen und in eine Führungsposition aufrücken, in der er als Bereichsleiter dann auch Personalverantwortung hätte. Darauf will er sich mit Hilfe des Coachings gezielt vorbereiten. Während ich mit ihm die gegenwärtige Situation und die Kultur des Unternehmens erkunde, gewinne ich den Eindruck, dass Herr V. mit seiner derzeitigen Situation recht zufrieden ist. Er wird allseits geschätzt und kommt gut mit seinen Kolleginnen und Kollegen sowie mit seiner Vorgesetzten klar. Seine Arbeit macht ihm Spaß und lässt ihm ausreichend Zeit für seine Hobbys. Auch das Gehalt ist auskömmlich, so dass ich mich frage, woher der vorgetragene Veränderungsimpuls kommt und wie stark er überhaupt ist. Es keimt in mir die Hypothese auf, dass er vielleicht gar nicht von Herrn V. ausgeht, sondern von anderen an ihn herangetragen wird. Ich beschließe, ihn danach zu fragen, wie stark sein Wunsch nach Veränderung überhaupt ist, und wähle dazu eine Skalierungsfrage: Nehmen wir einmal an, Sie hätten eine Skala 0 bis 10 zur Verfügung, um die innere Dringlichkeit Ihres Beförderungswunsches auszudrücken – 0 bedeutet ‚gar nicht vorhanden' und 10 bedeutet ‚extrem hoch' – welchen Wert würden Sie jetzt ganz spontan vergeben? Herr V. denkt kurz nach und sagt dann: „2."

VERTIEFUNGSFRAGEN

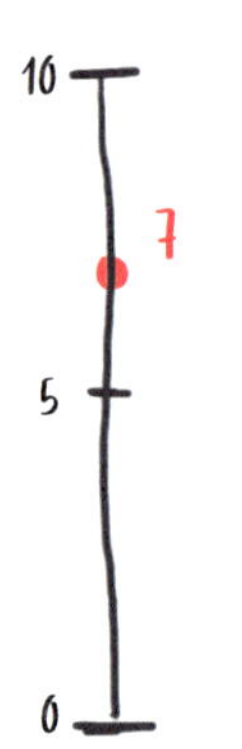

Was bedeutet dieser Wert für Sie?

-> Achtung:
nicht die eigene Bewertung einbringen

- Wie haben Sie es geschafft, diesen Wert zu erreichen?
- Wie erklären Sie sich, dass der Wert gestiegen/gesunken ist?
- Was müssten Sie tun, um einen Punkt niedriger/höher zu kommen?

=> DIE WIRKLICHKEITSKONSTRUKTION DER COACHEES ERFRAGEN

Ich bin einerseits überrascht über diesen sehr niedrigen Wert und fühle mich andererseits in meiner Hypothese bestätigt, dass es vielleicht gar nicht er selbst ist, der die Beförderung unbedingt anstrebt, sondern dass es eher äußere Erwartungen an ihn gibt, diesen Schritt zu gehen. Ich äußere mein Erstaunen über den geringen Wert und frage Herrn V. wie es ihm selbst mit der 2 geht. Er sagt, dass er selbst ein wenig überrascht sei, aber dass er daran auch merke, dass es eher sein Umfeld sei, das von ihm diesen Schritt erwarte. Ich frage nun weiter in dieses Umfeld hinein, und es stellt sich heraus, dass auch sein Vater schon in diesem Unternehmen arbeitete und dass auch er die entsprechenden Beförderungsstufen absolviert habe. Auch seine Ehefrau erwarte von Herrn V. diesen nächsten Schritt und dränge ihn regelmäßig, ehrgeiziger im Beruf zu sein. Er selbst fühle sich da, wo er jetzt ist, hingegen sehr wohl und richtig, und wenn er das rein aus dem Bauch heraus entscheiden dürfte, würde er da sehr gern bleiben.
Eine einzige Skalierungsfrage hat hier ausgereicht, um dem Coaching eine neue, verblüffende Richtung zu geben und das vorgetragene Anliegen auf das eigentliche Problem zu öffnen. Wir arbeiten nun daran herauszufinden, was Herr V. eigentlich will und wie sich das mit den Erwartungen an ihn in Einklang bringen ließe. Welche Bedeutung hat das Vorbild seines Vaters für ihn? Und welche Alternativen zur Beförderung könnte es geben, sowohl im Unternehmen wie in der Kommunikation mit seiner Ehefrau?

Reframing: Konstruktives Umdeuten

Die Dinge an sich sind bedeutungslos. Sachverhalte sind einfach so, wie sie sind. Sie bekommen erst dadurch eine Bedeutung, dass wir Menschen ihnen eine Bedeutung zuweisen und sie auf diese Weise bewerten. Manche Dinge gefallen uns gut, andere weniger gut, und wieder andere finden wir ganz furchtbar. Wir haben das oben im systemisch-konstruktivistischen Theorieteil eingehend beschrieben: Wir können gar nicht anders, als die Welt auf diese Weise einzuteilen und zu be-deuten. Es verschafft uns Orientierung und Sicherheit, ein Bild von der Welt zu haben, in dem die Bedeutungen der Dinge feststehen, aber genau diese Festigkeit und Unbeweglichkeit lässt uns manchmal auch leiden. Doch weil es sich nur um (un)willkürliche Zuschreibungen handelt, lassen sie sich auch lockern und verändern. Wenn Dich Deine bestehenden Bewertungen in einem bestimmten Kontext behindern oder unglücklich machen, dann kannst Du nach alternativen Bedeutungen suchen. Ein Beispiel: Nach dem Sonntagsfrühstück räumt Dein Partner stets den Tisch ab, aber recht häufig bleibt die Kirschmarmelade stehen (= Sachverhalt). Du ärgerst Dich bereits über diese vermeintliche Nachlässigkeit (= leiderzeugende Deutung), aber könnte es nicht sein, dass er sie deshalb stehen lässt, weil es Deine Lieblingsmarmelade ist, die es ihm ermöglicht, beim Abräumen liebevoll an Dich zu denken (= alternative, positive Deutungsmöglichkeit)? Im Coaching hilfst Du Deinen Coachees dabei, ähnlich wie in diesem Beispiel andere, nämlich günstigere Sichtweisen auf leidvoll erfahrene Situationen zu (er-)finden: *Welche Deutungen dieser Situation sind noch möglich, wenn man sie in einen anderen, positiven Rahmen stellt? Wie könnte man die Situation noch deuten, wenn man an die Vorteile denkt, die darin zum Ausdruck kommen – für Sie wie auch für andere? Welcher Nutzen steckt möglicherweise in diesem Verhalten, wenn man es aus der Perspektive von XY betrachtet?*

Diese Methode des konstruktiven Umdeutens nennt man Reframing (von engl. *frame*, ‚Rahmen'). Es geht darum, problematisch erlebtes Verhalten probeweise in einen anderen Deutungsrahmen zu stellen, in dem es möglicherweise einen neuen, positiven Sinn ergibt. Ist das entstandene Leid in ausreichendem Maße gewürdigt, kannst Du das Reframing nutzen, um den verengten Blickwinkel Deiner Coachees auf ihr Problem zu erweitern. Du vergrößerst den Rahmen, durch den Dein Gegenüber auf seine Situation schaut, und bringst dadurch weitere, bisher noch nicht gedachte Deutungsperspektiven ins Spiel. Deine Coachees können dadurch Abstand zu ihrer verengten Perspektive gewinnen und aus ihrem Tunnelblick herausfinden. Vielleicht erkennen sie auch, dass ihr Verhalten, das in einem anderen, früheren System – zum Beispiel im alten Job – hilfreich und sinnvoll war, in der neuen Arbeitssituation eher kontraproduktiv ist. Sie schöpfen dann neue Zuversicht und können wieder klarer auf ihre Ressourcen blicken.

Ein Fallbeispiel: „Die un-/zufriedene Chefin"

Herr F. kommt ins Coaching, weil er sich in seinem Job aktuell unwohl fühlt. Er ist verunsichert, dass seine neue Vorgesetzte mit den anderen Kolleginnen und Kollegen deutlich mehr austauscht als mit ihm. Er kennt sie noch nicht gut und deutet ihr Verhalten als Ablehnung, wahrscheinlich weil sie ihn als Typ nicht mag oder mit seiner Leistung nicht zufrieden ist. Er denkt bereits darüber nach, sich beruflich zu verändern.

Da Herr F. ja gar nicht wirklich weiß, was seine Chefin denkt, sondern nur ihr von ihm beobachtetes Verhalten deutet, schlage ich ein Reframing vor, nachdem ich mir seine Situation und auch sein Erleben ausführlich habe beschreiben lassen. Ich frage ihn, welche anderen, positiven Deutungen des Verhaltens seiner Chefin für ihn ebenfalls vorstellbar sind. Er sieht sofort ein, dass es ja tatsächlich nur seine eigene Hypothese ist, die ihn umtreibt, und ihm kommen sofort einige Ideen: Seine neue Chefin hat aktuell wenig Zeit, vielleicht hat sie auch private Probleme, die ihre Auf-

merksamkeit binden; sie möchte das Gespräch mit ihm gut vorbereiten, will nichts überstürzen etc. Schließlich mache ich selbst einen Vorschlag: Wäre es möglich, dass Ihre Chefin sich so zurückhaltend verhält, weil sie gerade mit Ihrer Arbeit ganz besonders zufrieden ist, so dass sie gar keinen Gesprächsbedarf hat, sondern Sie im Gegenteil lieber nicht stören will? Wir sammeln eine Reihe weiterer alternativer Deutungsmöglichkeiten, und ich spüre, wie sich der Tunnelblick von Herrn F. bereits weitet. Er merkt angesichts der zahlreichen Alternativen, dass seine negative Deutung nur eine von vielen ist, die ebenfalls möglich wären.

Als Hausaufgabe gebe ich ihm mit, eine Woche lang mit der Annahme auf seine Chefin zu schauen, dass sie sich so verhält, weil sie mit seiner Leistung rundum zufrieden ist und ihm vollkommen vertraut. Probieren Sie das einmal aus, und schauen Sie, wie es sich anfühlt und was sich möglicherweise in Ihrer Haltung sowie in der Kommunikation verändert! Als Herr F. nach einer Woche wiederkommt, wirkt er gelöst. Er hat die vorgeschlagene Beobachtungsaufgabe durchgeführt und gemerkt, dass das Reframing auf wundersame Weise funktioniert. Er konnte bereits nach kurzer Zeit anders, nämlich mit einer positiven Grundannahme auf das Verhalten seiner Chefin schauen. Das hat ihn nicht nur ein Stück weit von seinen bisherigen Sorgen befreit, sondern auch in die Lage versetzt, selbst das Gespräch zu ihr zu suchen, um über ihr Arbeitsverhältnis zu sprechen. Dabei stellte sich heraus, dass sie tatsächlich recht zufrieden mit ihm ist und ihn daher – zumal sie gerade unter besonderem Zeitdruck steht – noch nicht so oft konsultiert habe. Sie verabreden ein Gespräch für die nähere Zukunft, um ihre jeweiligen Erwartungen aneinander anzugleichen. Seitdem geht Herr F. wieder entspannt zur Arbeit.

Als Coach bist Du Deinen Coachees im Rahmen des Reframings dabei behilflich, alternative Deutungsmöglichkeiten für ein Problem zu finden, die stets in eine konstruktive, positive, entlastende Richtung gehen sollten. Gemeinsam spielt Ihr alternative, förderliche Sinnkonstruktionen einer Situation durch. Dabei musst Du gut aufpassen, das vorgetragene Problem gleichwohl zu würdigen und nicht einfach nur schönzureden. Manchmal ist das ein schmaler Grat. Denn auch wenn Probleme ‚nur' Konstruktionen sind, also nicht objektiv existieren, können sie doch einen starken Leidensdruck erzeugen! Dieser muss hinreichend verstanden und vor allem gewürdigt sein, bevor Du Dein Gegenüber zu einem Reframing einlädst. Geschieht das nicht, fühlen sich Deine Coachees nicht ernstgenommen oder sogar respektlos behandelt und reagieren möglicherweise verärgert.

Zuerst fragst Du Deine Coachees immer, welche alternativen Deutungsmöglichkeiten ihnen selbst einfallen. Manchmal, wenn sie zu verstrickt oder zu verärgert sind, fällt ihnen dies schwer. Dann bietest Du ihnen als Coach Deine eigenen Ideen und Hypothesen zur Umdeutung an. Wichtig ist dabei, dass Dein

‚Hypothesenmuskel' gut durchtrainiert ist und dass Du die alternativen Deutungen respektvoll und als Angebot formulierst. Sprachlich gehst Du vor wie bei jeder Form der ausgesprochenen Hypothese, nämlich im Konjunktiv: *Könnte es sein, dass ..., Wäre es denkbar, dass ..., Eine weitere Möglichkeit wäre, dass ...*

Du kannst Deinen Coachees die Umdeutung erleichtern, indem Du ihnen vorschlägst, die Situation probeweise einmal aus der Sicht einer dritten Person zu sehen: *Stellen Sie sich vor, Sie wären in der Situation Ihres Chefs – welche alternativen Deutungen seines Verhaltens können Sie sich noch vorstellen? Was sehen Sie, wenn Sie durch die Augen Ihres Chefs auf sich selbst blicken?* Dabei kann es hilfreich sein, den Coachee vorübergehend auf einem anderen Stuhl Platz nehmen zu lassen.

Eine Beispiel-Geschichte zum Reframing

Eine sehr alte chinesische Taogeschichte erzählt von einem Bauern in einer armen Dorfgemeinschaft. Man hielt ihn für gut gestellt, denn er besaß ein Pferd, mit dem er pflügte und Lasten beförderte. Eines Tages lief sein Pferd davon. Alle seine Nachbarn riefen, wie schrecklich das sei, aber der Bauer meinte nur: „vielleicht". Ein paar Tage später kehrte das Pferd zurück und brachte zwei Wildpferde mit. Die Nachbarn freuten sich alle über sein günstiges Geschick, aber der Bauer sagte nur: „vielleicht". Am nächsten Tag versuchte der Sohn des Baucrn, eines der Wildpferde zu reiten; das Pferd warf ihn ab und er brach sich ein Bein. Die Nachbarn übermittelten ihm alle ihr Mitgefühl für dieses Missgeschick, aber der Bauer sagte wieder: „vielleicht". Am nächsten Tag kamen die Rekrutierungsoffiziere ins Dorf, um alle jungen Männer zur Armee zu holen. Den Sohn des Bauern wollten sie nicht mehr, weil sein Bein gebrochen war. Als die Nachbarn ihm sagten, was für ein Glück er hat, antwortete der Bauer: „vielleicht".

> *Erzählt von Richard Bandler und John Grinder, Reframing. Ein ökologischer Ansatz in der Psychotherapie. Paderborn: Junfermann, 8. Auflage 2005.*

Aufstellungen und Visualisierungen

Die Aufstellungsarbeit ist eine ur-systemische Interventionsform, die den Gesamtkontext hervorhebt, in dem ein Problem auftritt. Durch die Aufstellung von Personen im Raum oder Figuren auf dem Tisch werden die Zusammenhänge eines bestimmten Systems, sei es einer Familie, eines Teams oder einer konkreten Situation mit mehreren Beteiligten in ein Bild gefasst. Man kann aber auch abstrakte Phänomene wie Konflikte, Macht oder Angst aufstellen. So wird schnell ein Blick auf komplexe Zusammenhänge möglich, der immer auch etwas Spielerisches und gelegentlich sogar Humorvolles hat. Verhaltensänderungen können in einer Sphäre des Als-ob ausprobiert und durchgespielt werden, ohne gleich der Gefahr unangenehmer Rückmeldungen ausgesetzt zu sein.

Im Coaching stellt Ihr die Systeme Deiner Coachees mit möglichst neutralen Figuren oder Klötzen, Steinen oder Karten auf. Arbeitest Du öfter mit dieser Methode, kann es hilfreich sein, dass Du Dir ein professionelles Systembrett anschaffst. Ausgangspunkt beim Aufstellen ist stets die Sichtweise der Coachees, die die beteiligten Figuren wie auch die Perspektive auswählen, nach der das System aufgestellt wird. Sie sind es auch, die die Figuren oder Karten aufstellen und verschieben. So können sie ihr Bild der Wirklichkeit mit Hilfe ihres Coachs betrachten, erklären und schließlich reorganisieren. Auf diese Weise gewinnen sie Klarheit über ihre eigene Position im Bezugssystem, aber auch über ihre eigene Art der Wirklichkeitskonstruktion.

Eine Aufstellung eignet sich im Coaching immer dann, wenn es sich um komplexe und komplizierte Systeme handelt, in denen das Problem entsteht. Dann kannst Du durch die Aufstellungsarbeit Komplexität reduzieren und eine leicht begehbare Meta-Ebene etablieren. Neue Lösungswege können spielerisch entdeckt und bei Bedarf auch schnell wieder verändert werden. Verborgene Handlungsalternativen und Ideen, Anregungen und Impulse tauchen wie von selbst auf, und konkrete Lösungsansätze entstehen oft überraschend schnell und deutlich. Blinde Flecke und Hindernisse, aber auch bislang nicht genutzte Ressourcen können auf diese Weise nachhaltig sichtbar und erlebbar gemacht werden.

Grundsätzlich kannst Du alles aufstellen lassen. Dabei gilt die Grundregel, dass Du als Coach die Figuren oder Karten Deiner Coachees niemals berührst. Aber natürlich kannst Du Vorschläge machen, Anregungen geben und Hypothesen äußern: *Was würde sich ändern, wenn Sie probeweise die Figur des Kollegen XY herausnehmen würden?* Der Weg geht dabei stets von einem Ausgangs- oder Problembild zu einem Zielbild: Erst lässt Du die aktuelle Situation aufstellen und fragst dann, wie ein gutes Zielbild aussehen könnte. Anschließend erarbeitet Ihr gemeinsam die ersten Schritte, die dorthin führen können.

Bild 1: Ausgangssituation

- 1. Wer gehört zum Thema? Personen nach und nach aufstellen lassen.
- 2. Was kennzeichnet die aktuelle Situation?
- 3. Wie erklären Sie sich das?
- 4. Wie sehen das möglicherweise andere Beteiligte?

<u>Bild 2: Zielbild</u>

- 1. Nehmen wir an, das Problem ist gelöst. Wie sieht die Konstellation dann aus?
- 2. Was ist dann möglich?
- 3. Was müsste passieren, um dorthin zu kommen? Wer müsste was verändern?

Ein Fallbeispiel: „Reisen im Archipel"

Frau F., Leiterin der Beratungsstelle eines Wohlfahrtsverbandes, wünscht sich ein Coaching, um sich in ihrer neuen Führungsaufgabe zurechtzufinden. Sie selbst war vorher Mitarbeiterin in derselben Einrichtung und wurde nach dem altersbedingten Ausscheiden ihres Vorgängers mit der Leitung der Erziehungsberatung betraut. Das Coaching kommt auf die Initiative ihres Geschäftsführers zustande, dem es wichtig ist, Frau F. in dieser Weise den Wechsel von der Kollegin zur Vorgesetzten zu erleichtern. Zugleich wünscht sich die Führungskraft, dass sich bei Frau F. eine den aktuellen Anforderungen entsprechende Führungshaltung entwickelt. Frau F. zeigt sich im Coaching sehr kommunikationsstark, sie ist in einer fast plauderfreudigen Stimmung. Sie bringt wenig konkrete Anliegen mit und freut sich auf einen Gesprächspartner, der ihr Fragen stellt und ihr Feedback auf die Schilderungen ihrer vielfältigen Anforderungen gibt. Mir fällt auf, dass Frau F. von ihren Führungsanforderungen in einer durchaus sympathisch süffisanten, beinahe unernsten Weise spricht. Anfangs erlebe ich das als lebendig und unterhaltsam, und unsere Beziehungsaufnahme wird durch die Ähnlichkeit unseres Humors durchaus erleichtert. In der nächsten Sitzung halte ich es für hilfreich, meinen Eindruck zu thematisieren und so zugleich mit dem beauftragten Feedback zu beginnen: Angenommen, die Süffisanz, mit der Sie Ihre aktuellen Herausforderungen beschreiben, wäre ein wichtiger Hinweisgeber, was es bräuchte, eine gute Einstellung zur Führung zu entwickeln – welchen Hinweis könnten Sie ihr entnehmen?
Die selber systemisch ausgebildete Coachee registriert augenzwinkernd die Fragetechnik, zeigt sich jedoch zugleich nachdenklich: „Offenbar fremdle ich wirklich noch mit der Aufgabe. Es wird ja so viel Aufhebens um Führung gemacht. Ja, manchmal denke ich wirklich, ich bin auch gar nicht so eine typische Führungskraft. Ich nehme die Aufgabe vielleicht noch nicht wirklich ernst?" Diese Auseinandersetzung mit ihren inneren (Anti-)Bildern von Führung begleitet uns während des gesamten Prozesses. Als eine der ersten Führungsaufgaben möchte Frau F. eine Teammaßnahme durchführen, die ein Gemeinschaftsgefühl aller Beratenden und eine gemeinsame Identität des Teams unterstützen soll. Die Besonderheit ihres Teams: Es ist auf vier verschiedene Standorte aufgeteilt. Diese Teammaßnahme

möchte Frau F. im Coaching mit mir vorbereiten.
Um die Komplexität der Teamsituation besser zu verstehen, schlage ich vor, sie mithilfe des Systembretts aufzustellen. Auf dem Brett entstehen vier entsprechend der Standorte aufgeteilte, unterschiedlich große Gruppen. Frau F. selbst positioniert sich ebenfalls standortbezogen. Ich drehe das Brett in verschiedene Richtungen. Was fällt Ihnen auf, wenn Sie diese Aufstellung anschauen? „Das sieht aus wie ein Archipel." Was bedeutet das? „Größere Entfernungen, die nur schwer überwindbar sind. Mit Booten allenfalls." Und was bedeutet das für Ihre Position im Archipel? „Ich sitze eigentlich an meinem Standort fest. Es braucht Verbindungen..., vielleicht ein Schnellboot – oder eine weitere Insel..." Auffällig ist, dass Frau F. keine der vorgesehen Sonderfiguren für sich selbst als Führungskraft nutzt, sondern diese für ihr Team einsetzt, dessen Mitglieder sie als „originell" beschreibt. Interessant sind auch die jeweiligen Blickrichtungen der Mitarbeitenden. Während das originäre Team sich gegenseitig in den Blick nimmt, stellt Frau F. die Personen einer anderen Einrichtung vollkommen unterschiedlich fokussiert auf, einige blicken „aufs offene Meer", andere fokussieren ihren Standort als Führungskraft.
Frau F. kann von dieser Aufstellung sehr profitieren. Sie erhält wertvolle Hinweise

über ihre eigene Positionierung und die Neigung, sich als Führungskraft noch unmarkiert, gleichsam „unerkannt" zu lassen. Gleichzeitig werden ihr die verschiedenen Teamkulturen bewusst mit ihrem jeweils eigenen Fokus der Aufmerksamkeit. Im Coaching bereiten wir eine Teammaßnahme zum Thema Rollenfindung und Teambuilding vor, die sich an den in der Aufstellung identifizierten Themen orientiert.

‚Gebrauchsanweisung für ein Problem' und andere paradoxe Interventionen

Paradoxe Interventionen sind solche, die auf den ersten Blick das Gegenteil von dem zu bezwecken scheinen, was die Coachees wollen, nämlich ihr Problem loswerden. In der systemischen Therapie wird beispielsweise mit sogenannten Symptomverschreibungen gearbeitet. So kann einem Paar, dessen Sexualleben nicht mehr zufriedenstellend funktioniert, verschrieben werden, darauf zu achten, dass sie in den nächsten vier Wochen auf keinen Fall Sex miteinander haben. Man verschreibt also das, was eigentlich das Problem ist, und schafft auf diese Weise eine neue Aufmerksamkeit dafür. Die Klienten stehen nun vor der Herausforderung, es irgendwie zu schaffen, das Problem vier Wochen lang zu haben. Das Ergebnis ist ein starker Perspektivwechsel: Sie richten nicht, wie üblich, ihre Bemühungen darauf, das problemhaft erlebte Verhalten zu verhindern, sondern es aktiv hervorzurufen – und merken dabei, welches ihre eigenen Beiträge zur Problemerzeugung sind.

Du kannst diese paradoxe Intervention auch im Coaching anwenden, zum Beispiel mit der Methode der ‚Gebrauchsanweisung für ein Problem'. Hier geht es darum, dass die Coachee dem Coach ihr Problem quasi beibringt. Die Methode eignet sich besonders für komplexe, unter Umständen auch als diffus empfundene, sich wiederholende Situationen, in denen die Klientin das Gefühl hat, hilflos und Opfer einer Dynamik zu sein, die sie sich nicht hinreichend erklären kann. Probleme und Anliegen können aus dem Bereich der Führung oder der Lebensführung stammen. Auch das wiederholte Nichterreichen selbst- oder fremdgesteckter Ziele kann ein Grund sein, diese Methode anzuwenden.

Um zu prüfen, ob das Tool herangezogen werden sollte, ermittelst Du zunächst, wie zuversichtlich Deine Coachee bezüglich der Lösung ihres Problems ist. Hierbei ist folgende Skalierungsfrage hilfreich: *Wie hoch ist aus Ihrer heutigen Sicht die Wahrscheinlichkeit, dass es Ihnen möglich sein wird, die aktuelle Situation im für Sie positiven Sinne zu verändern?* Liegt der Wert, den die Coachee wählt, deutlich unter 50 Prozent, ist der

Einsatz dieses Tools angebracht. Wichtig ist dann eine behutsame Anmoderation, denn als Coach brauchst Du für die Anwendung dieser Methode ein Mandat Deiner Coachee: *Ich möchte Sie einladen, einmal ganz anders auf Ihre Situation zu schauen als bisher. Das mag Ihnen zunächst ungewöhnlich oder wenig sinnvoll erscheinen. Sind Sie trotzdem bereit, sich darauf einzulassen?*

Ist die Coachee einverstanden, eignen sich folgende Fragen für den Einstieg: *Nehmen wir an, ich wollte Ihr Problem, das Sie mir eingangs beschrieben haben, auch haben und es quasi von Ihnen lernen – wie könnte ich das schaffen? Was genau müsste ich wann tun, denken und fühlen? Was genau dürfte ich auf keinen Fall tun, weil das Problem sonst weg wäre oder sich verringern würde?* Als Coach lässt Du Dir nun von Deiner Coachee schrittweise das Denken, Fühlen und Handeln im Zusammenhang mit der als problematisch erlebten Situation erklären. Idealerweise protokollierst Du die dabei entstehende ‚Anleitung' so detailgetreu wie möglich. Zwischendurch fasst Du immer wieder zusammen: *Habe ich Sie richtig verstanden? Ich setze mich also morgens an meinen Schreibtisch und schaue zunächst alle Vorgänge und Themen, die sich darauf stapeln, an, ohne irgendetwas davon zu bearbeiten. Dabei denke ich: ‚Das schaffe ich heute wieder nicht!' Spätestens dann stellt sich in mir ein Gefühl von Schwere und Unruhe gleichzeitig ein. Ich merke, wie ich fahrig werde und unschlüssig bin, womit ich anfangen soll. Funktioniert es so? Okay, wie geht es weiter? Was tue ich dann?* Auf diese Weise wanderst Du mit Deiner Coachee durch das Problem und führst nun ganz behutsam Unterschiede ein: *Ich muss also auf jeden Fall x tun, y denken und z fühlen! Auf keinen Fall darf ich a tun, b denken und c fühlen?* Das Einführen von Alternativen sollte aber nicht dazu führen, den Erkundungspfad der Gebrauchsanleitung zu verlassen. Auch das vorschnelle Fokussieren auf mögliche Lösungen ist eher kontraproduktiv. Die kommen oft von ganz allein, denn da Deine Coachee meist eine Beispielsituation für ihr Problem im Geist abschreitet, kann es sein, dass sie hin und wieder selbst Unterschiede einführt, die das Problem in einer verstärkten oder abgeschwächten Form beschreiben. Oder sie entdeckt in ihrer Erinnerung Rahmenbedingungen, unter denen das Problem tatsächlich nicht funktioniert. Hier kannst Du dann als Coach ansetzen, um herauszufinden, wie man diese Ausnahmen noch stärker nutzen kann, um ein neues Verhalten zu stabilisieren.

In der Regel führt die konsequente Durchführung des Tools zu einer humorvollen Wendung. Die Coachee beginnt zu lächeln und hat nach und nach selbst Spaß daran. Eine ungewohnte Leichtigkeit kann sich einstellen, die nicht selten mit Aha-Einsichten einhergeht. Dies kann bis zu der Überlegung gehen, wozu das Problem bislang sogar nützlich gewesen sein könnte.

Bettina Schubert-Golinski, „Gebrauchsanweisung für ein Problem", in: Christopher Rauen (Hrsg.), Coaching-Tools III, Bonn: ManagerSeminare, 2. Auflage 2014, S. 199-204.

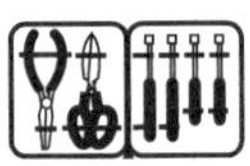

Einige Rezepte und Daumenregeln fürs Coaching

1. Wenn es funktioniert, ändere nichts!

2. Wenn alles, was Du machst, nicht funktioniert, dann mach etwas ander(e)s!

3. Bleibe einfach!

4. Wenn Dein Coaching kurz sein soll, dann gehe so in jede Sitzung, als sei es das erste und das letzte Mal, dass Du die Coachee siehst!

5. Es gibt keinen Misserfolg, sondern nur Rückmeldungen.

6. Finde heraus, auf welche besondere Weise dieser Coachee mit Dir kooperiert!

7. Suche passende Schlüssel, anstatt darüber nachzudenken, warum die Tür verschlossen ist!

8. Hilf der Coachee, neue Unterscheidungen zu treffen (z. B. mit Skalierungsfragen)!

9. Wenn Du verwirrt bist, hast du zu viele Informationen!

10. Wenn die Problemschilderung komplex, unübersichtlich oder aussichtslos scheint, stelle die Wunderfrage!

Selbstbeobachtungs- und Reflexionsaufgaben

- 1. Wann ist es mir zuletzt passiert, dass ich eine ungute Situation im Rückblick als positiv und hilfreich anerkennen konnte? Welche Erfahrung konnte ich daraus mitnehmen?
- 2. Wann gelingt es mir besonders gut, auch einmal das Gute im Schlechten zu sehen? Und wann geht das gar nicht?
- 3. Was brauche ich, um in meinem eigenen Erleben eine innere Sinnhaftigkeit zu finden? Und woran erkenne ich diese Sinnhaftigkeit (oder Wirklichkeitskonstruktion) bei anderen?
- 4. Wie gut gelingt es mir, die Perspektive anderer einzunehmen? Was hindert mich gelegentlich daran? Und was könnte mir helfen, damit mir das künftig noch besser gelingt?
- 5. Wie gelingt es mir, auch in schwierigen Situationen zuversichtlich zu bleiben? Auf welche meiner Ressourcen kann ich mich immer verlassen?

6. Keine Angst vor Lösungen: Erste Schritte (er-)finden

Nachdem Du eine gute Beziehung auf Augenhöhe hergestellt und den Coaching-Auftrag hinreichend geklärt hast, gehst Du schließlich in die Lösungsphase über. Oftmals haben angehende Coaches einen gewissen Respekt vor dieser Phase, weil sie plötzlich einen Druck spüren, nun, nachdem sie bisher ‚lediglich' interessiert gefragt haben, endlich Lösungen ‚liefern' zu müssen. Es entsteht dann die Sorge, solche Lösungen nicht zu finden und als Coach unwirksam zu sein. Immer wenn sich ein solches Gefühl bei Dir einstellen sollte, kannst Du Dich daran erinnern, dass im systemischen Coaching nicht Du als Coach für die Lösungen Deiner Coachees zuständig bist. Sie sind es vielmehr selbst. Was Du dazu beitragen kannst, ist jedoch, an einem bestimmten Punkt die Lösungsfindung zum Thema des Coaching-Prozesses zu machen.

Du setzt dazu die Beziehungs- und die Problembrille ab, um stattdessen durch die Lösungsbrille auf das Ziel Deines Gegenübers zu schauen. Du kannst auch direkt fragen: *Was wäre aus Ihrer Sicht ein guter erster Schritt in Richtung Lösung?*

Die Lösungsbrille aufsetzen

Die Lösungsbrille aufzusetzen bedeutet also, die Aufmerksamkeit im Coaching auf Lösungsmöglichkeiten im weitesten Sinn zu richten. Das können Aspekte sein, die Deiner Coachee selbst gerade durch den Kopf gehen oder im Coaching-Prozess bereits angesprochen wurden. Auch hier sind Fragen das Mittel der

Wahl. So kannst Du Deine Coachee zum Beispiel danach fragen, welche Kriterien aus ihrer Sicht eine gute Lösung erfüllen müsste und welche Lösungsideen ihr selbst in dem bisherigen Prozess-Verlauf gekommen sind. Wenn Dein Gegenüber hier noch keinerlei Ideen oder Impulse in sich findet (was eher selten ist), kannst Du auch selbst Themenaspekte in Erinnerung rufen, die während der Zielfilmarbeit zutage getreten sind: *Sie haben vorhin, als Sie Ihre künftige Situation beschrieben haben, in der das Problem nicht mehr da ist, gesagt: „Dann bin ich entspannt und kann jeden Tag genießen". Wo können Sie heute schon gut entspannen? Wann gelingt es Ihnen jetzt schon recht gut, den Tag zu genießen? Mit welchen Entspannungstechniken haben Sie sich schon beschäftigt? Und was brauchen Sie, um hier einen Schritt weiterzukommen?*

Gemeinsam mit Deinen Coachees schaust Du, wo sie bereits jetzt über Ressourcen verfügen, die ihnen helfen können, Brücken zu bauen, über die sie den angestrebten Zustand in der Zukunft erreichen. Bei der Umsetzung ihrer Ziele unterstützt Du sie als Coach sowohl emotional-motivatorisch wie auch inhaltlich-strategisch: Du hilfst ihnen nicht nur, die eigenen Kompetenzen und Ressourcen zu erkennen, um sie dann auf neue Bereiche zu übertragen, sondern kannst ihnen, je nach Anliegen, auch konkrete Anleitungen, Tipps und Strategien vermitteln. Dazu kann dann sogar auch einmal gehören, eigene Fach- und Feldkompetenz einzubringen, wenn es die Coachee wünscht, zum Beispiel einen Überblick über verschiedene Entspannungstechniken zu geben. Im Vordergrund wird jedoch meist die Neugier auf die kreativen Eigenleistungen Deines Gegenübers stehen. Grundsätzlich gilt es, je nach Anliegen einmal mehr ‚Hebamme' und einmal mehr ‚Trouble Shooter' zu sein. Als Hebamme hilfst Du Deinen Coachees, ihre eigenen Ressourcen, Strategien und Kompetenzen wiederzuerkennen und sie auf neue Bereiche zu übertragen. Dazu eignen sich zum Beispiel Methoden des Rollenspiels, das Entwerfen von Zukunftsszenarien und das beharrliche Erfragen bisheriger Erfolge. Als Trouble Shooter bietest Du konkrete Hilfestellungen, Anleitungen und Strategien sowie Tipps und Hausaufgaben an.

Sehr empfehlenswert ist dabei eine innere Haltung von Versuch und Irrtum: Richtig ist das, was funktioniert! Da kann es sein, dass Du einiges erst einmal gemeinsam mit Deinem Coachee ausprobieren musst. Am besten versuchst Du herauszufinden, wo und wie Dein Gegenüber besonders gut mit Dir kooperiert. Dabei setzt Du weniger auf ein Entweder-oder als vielmehr auf eine Haltung des Sowohl-als-auch. Getreu dem Motto Heinz von Foersters geht es im systemischen Coaching am Ende immer darum, so zu verfahren, dass sich die Handlungs-, Verhaltens- und Denkmöglichkeiten Deiner Coachees (wieder) erweitern.

Lösungen im Coaching sind vielgestaltig und ergeben sich aus Zielen

Lösung ist ein großes Wort, das auch deshalb ein wenig einschüchternd wirken kann, weil es ja eng mit dem Begriff des Problems zusammengedacht wird: Für Probleme oder Rätsel finden wir gemeinhin Lösungen. Da Du aber im systemischen Coaching gar nicht von einem bestehenden Problem her denkst, das es zu lösen gelte, sondern von einem in der Zukunft liegenden Zielzustand, in dem die Lebens- oder Arbeitssituation Deines Coachees anders und besser ist, passt der Lösungsbegriff gar nicht so gut zu Deiner Tätigkeit als Coach. Du löst im Coaching keine Probleme, sondern unterstützt Deine Coachees dabei, ihren Zielen näherzukommen. Das kann auf vielfältige Weise geschehen. So kann eine beglückende ‚Lösung' schon in einem positiv veränderten Erleben liegen, wenn es etwa gelingt, weniger ängstlich auf ein bestimmtes Thema zu schauen, sich innerlich zu lockern und wieder freier im Umgang mit Kollegen oder Mitarbeiterinnen zu fühlen. Dieser Art der Lösung liegt dann ein Perspektivwechsel zugrunde, der es möglich macht, mit einer anderen inneren Haltung, einer anderen Bewertung auf eine schwierige Situation zu schauen, ohne dass sich dazu in der Außenwelt irgendetwas verändern muss.

Eine andere Art der Lösung kann darin bestehen, bestimmte Veränderungen im Lebensumfeld anzugehen, etwa erste Schritte in die Selbständigkeit zu machen. Hier kannst Du im Coaching mit Deinen Coachees einen Plan entwickeln, einzelne Schritte identifizieren und anschließend ihre Umsetzung gemeinsam reflektieren. Oft geht es im Coaching aber auch ‚nur' darum, einen Sparringspartner zu haben, mit dem man ein Thema gemeinsam reflektieren kann. Auch hier geht es dann gar nicht um die Lösung eines Problems, sondern um Anregung zur und Unterstützung bei der Selbstreflexion. Eine Lösung kann schließlich darin bestehen, Deine Coachees auf ihre neue Leitungsfunktion vorzubereiten, indem Du mit ihnen die bisher gemachten Erfahrungen reflektierst, ihre Sorgen hinterfragst und vorhandene Ressourcen bewusst machst. Dazu kann auch einmal gehören, kleine Inputs zu geben, aktuelle Führungsmodelle vorzustellen oder das Führen eines Mitarbeitergesprächs gemeinsam in Form eines Rollenspiels einzuüben. Mehr zum Coaching rund um das Thema Führung findest Du im dritten Teil des Buches.

Achte stets ganz besonders auf den Zielfilm Deiner Coachees, denn hier sind meist die wichtigsten Aspekte schon zu finden, die später in eine Lösung einfließen. Wenn Du Deine Coachees ausreichend lange und intensiv durch ihre problembefreite Zukunft geführt hast, dann weißt Du bereits eine ganze Menge darüber, wie es dort, in ihrem idealen (Berufs-)Leben, aussieht. Damit habt Ihr gemeinsam schon reichlich Informationen darüber gesammelt, welche Kriterien Dein Gegenüber für eine Lösung seines aktuellen Anliegens in Betracht zieht. Hier gilt es dann anzuknüpfen und immer wieder auch nachzuhaken! Auch deshalb ist es wichtig, möglichst lange und intensiv im Zielfilm zu verweilen und dabei aufmerksam zuzuhören, welches für Dein Gegenüber echte Bestandteile seines Zieles sind.

Wenn Du hier sorgfältig mitschreibst, kannst Du aus diesem Vorrat später schöpfen. Du holst dann in der Lösungsphase das wieder hervor, was Du Dir während des Zielfilms notiert hast, und spiegelst es Deinem Gegenüber zurück: *Ich habe verstanden, wenn Ihr Ziel erreicht ist, dann fühlen Sie sich morgens leichter ..., dann gehen Sie wieder gern zur Arbeit ..., dann haben Sie wieder mehr Zeit für Ihre Hobbys ...* Mit der Lösungsbrille schaust Du nun einerseits auf Ressourcen und Kraftquellen: *Wo gelingt es Ihnen heute schon besonders gut, Zeit für Ihre Hobbys einzuplanen? Wann fühlen Sie sich jetzt schon leicht (am Morgen)? Mit wem macht die Arbeit jetzt schon Spaß?* Andererseits fragst Du nach eigenen Ideen für konkrete Veränderungen: *Wo wollen Sie ansetzen, um einen nicht so gut gelingenden Tag anders zu gestalten? Was wollen Sie künftig anders machen, um mehr Zeit für Ihre Hobbys zu haben? Wann möchten Sie damit beginnen? Und was brauchen Sie dafür? Und was noch?*

Die Orientierung an Ressourcen ist der Schlüssel für Lösungen

Es ist schon angeklungen: Ganz entscheidend für die Lösungsphase im systemischen Coaching ist die Orientierung an den Ressourcen Deiner Coachees. Diese Kraftquellen gilt es, wieder ins Bewusstsein zu heben und zur Lösung des Coaching-Anliegens abzuklopfen. Aber wie genau findest Du diese Ressourcen im Coaching?

Unter Ressourcen verstehen wir alle Mittel und Gegebenheiten, die einen Menschen stark machen, so dass er auch in schwierigen Situationen überlebens- und handlungsfähig bleibt. Sie können im Inneren Deiner Coachees liegen, als bestimmte Fähigkeiten und Erfahrungen, Stärken und Talente, Werte und Haltungen, Erinnerungen und Vorbilder. Man kann hier auch an körperliche oder spirituelle Kraftquellen denken – eben an alles, was Deinem Gegenüber hilft, sich gut und wirksam in der Welt zu fühlen. Ressourcen lassen sich aber auch im Außen, also in der Umwelt Deiner Coachees finden, in Gestalt von helfenden Menschen und hilfreichen Situationen, unterstützenden Institutionen (wie Kirchen, Ämter oder Vereine) und Wohlfühlorten, zum Beispiel in der Natur oder im eigenen Garten, Haustieren und Hobbys, Geld oder anderen Rücklagen. Derartige Ressourcen machen uns stark und überlebensfähig, aber manchmal, wenn wir unter Stress stehen, finden wir keinen rechten Zugriff zu ihnen. Und gerne vergessen wir auch einmal, was wir alles schon haben bzw. können und wie gut es uns doch bislang gelungen ist, das Leben auch durch schwierige Phasen hindurch zu meistern. Lieber schauen wir dann auf das, was uns nicht gelingt, womit wir hadern und was uns verzweifeln lässt. Im Coaching ist es daher von großer Wichtigkeit, dass Du den ureigenen Kraftquellen Deines Gegenübers wieder die nötige Anerkennung verschaffst. Dann findet Dein Coachee die passenden Lösungen oft ganz allein.

Ressourcenorientierung im Coaching und insbesondere in der Lösungsphase bedeutet daher, die Aufmerksamkeit im Gespräch systematisch auf die vorhandenen Ressourcen und Kraftquellen Deiner Coachees zu richten. Dazu nutzt Du einerseits das aktive Zuhören und regelmäßige Zusammenfassen des Gehörten, wo Du das Gelingende spiegeln und Kompetenzen anerkennen kannst. Was beeindruckt Dich an dem Erzählten und wovor hast Du Respekt? Gelegentlich kann es auch einmal helfen, Deinem Coachee eine Erlaubnis auszustellen, dies oder das zu tun, oder zu erkunden, wer sonst ihm diese Erlaubnis erteilen müsste, damit es sich gut für ihn anfühlt. Und schließlich kannst Du direkt nach Ressourcen fragen: *Was ist Ihnen wirklich wichtig im Leben? Woraus schöpfen Sie Kraft? Auf welche Fähigkeiten, Talente oder Qualitäten können Sie sich immer verlassen? Was ist Ihnen dadurch möglich? Welcher Held aus Film oder Literatur könnte Ihnen in dieser Sache als Vorbild dienen? Wer aus Ihrem Umfeld kann Unterstützung leisten? An wen könnten Sie sich noch wenden? Und wer noch…was noch…an wen noch?*

Die Orientierung an den Ressourcen Deiner Coachees ist deshalb im Coaching so wirksam, weil sie oft vergessen haben, über welche Fähigkeiten, Kräfte und Qualitäten sie überhaupt verfügen und wie erfolgreich sie bislang ihr Leben gemeistert haben. Die Aufmerksamkeit Deiner Klienten wird in aller Regel eher beim Problem liegen. Im Coaching verschiebst Du daher ganz bewusst und von Anfang an den Fokus der Aufmerksamkeit vom Problem auf die Ressourcen, vom Nicht-Gelingen auf das Gelingende. Selbst in der Problembeschreibung sind stets viele Ressourcen zu erkennen, wenn Du nur darauf achtest! Später, in der Lösungsphase greifst Du diese Ressourcen gezielt auf und bringst Sie Deinem Gegenüber wieder ins Gedächtnis. So kommen Deine Coachees nach und nach wieder in ihre Kraft und können sich mit ihren inneren und äußeren

Ressourcen verbinden. Die passenden Lösungen liegen dann oft ganz nah.

Deine Ressourcenorientierung ist es auch, die Dich immer mal wieder mit Deinen Coachees in ihre Vergangenheit reisen lassen wird, sofern es das Anliegen erfordert. Aber nicht etwa, um dort das Problem bei der Wurzel zu packen und seinen Ursachen auf den Grund zu gehen, sondern um nach Ressourcen zu suchen, die in der Vergangenheit verborgen liegen. Um frühe oder vergessene Stärken wiederzufinden, kann es nötig sein, in der Biographiearbeit sogar bis in die Kindheit zurückzugehen, wo ja die ersten und manchmal wichtigsten Kompetenzen und Glaubenssätze entstanden sind, die eine Persönlichkeit prägen. Oder Du fragst danach, wo Deine Coachees in der Vergangenheit bereits mit einer ähnlichen Situation konfrontiert waren und wie sie diese damals gelöst haben: *Wo oder wann ist es Ihnen schon einmal gelungen, ein ähnliches Problem zu lösen? Wie genau haben Sie das damals gemacht? Und was davon könnte eventuell auch bei dem aktuellen Anliegen hilfreich sein?*

Ein Fallbeispiel: „Verhungert auf der einsamen Insel der eigenen Hypothese"

Ins Live-Coaching kommt Herr V. mit einem beruflichen Veränderungsthema: Er ist Mitte 40, alleinerziehend und arbeitet seit 22 Jahren bei einer Versicherung. Der Beruf ist sicher und einträglich. Er taugt als gute Existenzgrundlage für ihn und seinen Sohn, macht ihn aber nicht glücklich. Seit längerem überlegt Herr V. schon, ob die Selbständigkeit eine Option wäre, und zwar im Bereich des Interior Design. Alles, was sich um Inneneinrichtung dreht, ist seine große Leidenschaft; schon jetzt richtet er immer wieder für Freunde Wohnungen und ganze Häuser ein. Nun, da sein Sohn 20 geworden ist, ein duales Studium angetreten hat und demnächst auszieht, scheint der Zeitpunkt für einen Neubeginn günstig. Herr V. sucht daher im Coaching Unterstützung bei der Frage, wie die ersten Schritte zu gestalten wären, so dass er in zwei Jahren mit seinem Vorhaben auf professionellen Füßen steht.
Der Coach hat all dies sehr schön erfragt, die Ausgangslage mit den veränderten Lebensbedingungen ist ebenso klar geworden wie das Ziel der Selbständigkeit, das Herr V. erreichen will. Dafür glüht er regelrecht. Es wird deutlich spürbar, wie gern er sich damit beschäftigt, es für andere Menschen schön zu machen. Auch der Auftrag für die restliche Stunde wird vorbildlich geklärt: Herr V. möchte die verbleibende Zeit dazu nutzen, gemeinsam zu überlegen, wie er es schafft, in Bewegung zu kommen und einen ersten Schritt zu machen. Welches ist nun ein geeigneter erster Schritt, um in die Lösungsphase einzusteigen? Der Coach hat die Hypothese, dass es sinnvoll wäre, seinem Coachee zunächst einmal Zugang zu seinen inneren Ressourcen und Potentialen zu verschaffen. Er hat sich nämlich gerade selbst aus

einer längjährigen Angestelltentätigkeit verabschiedet, um sich selbständig zu machen, und kann sich noch lebhaft daran erinnern, wie gut es ihm getan hat, dass damals sein Coach mit ihm an seinen Potentialen gearbeitet hat.
Der Coach schlägt also vor, nach Potentialen und Ressourcen Ausschau zu halten, und dazu sagt der Coachee nicht nein. Es kommt in der Folge zu einem recht zähen Auflisten von Kompetenzen und Fähigkeiten. Herr V. macht notgedrungen mit, doch seine Antworten kommen nur spärlich; körperlich geht er immer öfter aus dem Kontakt, lehnt sich zurück und schaut weg. Man sieht, dass er nicht glücklich ist. Das Coaching-Gespräch, das so toll begann, fließt nicht mehr. Was ist passiert? Der Coach hat sich zu sehr in seine eigene Hypothese verliebt. Er hat es zwar gut gemeint, aber nicht oder erst spät bemerkt, dass das, was für ihn selbst einmal gut war, für den Coachee in diesem Fall gar nicht passend ist. Herr V. hat einen ausgezeichneten Zugang zu seinen inneren Ressourcen – dazu braucht er kein Coaching. Er möchte sich stattdessen lieber mit den Ambivalenzen beschäftigen, die ihn daran hindern, einfach loszumarschieren. Das hat er in dem Coaching-Auftrag eigentlich auch klar zum Ausdruck gebracht. Weil er aber ein höflicher Mensch ist und denkt, dass der Coach schon wisse, was er tut, widerspricht er auch nicht. Dann passiert es, dass der Coachee den Coach „auf der einsamen Insel seinen eigenen Hypothese verhungern lässt", wie es Fritz B. Simon und Gunthard Weber einmal schön formuliert haben.

Was könnte ein Coach bei dieser Auftragslage stattdessen tun? Anstatt nach Ressourcen und Potentialen mühsam zu suchen, kann er seinem Coachee zurückspiegeln, wie sehr Lust, Freude und Kompetenzen bereits jetzt aus ihm heraussprudeln und wie ansteckend er damit wirkt. Er kann seinen Coachee fragen, was er denn selbst hier und heute brauche, um einen ersten Schritt gehen zu können. Und schließlich kann er sich zum Hüter der Ambivalenz machen, der einerseits den Wunsch nach Selbstbestimmung und Verwirklichung unterstützt, aber andererseits auch die Sorge ums Auskommen ernst nimmt.

Fritz B. Simon und Gunthard Weber, Vom Navigieren beim Driften. „Post aus der Werkstatt" der systemischen Therapie. Heidelberg: Carl-Auer 2004.

Ressourcenorientierte Interventionen im Coaching

- Fragen und erkunden
- Spiegeln (aktives Zuhören, Feedback)
- Unterstützen, anerkennen, ‚Hut ab'-Formulierungen (Lob, Komplimente)
- Kristallisieren, auf den Punkt bringen (Sprache, Skalierungen)
- Veranschaulichen (Metaphern, Märchen, Bilder, Figuren)

- Erklären, deuten
- Positiv konnotieren (Reframing)
- Konfrontieren (Feedback geben)
- Erlaubnis aussprechen oder schriftlich erteilen
- Optionen öffnen (Ideen einbringen, Perspektive wechseln)
- Vor eine Entscheidung stellen (Skalierung, Alternativen aufzeigen)
- Aufgaben stellen (Übungen, Hausaufgaben)

Lösungen im Coaching bestehen oft aus veränderten Einstellungen und Haltungen

Wir haben oben beschrieben, dass Probleme aus systemisch-konstruktivistischer Sicht nicht objektiv existieren, sondern stets das Ergebnis von Einstellungen, Haltungen und Bewertungen sind. Wir Menschen erschaffen unsere Probleme, indem wir in einer bestimmten Weise auf ein Thema schauen, bis wir irgendwann nicht mehr imstande sind, einen anderen, lösenden Blickwinkel einzunehmen. Im Coaching kannst Du hier sehr wirksame Unterstützung leisten, indem Du Perspektivwechsel einführst und andere, günstigere Sichtweisen wieder in den Fokus der Aufmerksamkeit rückst. Dann braucht es oft gar keine großartigen Lösungen, sondern schon kleinste Verschiebungen in der Wahrnehmung und Bewertung reichen aus, um leidvoll erlebte Zustände ins Positive zu drehen. Es ist wichtig, dass Du dies als Coach erkennst und nicht meinst, das Coaching sei erst wirksam, wenn Du Großes in Bewegung gesetzt hast.

So kann in einem Coaching, das eigentlich eine Entscheidung in einer bestimmten Frage herbeiführen soll, die Lösung darin bestehen anzuerkennen, dass die Zeit für diese Entscheidung noch nicht reif ist (denn sonst hätte man sie ja längst getroffen). Führte das Nicht-Entscheiden vorher zu Frust und Unzufriedenheit, so macht sich jetzt, nach dem Coaching, angesichts der neuen, veränderten Bewertung des Nicht-Entscheidens Leichtigkeit und Zufriedenheit breit. In der Sache selbst ist dagegen gar kein Unterschied zu erkennen. Vorher wie nachher gibt es keine Entscheidung, aber das Nicht-Entscheiden erscheint nun in einem anderen, positiven Licht, nämlich als Fähigkeit, Ambivalenzen auszuhalten und den richtigen Zeitpunkt für die Entscheidung zu erkennen. Als Lösungen dienen im systemischen Coaching also oft nur kleine Veränderungen in der Wahrnehmung. Das kann auch einmal die Einsicht sein, dass im Moment einfach nichts zu tun die beste Lösung ist. Gerade solche vermeintlich ‚kleinen' Lösungen, also Perspektivwechsel, die es uns ermöglichen, neu und anders auf belastende Dinge und Sachlagen zu schauen, haben oft eine starke innere Wirkung.

Ein Fallbeispiel: „Absagen - durch Danksagen"

Frau A. ist Unternehmensberaterin und kommt mit einer Frage ins Coaching, die sie als Zwickmühle beschreibt: Sie hatte sich für ein Fortbildungswochenende angemeldet zu einem Thema, auf das sie sich schon sehr freute. Dann kam die Bitte eines Verbandes dazwischen, in dem sie sich in den letzten Jahren engagiert hatte. In jüngerer Zeit war ihr Engagement jedoch zurückgegangen, weil sie mit den Strategien des Verbandes nicht mehr so glücklich war. Als sie dies im Vorstand anmerkte, schlug man ihr vor, ein interview mit ihr zu machen, in dem sie ihre Arbeit vorstellen könne. Sie sagte zu, und kurz darauf wurde das Interview aufgenommen; ein Fotograf suchte sie in der Mittagspause eines Workshops auf, um ein passendes Foto zu machen. Frau A. bedankte sich für seine Mühe und ging wieder in ihre Veranstaltung. Dies alles geschah etwa zwei Monate vor der Vollversammlung des Verbandes, für die sie fest eingeplant war. Nun rückt der Termin näher, und sie möchte die Verabredung absagen, schafft es aber nicht. Ich frage auf einer Skala von 0-100, wie stark ihr Wunsch ist, für die Vollversammlung des Verbandes abzusagen. Sie antworten ohne nachzudenken: 85! Sie habe sich eindeutig entschieden, doch sie tue sich schwer mit der Absage, obwohl sie sonst kommunikativ einiges „drauf habe". Ich frage sie, was zwischen ihrer Fähigkeit, auch heikle Themen sprachlich gut formulieren zu können, und dem eindeutigen Wunsch abzusagen stehe. Ihre Antworten schreibe ich auf Moderationskarten: „Ich finde mich undankbar." „Ich verrate mein berufliches Selbstverständnis." „Ich mache mich unglaubwürdig" „Ich vergebe mir eine tolle Akquise-Chance."
Als sie alle Aspekte benannt hat, frage ich sie, was sie dachte und fühlte, während sie dies formulierte. Sie antwortete, dass sie sich sehr unprofessionell vorkomme. Ich denke mir dagegen, dass sie sich viel zu sehr um die anderen bemüht und sich zu wenig auf ihren bisherigen Erfolg verlässt. Diese Hypothese formuliere ich, und sie bestätigt, dass sie tatsächlich gar keine weiteren Aufträge brauche, da das nächste Jahr schon sehr gut gebucht sei. Somit ist die vergebene Akquise-Chance bereits ausgeräumt. Sie lächelt verschmitzt und freut sich an dem Bewusstsein, in ihrem Beruf erfolgreich zu sein. Dann gehen wir die anderen Karten durch. Ich frage, wie sie ihr berufliches Selbstverständnis definieren würde, und sie kann mir ohne Zögern ihre Haltung als Beraterin beschrei-

ben: „Sei unabhängig vom Auftraggeber", „sei authentisch", „mach nicht das, was der Kunde will, sondern was Du als richtig ansiehst". Wiederum frage ich sie, welche Gedanken und Gefühle sie habe, während sie mir dies schildert. Sie lächelt erneut und ist der Meinung, sie würde sich mit einer Absage gar nicht verraten, sondern sich im Gegenteil sogar selber treu bleiben, wenn sie nur solche Verabredungen zusagt, zu denen sie auch stehen könne. Nun bleibt nur noch der Aspekt der Undankbarkeit. Als ich sie frage, wie sie darauf käme, dass sie dem Verband gegenüber im Falle einer Absage undankbar sei, korrigiert sie sich sofort und sagt, es sei ja eigentlich anders herum gewesen: Der Verband wünsche sich wieder mehr Engagement und habe ihr deswegen das Interview angeboten. Sie habe das gar nicht gewollt, aber dem Verband zuliebe zugesagt. Auch der Termin mit dem Fotografen sei nicht ihre Idee gewesen – sie habe dafür sogar auf ihre Mittagspause verzichtet! Während sie mir dies erzählt, beginnt Frau A. zu strahlen. Sie sagt, sie sei jetzt innerlich sehr klar und wisse bereits, wie sie sie ihre Absage an den Verband formulieren würde: nämlich mit einem Dankeschön für die Gelegenheit des Interviews. Außerdem wolle sie dem Verband erklären, dass sie sich gut vorstellen könne, sich im kommenden Jahr wieder stärker zu engagieren. Auf diese Weise wird aus dem „Absagen" ein „Danksagen".

Das Beispiel zeigt sehr schön, wie es der Coachee gelingt, angeregt durch die Fragen ihrer Coach, die für das Thema relevanten Ereignisse (die Anfrage des Verbandes, ihre Zusage, der Fototermin) anders zu bewerten als bisher. Am Ende hat sie eine neue Haltung für sich gefunden, die es ihr nicht nur leicht macht, die intuitiv bereits gefällte Entscheidung in die Tat umzusetzen. Sie findet auf diese Weise auch eine wertschätzende Formulierung für ihre Absage, die für die Zukunft alle Türen offen hält.

Selbstbeobachtungs- und Reflexionsaufgaben

- 1. Wie gehe ich damit um, wenn ich einmal keine Lösung weiß? Was hilft mir dann?
- 2. Was empfinde ich, wenn Andere für mich und meine Belange Lösungen finden?
- 3. Wie schnell fallen mir Lösungen für Andere ein? Wie fühle ich mich, wenn ich ein Problem gelöst habe?
- 4. Was hilft mir, um selbst auf eigene gute Lösungen zu kommen?
- 5. Wie schaffe ich es, nach einer Krise wieder mutig zu sein und handlungsfähig zu werden? Wie komme ich am besten wieder in meine Kraft?
- 6. Wie schaffe ich es, mich noch mehr davon zu überzeugen, dass ich nicht alles beeinflussen oder gar steuern kann?

7. Den Prozess über mehrere Sitzungen gestalten

Coaching-Prozesse sind in aller Regel nicht bereits nach der ersten Stunde beendet, auch wenn das gelegentlich vorkommt. Dann hat vielleicht ein bestimmter Perspektivwechsel Deiner Coachee ein solches Aha-Erlebnis beschert, dass sie nun weiß, was zu tun ist, um ihr Problem allein zu lösen. Möglicherweise meldet sie sich dann nach einiger Zeit wieder, um Unterstützung bei einem der nächsten Schritte anzufragen. Es kann aber auch sein, dass sie mehr Unterstützung gar nicht braucht. Oder aber es ist etwas ganz anderes und gänzlich Unerwartetes dazwischengekommen:

Ein Fallbeispiel: „Wir sind jetzt zu dritt!"

„Hallo liebe Frau P.,
ich habe vor knapp einem Jahr eine Coaching-Sitzung bei Ihnen gehabt, und vielleicht haben Sie sich gefragt, warum ich mich danach gar nicht mehr gemeldet habe. Es ging vor allem um die Vereinbarung von beruflichen Zielen, finanzieller Sicherheit und Zeit-Management. Das Thema Familienplanung legten wir damals erst einmal zur Seite – was sich für mich sehr befreiend angefühlt hat. Die ganze Sitzung hat mich sehr inspiriert und bei mir für Klarheit gesorgt. Ich hatte eine Idee, wie ich mich beruflich neu ausrichte. Zugleich hatte ich so ein Gefühl, als hätte

ich Ihnen etwas verschwiegen, dass ich damals selbst noch nicht wusste – ich war bereits schwanger! Na ja, und so hat das Ganze einen anderen Weg genommen: Christof und ich sind jetzt zu dritt! Die kleine Luca ist jetzt schon fünf Monate alt, und es ist wunderschön, ihr beim Wachsen und Lernen zuzuschauen.
Dies als kleines, überfälliges Feedback zu unserer Coaching-Sitzung.
Nochmals herzlichen Dank!
Saskia B." (per E-Mail)

Da Coaching-Prozesse in den allermeisten Fällen jedoch über mehrere Sitzungen gehen, wollen wir an dieser Stelle einen Überblick geben, was bei der Gestaltung eines solchen Prozesses besonders zu beachten ist.

Der Coaching-Prozess im Überblick

Schauen wir auf einen idealtypischen Ablauf eines Coaching-Prozesses, dann sieht der etwa wie folgt aus:

Nachdem Du mit Deinem Coachee Kontakt aufgenommen, die Formalitäten geklärt und für eine vertrauensvolle Atmosphäre gesorgt hast, erfragst Du sein Anliegen: *Wobei kann ich Ihnen behilflich sein?* Du lässt Dir seine derzeitige Situation beschreiben, hörst aktiv zu und fasst zwischendurch zusammen, was Du verstanden hast. Gelegentlich richtest Du die Aufmerksamkeit dabei auf die Ressourcen, die in der Situationsschilderung auftauchen. Du versuchst, der Problemkonstruktion Deines Gegenübers auf die Spur zu kommen, und erkennst vielleicht schon erste Muster. Wenn Du das Gefühl hast, hinreichend verstanden zu haben, worum es geht, fragst Du nach dem Zielzustand, der an die Stelle des Problemzustands treten soll. In der Regel erstellst Du dazu gemeinsam mit Deinem Coachee einen Zielfilm: *Nehmen wir einmal an, wir treffen uns in einem halben Jahr zufällig auf dem Hamburger Dom und in Ihrem Berufsleben läuft es dann richtig gut – was erzählen Sie mir dann? Und was noch? Und noch?*

Ist das Ziel hinreichend plastisch und konkret geworden, klärt Ihr gemeinsam den genauen Auftrag für das Coaching. Bei welchem Aspekt oder welcher Dimension der Zielerreichung kannst Du als Coach behilflich sein? *Was sollte hier im Coaching passieren, damit Sie Ihrem Ziel(zustand) ein Stück näher kommen?* Nachdem Du verschiedene (Teil-)Aufträge unterschieden und mit Deinem Coachee priorisiert hast, wählst Du erste Interventionen aus, um Lösungsoptionen herauszuarbeiten. Bei der Lösungsfindung kannst Du nun auf die verschiedenen Aspekte der Zielvision zurückgreifen. *Was gelingt Ihnen jetzt schon gut? Wobei wünschen Sie sich Unterstützung? Was wäre ein guter erster Schritt?* Hast Du mit dem Coachee hinreichende Lösungen erarbeitet – das können Einsichten und Erkenntnisse, aber auch ganz konkrete Handlungsschritte sein –, dann hältst Du diese fest und verabredest, sofern vom Coachee gewünscht, eventuell konkrete Maßnahmen oder Transferaufgaben, um die neuen Einsichten oder Verhaltensweisen in die Praxis umzusetzen.

Schließlich rundest Du den Prozess ab und fragst Deinen Coachee, wie er nun, nach dem Coaching, in die Welt schaut, was er mitnimmt und was nun, am Ende, möglicherweise anders ist als zu Beginn des Prozesses (oder auch zu Beginn der Stunde). So erhältst Du eine Rückmeldung, wie Dein Gegenüber den Prozess mit Dir wahrgenommen hat. Damit ist der Coaching-Prozess entweder zuende oder er beginnt mit einem anderen Thema wieder von vorn. Im Prinzip ist es immer der gleiche Ablauf, unabhängig davon, ob das Coaching über eine oder zehn Sitzungen geht. Läuft der Prozess, wie üblich, über mehrere Sitzungen, ist besonders wichtig, was in der Zwischenzeit passiert.

Das Wichtigste passiert zwischen den Sitzungen: Anknüpfen und Aktuelles abfragen

Wenn ein Coaching über mehr als eine Sitzung geht, beginnt jede neue Coaching-Sitzung grundsätzlich mit einer Variation der Frage: *Wie ist es Ihnen mit dem Ergebnis der letzten Sitzung ergangen? Was ist in der Zwischenzeit (Neues) passiert? Worum soll es heute gehen bzw. was liegt heute obenauf?* Du machst also nicht einfach da weiter, wo Ihr aufgehört habt, sondern fragst nach dem passenden Thema für die aktuelle Stunde. Das ist deshalb wichtig, weil die Erfahrung zeigt, dass sich das Anliegen der letzten Sitzung meist geklärt oder so weit verändert hat, dass sich daraus neue Fragestellungen ergeben. In einer Coaching-Stunde wird sehr viel in Bewegung gesetzt, was dann nach der eigentlichen Sitzung weiterwirkt. Deine Coachees fangen an, anders über ihr Thema nachzudenken, und dazu brauchen sie Zeit. Vielleicht haben sie in der Zwischenzeit auch schon neue Verhaltensweisen ausprobiert und sich dabei selbst beobachtet. Oder sie haben grundlegende Einsichten gehabt, die dazu führten, dass das Problem der letzten Sitzung gar nicht mehr das ist, welches heute behandelt werden soll. Möglicherweise ist die Entscheidung, um die es beim letzten Mal ging, mittlerweile gefallen, und jetzt geht es nicht mehr darum, ob Dein Gegenüber sich selbständig machen will, sondern welche ersten Schritte dazu vorzunehmen sind. Es ist daher wichtig, zu Beginn jeder Sitzung eine neuerliche Auftragsklärung vorzunehmen: Wie ist der Stand jetzt, was ist das aktuelle Ziel, und welchen Beitrag soll das Coaching dabei leisten?

Im Grunde beginnt also in jeder Sitzung der Prozess von einem jeweils zu bestimmenden Ausgangspunkt X wieder neu. Dabei kann es passieren, dass sich im Verlauf eines Coaching-Prozesses herausstellt, dass es möglicherweise Beratungs- oder Unterstützungsformate gibt, die in der aktuellen Situation für den Coachee besser geeignet erscheinen als Coaching. So können beispielsweise emotionale Verstrickungen auftauchen, die sich möglicherweise in einer Psychotherapie wirksamer bearbeiten lassen, oder es tauchen Fachfragen auf, die sich in einer Fachberatung besser klären lassen. Das kann parallel zum Coaching laufen, aber Ihr könnt dazu den Coaching-Prozess auch unterbrechen oder vorerst beenden.

Ein Fallbeispiel: „Psychotherapie statt Coaching"

Frau M. kommt zu mir über eine Empfehlung. Sie erzählt, dass sie unzufrieden in ihrem Job ist, obwohl ihr Chef und ihre Kollegen viel von ihr halten. Frau M. ist als Quereinsteigerin seit acht Jahren im Digitalbereich eines Konsumgüterkonzerns angestellt und bildet die Schnittstelle zwischen dem Marketing und den Programmierern. Das gelingt ihr gut, wie ihr alle versichern, doch sie selber erlebt sich als nicht besonders kompetent. Vor allem aber empfindet sie ihre Tätigkeit als sinnentleert. Im Coaching möchte sie herausfinden, was sie eigentlich will, und auf dieser Basis eine neue berufliche Perspektive entwickeln.

Frau M. ist Ende 30 und lebt in ihrem Lieblingsstadtteil in einer kleinen Wohnung, die sie als nicht sehr heimelig beschreibt. Am Liebsten würde sie sich eine neue Wohnung suchen, doch da sie nicht weiß, ob sie überhaupt in Hamburg bleiben will, legt sie ihre Wohnungspläne immer wieder auf Eis. Auf diese Weise bremse sie sich selber aus, gesteht sie sich ein. Ich lasse sie ihre berufliche Geschichte erzählen und frage sie, wie sie zu ihrem aktuellen Job gekommen sei. Es wird deutlich, dass sie ihr Pädagogik-Studium eigentlich nur gewählt hat, weil sie dieses zusammen mit ihrer besten Freundin machen konnte, mit der sie in einer WG in Berlin lebte. Diese Zeit beschreibt sie als besonders schön:

Anfangen

Abschließen

ANLIEGEN

- Situationserfassung
- Problemfilm
- Das Paket öffnen
- Kontakt und Beziehung aufbauen
- Fragen nach der Wirklichkeitskonstruktion stellen

ERKENNTNISSE & MASSNAHMEN

- Was ist zu tun?
- Ggf. konkrete Maßnahmen formulieren

ZIELFILM

- Wohin soll die Reise gehen?
- Fragen nach der Möglichkeitskonstruktion stellen

INTERVENTIONEN

Lösungsmöglichkeiten

- Lösungsoptionen herausarbeiten

AUFTRAGSGESTALTUNG

„Was soll hier im Rahmen des Coachings passieren?"

„Wobei kann ich Ihnen behilflich sein?"

weit weg von dem Ort, an dem sie aufgewachsen ist. Abends sei sie viel unterwegs gewesen, habe sich sehr lebendig gefühlt und das Leben ausgekostet.
Während Frau M. von ihren verschiedenen Ausbildungs- und Berufsstationen erzählt, fallen mir vor allem ihre selbstironischen Äußerungen auf. Alles, was sie bisher gemacht und geschafft hat, bewertet sie negativ: Entweder sei es ja nicht so schwierig gewesen oder es habe keinen Wert gehabt. Wenn sie dagegen von der Zeit in Berlin erzählt, wirkt sie zufriedener, und manchmal lächelt sie. Ich beschließe, ihr diese Wahrnehmungen zurückzumelden. Sie kann meine Rückspiegelung gut annehmen, weil sie sich beim Erzählen selbst so erlebt. Es wird deutlich, dass sie sich als sehr wirksam fühlt, was ihre private Lebensgestaltung betrifft, wohingegen alles, was mit Beruf und Ausbildung zu tun hat, bei ihr negativ besetzt ist. Ich frage sie, welche Erklärung sie selbst für dieses Verhalten hat. Frau M. überlegt eine ganze Weile, weil sie diesen Unterschied bisher noch nicht wahrgenommen hat. Dann erzählt sie, wie sie aufgewachsen ist:
Ihre Mutter war lange Zeit krank, und sie musste als einzige Tochter und Jüngste von drei Geschwistern viele Aufgaben im Haushalt wie in der Pflege ihrer Mutter übernehmen, während die Brüder sich auf ihr Abitur vorbereiteten und dann zügig zum Studieren davon zogen. Die lange Zeit in Berlin mit Freunden und Feiern habe sie so ausführlich genossen, weil sich das für sie wie ein Ausgleich angefühlt habe. Für die Frage, was ihr beruflich liegen könnte, habe sich nie jemand interessiert, und darum wolle sie diesem Thema nun die nötige Aufmerksamkeit widmen.
Ich kann gut nachvollziehen, wie sehr sie sich berufliche Zufriedenheit wünscht, und spüre gleichzeitig, wie sehr ihre damalige Rolle in der Familie ihre Lebensfreude bremst und alles in ein negatives Licht taucht. Jede Frage zu ihrer Vergangenheit tut sie entweder mit einem knappen Kommentar ab, oder sie bringt einen sarkastischen Spruch über sich selbst. Da die Stunde sich dem Ende nähert, schlage ich ihr als Hausaufgabe vor, in der Zwischenzeit berufliche Situationen in der Vergangenheit aufzuspüren, in denen sie zufrieden war oder die sie als sinnvoll erlebt hat. Das hätte dann ein Ausgangspunkt für die nächste Sitzung sein können. Aufgrund ihres Urlaubes vereinbaren wir einen Termin fünf Wochen später. Zwei Wochen vor der zweiten Sitzung erhalte ich dann eine E-Mail, in der Frau M. den Termin absagt. Sie habe die Zeit im Urlaub genutzt, um auf ihr Leben zu schauen, und dabei realisiert, wie viel Groll sich in ihr angesammelt habe, dass sie von ihren Brüdern damals kaum unterstützt worden sei. Angesichts dieser starken Gefühle habe sie beschlossen, mit Hilfe einer Psychotherapie erst einmal ‚gründlich in sich aufzuräumen', bevor sie sich weiter mit ihrer beruflichen Zukunft beschäftigen wolle.

Dass sich die Themen Deiner Coachees so schnell auflösen, neu konfigurieren und verändern können, wird Dich als Coach bisweilen vor Herausforderungen stellen – besonders dann, wenn Du ein ordentlicher Mensch bist, der die Dinge gern wie geplant zu Ende bringt. Vielleicht hast Du Dir schöne Interventionen für ein Anliegen überlegt, die plötzlich gar nicht mehr zum Einsatz kommen, weil das Problem auch ohne sie bereits verschwunden ist. Dann gilt es, weder enttäuscht oder gar gekränkt zu sein, noch auf die Einhaltung des ursprünglich Verabredeten zu pochen, sondern flexibel mit Deinen Coachees mitzuschwingen. Sie bestimmen ja, wo es lang geht und welche Themen sie mit Dir bearbeiten wollen! Und wenn Du wirklich einmal das Gefühl hast, dass es da ein wichtiges Thema gibt, das nun einfach unter den Tisch zu fallen droht, dann kannst Du das durchaus ansprechen: *Ich habe mir in der letzten Sitzung noch das Thema XY notiert, weil ich den Eindruck hatte, dass Ihnen das wichtig war. Wie stehen Sie heute dazu? Was löst das in Ihnen aus?* Dann haben Deine Coachees die Gelegenheit, noch einmal in sich hineinzufühlen und selbst zu entscheiden, ob, wann und in welcher Weise dieses Thema für sie im Coaching noch behandelt werden sollte.

Interventionen planen und durchführen nach dem Modell der systemischen Schleife

Das Intervenieren kommt aus dem Lateinischen (von *inter*, ‚zwischen', und *venire*, ‚kommen') und bedeutet soviel wie ‚dazwischen treten', ‚eingreifen'. Interventionen lassen sich daher als zielgerichtete Eingriffe in ein System verstehen, wobei zumeist davon ausgegangen wird, dass sich diese Systeme von außen, nämlich durch Interventionen, steuern ließen. Die systemisch-konstruktivistische Sichtweise geht hier bekanntlich von einem anderen Verständnis aus, das die Selbststeuerung von Systemen betont. Systemische Interventionen sind demnach Formen einer zielgerichteten, absichtsvollen Kommunikation zwischen Systemen – in unserem Fall: Coach und Coachee –, in der die Selbstorganisation des intervenierten Systems geachtet wird.

Welchen Sinn können Interventionen im Coaching nun haben, wenn sie als Elemente von Steuerung nicht geeignet sind? Auch komplexe Systeme lassen sich von außen durchaus irritieren, vor allem dann, wenn die Interventionen angemessen ungewöhnlich sind. Jedoch ist nicht vorhersagbar, wie genau Deine Coachees im Einzelnen auf solche Impulse reagieren, ob sie Dein ‚Dazwischentreten' als Anregung oder Störung auffassen, und wie die Irritation in den inneren Zuständen des intervenierten Systems abgebildet wird. Daher ist an dieser Stelle beraterische Beobachtungsgabe ebenso wie Erfindungsreichtum und vor allem Demut gefordert. In der Wahl Deiner Interventionen folgst Du zwar Deinen zuvor erstellten Hypothesen, doch solltest Du dabei stets auf erkenntnistheoretische Irrtümer gefasst sein und immer davon ausgehen, dass alles auch ganz anders sein könnte. Zunächst gilt es zu beobachten, wie Deine Interventionen wirken, ehe Du auf der Basis dieser Beobachtungen neue, anschlussfähige Interventionen auswählst, deren Wirkungen Du dann ebenfalls beobachtest. Es geht also darum, das ratsuchende System gezielt zu irritieren und bei der Verarbeitung der Irritation zu beobachten, ob und inwieweit sich seine Selbstorganisation vielleicht schon ein Stück weit in die erwünschte Richtung verändert hat.

Die wohl am häufigsten genutzten systemischen Interventionen im Coaching sind konstruktive, hypothetische und zirkuläre Fragen. Durch sie lassen sich neue Informationen und Sichtweisen für die Coachees, aber auch für Dich als Coach zutage fördern. Fast immer geht es im Coaching um derartige Perspektivwechsel. Aber auch die fortwährende, nie ganz abgeschlossene Auftragsklärung gehört zu den wichtigen ‚Eingriffen' der systemischen Beratung, obwohl man sie nicht im engeren Sinn als Intervention bezeichnen würde: *Wobei genau kann ich Ihnen behilflich sein? Wenn das Coaching am Ende ein Erfolg war, was müsste dann hier zuvor passiert sein? Sind wir mit dem, was wir hier gerade tun, noch auf dem richtigen Weg?* Im weiteren Sinn sind alle gewählten systemischen Methoden und selbst vermeintlich unbedeutende Interaktionen als (Mikro-)Interventionen zu verstehen. Bereits die Verabredung zum Coaching oder die Ankündigung von Interviews im Vorfeld eines Team-Coachings haben ‚irritierende' Auswirkungen auf die Selbstorganisation des ratsuchenden Systems. Deine Coachees beginnen, im Hinblick auf das anstehende Coaching neu, intensiver und daher auch schon anders über das Problem nachzudenken.

Systemische Interventionen verfolgen die Absicht, Systeme in Bewegung zu bringen, ihrer Selbstorganisation einen Schubs zu geben, um hinderliche Verfestigungen aufzulösen. Im Coaching ist es dabei ratsam, sich direkt vom aktuellen Prozessverlauf leiten zu lassen. Danach suchst Du spontan im Gespräch oder zwischen den Sitzungen Interventionen aus, die Dir für das weitere Vorgehen geeignet erscheinen. Ob sie wirklich passend sind, entscheidet dann immer Dein Gegenüber, und zwar dadurch, das er oder sie etwas damit anfangen kann oder nicht. Nicht passende Interventionen, also solche, die beim Coachee keine Reaktion oder gar Abneigung auslösen, landen unversehens im virtuellen Papierkorb, ohne dass Du ihnen nachtrauerst. Vielleicht helfen sie ja beim nächsten Coachee weiter; bei diesem ist etwas anderes nötig.

Die Auswahl, Planung und Durchführung von Interventionen folgt dem Modell der systemischen Schleife, die wir oben bereits vorgestellt haben. Nachdem Du mit Deinem Coachee das Ziel des Coachings, also den Coaching-Auftrag geklärt hast (0), beobachtest Du ihn dabei, wie er seine Welt konstruiert, und sammelst dazu im Gespräch die nötigen Informationen (1); auf dieser Basis bildest Du Hypothesen, welche Interventionen möglicherweise für Deinen Coachee hilfreich sein könnten, um sein Verhalten oder seine Bewertungen probeweise zu verändern (2); schließlich probierst Du die ausgewählten Interventionen mit seinem Einverständnis aus (3), um dann wieder zu beobachten, ob und wie sie bei ihm wirken. Du sammelst neue Informationen und lässt Dir stets auch ein Feedback zur Passung der Methode geben (1). Dann bildest Du neue Hypothesen, was möglicherweise noch hilfreich(er) sein könnte (2); und schließlich probierst Du die neuen Interventionen aus (3), um wieder zu beobachten, wie sie wirken, usw. Die ‚richtigen' Interventionen sind dabei immer diejenigen, die in Deinem Gegenüber etwas auslösen und ihn zu einer veränderten Reflexion seines Verhaltens und seiner Bewertungen führen.

Das Prinzip der systemischen Schleife folgt der Überzeugung, dass Du niemals sicher wissen kannst, was für Deine Coachees gut und passend ist, auch wenn Du viele tolle Ideen haben solltest. Denn auch Du als Coach kannst die Welt ja nur aus einer, nämlich Deiner eigenen Perspektive beobachten, so wie Deine Coachees ebenfalls nur eine, nämlich ihre eigene Perspektive auf diese Welt haben. Deine Ideen und Vorstellungen, was Deinem Gegenüber helfen könnte, kommen also prinzipiell nie über den Zustand einer Hypothese hinaus, selbst wenn sie Dir höchst brillant erscheinen. Als subjektive Annahmen sind sie nicht mehr als unverbindliche Angebote, die Deine Coachees annehmen oder ablehnen können. Ebenso ist es möglich, dass sie ihnen gar nichts sagen. Dann lässt Du von ihnen ab, beobachtest weiter und wählst neue Interventionen aus, bis ein Punkt erreicht ist, an dem keine Interventionen mehr nötig sind, weil Dein Gegenüber das Gefühl hat, hinreichend für das Erreichen seines Ziels gerüstet zu sein.

Transferübungen und Hausaufgaben

In bestimmten Situationen kann es sinnvoll sein, den Coachees am Ende einer Coaching-Sitzung vorzuschlagen, bis zum nächsten Treffen eine Hausaufgabe zu übernehmen. Falls Dir der Begriff nicht gefällt, weil Du ungute Erinnerungen an die Schulzeit hast, kannst Du sie auch Transfer- oder Beobachtungsübungen oder einfach nur Übungen nennen. Das Ziel solcher Interventionen ist es, Deinen Coachees Instrumente an die Hand zu geben, mit denen sie sich zwischen den Sitzungen selbst wahrnehmen und das eigene Denken und Fühlen, aber auch ihr Verhalten aufmerksam beobachten können. Du kannst solche Aufgaben auf verschiedene Weise einleiten: *Vielleicht haben Sie Lust, eine kleine Hausaufgabe mitzunehmen? Ich hätte einen Vorschlag für eine Beobachtungsgabe für die Zeit bis zu unserer nächsten Sitzung!* Wichtig ist, dass solche Hausaufgaben wie alle Deine Interventionen stets Angebote sind, aber keinesfalls Verpflichtungen (wie in der Schule). Falls die Coachee allergisch auf das Wort Hausaufgabe reagiert, kannst Du, wie gesagt, auch eine andere Formulierung finden: *Wie wäre es, wenn Sie in der Zwischenzeit einmal Folgendes ausprobieren würden?* Als Hausaufgaben bieten sich sowohl Reflexions- wie auch Selbstbeobachtungsaufgaben an.

Reflexionsaufgaben bestehen darin, bestimmte Themen, die im Coaching besprochen wurden, weiter vertiefend zu reflektieren. Es kann zum Beispiel darum gehen, Listen zu erstellen mit wichtigen Schritten für das Vorhaben, bei dem das Coaching unterstützen soll, etwa Pro-und-Contra-Sammlungen für oder gegen eine bestimmte Entscheidung zu erstellen oder aber andere Personen zu befragen, was sie von dem Vorhaben halten und wie sie die Erfolgsaussichten einschätzen. Auch kann es darum gehen, dass sich die Coachees Klarheit über weitere Ressourcen verschaffen, indem sie dazu im Internet recherchieren oder Fachberatungsstellen, etwa für die Unternehmensgründung, aufsuchen.

Selbstbeobachtungsaufgaben lenken die Aufmerksamkeit Deiner Coachees in ihrem Alltag auf ein bestimmtes, problematisch erlebtes Verhalten – oder eben auf das Gegenteil, nämlich das, was alles schon gut läuft im Hinblick auf das Anliegen: *Bitte notieren Sie in der nächsten Woche einmal jede Situation, in der die Kommunikation mit Ihrem Kollegen gut und angenehm verläuft!* Der Fokus der Coachee wird in diesem Fall bewusst auf ihre Ressourcen und Gelingensbedingungen gerichtet. Zu den Selbstbeobachtungsaufgaben kann auch das Führen eines Erfolgstagebuchs zählen, das sich besonders bei Selbstwertthemen und ungünstigen Glaubenssätzen empfiehlt. Wenn Deine Coachee regelmäßig jeden Abend einträgt, was ihr an dem Tag gut gelungen ist, richtet sich ihre Aufmerksamkeit mehr auf das, was schon da ist, als auf das, was noch fehlt. Das führt zu mehr Zufriedenheit, aus der heraus sie dann auch größere Veränderungen gut angehen kann.

Eine andere Möglichkeit besteht darin, dass Du ‚So-tun-als-ob-Aufgaben' stellst. Das kann zum Beispiel bei Entscheidungsthemen hilfreich sein: *Bitte tun Sie am nächsten Montag den ganzen Tag so, als hätten Sie sich schon entschieden zu kündigen und nach Freiburg zu ziehen. Am Dienstag tun Sie bitte so, als hätten Sie sich entschieden, Ihren derzeitigen Job zu behalten und in Hamburg zu bleiben. Am Mittwoch haben Sie wieder gekündigt usw.* Es geht dann darum, jeweils einen Tag lang genau zu beobachten, wie es sich anfühlt, sich so oder so entschieden zu haben. Du kannst schließlich auch paradox intervenieren und Deine Coachee bitten, ihr Problemverhalten bis zur nächsten Sitzung bewusst zu verstärken: *Versuchen Sie, den Kollegen X täglich mindestens fünf Mal zu unterbrechen!* Es zeigt sich dann, dass es gar nicht so einfach ist, sich bewusst für das Problemverhalten zu entscheiden. Außerdem wird die Coachee bei einer solchen Aufgabe von ihrem Veränderungsdruck entlastet und nimmt im günstigsten Fall auch noch wahr, welches ihr eigener Beitrag zum Problem ist. Wie alle paradoxen Interventionen sollte auch diese allerdings

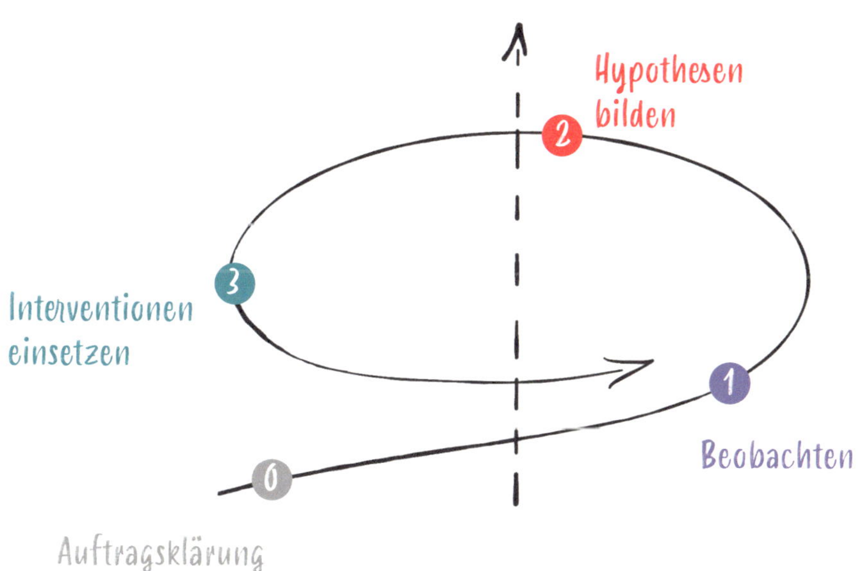

mit Vorsicht und nur auf der Basis einer guten Beziehung eingesetzt werden. Als Faustregel gilt generell, Hausaufgaben eher sparsam und sehr gezielt einzusetzen, damit sie sich nicht abnutzen. Auf keinen Fall solltest Du Deine Coachees damit unter Druck setzen!

Dir Hausaufgaben auszudenken, ist Deine kreative Leistung als Coach. Es gibt dafür keine vorgestanzten Muster; entscheidend ist, dass die Aufgabe inhaltlich und zeitlich zum Stand des Veränderungsanliegens passt. Und wenn Deine Coachees ihre Hausaufgaben nicht erledigen, werden sie ihre guten Gründe dafür gehabt haben. Du bist dann nicht beleidigt, sondern arbeitest mit anderen Fragen und Interventionen weiter. Allerdings solltest Du als Coach Deine Hausaufgaben auch nicht vergessen, sondern in der nachfolgenden Sitzung auf jeden Fall darauf zurückkommen. Dazu reicht eine kurze Frage: *Haben Sie Zeit gefunden, die kleine Beobachtungsaufgabe durchzuführen, die wir in der letzten Sitzung besprochen haben? Wie ist es Ihnen damit ergangen? Was haben Sie herausgefunden bzw. erlebt? Inwieweit hat sich Ihr Problem dadurch schon verändert?*

Rückblick und Ausblick

Aus der Lernforschung wissen wir, dass erst die eigene Reflexion des Lernprozesses die Lerninhalte nachhaltig verankert. Das gilt ebenso fürs Coaching, und daher ist es nützlich, vom Ende eines Coaching-Prozesses her noch einmal gemeinsam auf den Prozessverlauf zurückzuschauen. Auch hier arbeitest Du mit Fragen: *Wo standen Sie am Anfang? Was haben Sie damals für das Hauptproblem gehalten? Welche Einsichten und Aha-Erlebnisse sind Ihnen im Lauf des Coaching-Prozesses gekommen? Welches waren die größten Hürden, die Sie zu überwinden hatten? Wie schauen Sie heute auf die Situation? Und wie schauen Sie heute auf sich selber in diesem Prozess? Was haben Sie über sich herausbekommen?* Natürlich kannst Du an dieser Stelle auch Deine eigene Wahrnehmung einbringen. Wie hast Du als Coach den Prozess wahrgenommen? Was waren Knackpunkte aus Deiner Sicht? Indem Du deinem Gegenüber auf wertschätzende Weise und in Form einer Ich-Botschaft spiegelst, wie Du seinen Lernprozess wahrgenommen hast, stellst Du ihm eine Außenperspektive zur Verfügung, mit der er die eigene Erfahrung abgleichen und anreichern kann. So lässt sich der Lernprozess weiter differenzieren und dauerhaft verankern.

Auf diese Weise bringst Du Deine

Coachees zum Abschluss noch einmal in die Selbstreflexion, und oft ist Coaching ja vor allem anderen das: eine Einladung zur Selbstreflexion im Gespräch. Die Coachees können sich dadurch beim Lernen kennenlernen, was ihnen beim nächsten Problem vielleicht den einen oder anderen Umweg erspart. Auf jeden Fall aber wird das Gelernte durch die abschließende Reflexion tiefer abgespeichert. Einen solchen Rückblick solltest Du daher nicht nur am Ende eines Coaching-Prozesses, sondern in verkürzter Form auch am Ende jeder einzelnen Sitzung einplanen: *Wie haben Sie die vergangene Stunde erlebt? Was nehmen Sie mit? Was ist nun anders als vor einer Stunde, als Sie hergekommen sind?* So schlägst Du zwei Fliegen mit einer Klappe: Du ermöglichst Deinen Coachees einen vertieften Rückblick auf sich selbst und ihren Lernprozess und erhältst dadurch auch selbst noch ein Feedback zur abgelaufenen Stunde!

Während der Rückblick noch einmal den Coaching-Prozess Revue passieren lässt und die Learnings hervorhebt, geht der Ausblick aus dem Coaching hinaus ins ‚echte' Leben: *Was wird Ihnen mit dem Erreichten nun möglich sein? Wie hat sich Ihr Blick auf die Welt (oder Ihr Arbeitsleben) durch das Coaching verändert? Welches werden die ersten Schritte sein, die Sie nun unternehmen werden?* Hier geht es darum, die Aufmerksamkeit aus dem Coaching-System heraus wieder in das Klienten-System zu richten, in dem sich das im Coaching Erarbeitete am Ende ja bewähren muss. Diesen Schritt bereits vom Coaching aus mitzudenken, erleichtert es Deinen Coachees, ihn dann auch wirklich zu gehen.

Wenn es Deine Coachees wünschen und Dir einen entsprechenden Auftrag erteilen, könnt Ihr den Transfer in das Klienten-System im Coaching auch kleinschrittig vorbereiten. Die Coachees setzen dann schrittweise bestimmte, zuvor gemeinsam erarbeitete Maßnahmen in ihrem Heimatsystem um und berichten in der nachfolgenden Coaching-Sitzung von den Ergebnissen. Im Coaching wertet Ihr den Transfer aus und erarbeitet nächste Schritte.

Einen guten Abschluss finden

Wann aber ist ein Coaching überhaupt zu Ende, sofern die Coachee nicht zwischendurch schwanger wird, sich statt des Coachings lieber für eine Psychotherapie entscheidet oder sich anderen wichtigen Themen zuwendet? Und woran merkst Du das als Coach? Und wie gelingt es Dir dann, einen guten, runden Abschluss zu finden? Diese Fragen sind gar nicht so einfach zu beantworten. Im Grundsatz lässt sich sagen, dass ein Coaching-Prozess zu Ende geht, wenn Dein Coachee zu dem Ergebnis kommt, dass der eingangs vereinbarte Auftrag in hinreichender Weise abgearbeitet worden ist: Entweder, weil Ihr zusammen gute Ergebnisse erarbeitet habt; oder weil Ihr feststellt, dass mit Coaching in dieser Sache nicht gut weiterzukommen ist und sich vielleicht jetzt besser eine Therapie oder eine Fachberatung anschließen sollte. Letztlich entscheidet also der Coachee, wann das Coaching für ihn hilfreich war und er vorerst keine weitere Unterstützung mehr braucht. Allerdings ist es wiederum Deine Aufgabe, ihn bei dieser Entscheidung zu unterstützen. Während der Coachee zwar am Ende für sich ganz allein entscheidet, ob und wie lange er ein Coaching machen will, weil er ja schließlich der Auftraggeber ist, lässt Du als Coach Deine Expertise einfließen, wann vergleichbare Coaching-Prozesse in der Regel abgeschlossen sind.

Das heißt, wenn Du als Coach das Gefühl hast, der Auftrag ist hinreichend bearbeitet, dann machst Du das Deinem Coachee gegenüber transparent. Es kann nämlich sein, dass er es so angenehm findet, mit Dir zu plaudern, dass er das gar nicht mehr missen möchte. Deshalb ist Deine Expertise wichtig, in solchen Fällen zu sagen: *Aus meiner Sicht haben wir das Thema gut bearbeitet. Was fehlt Ihnen noch?* Dabei beherzigst Du den Grundsatz, dass Dein Ziel im Coaching ist, Dich möglichst schnell als Coach überflüssig zu machen, auch wenn Du die Büromiete für diesen Monat noch nicht zusammen hast. Coaching ist im Grundsatz eine Form der Kurzzeit-Beratung und keine dauerhafte Begleitung oder gar die Lösung für alle Lebensprobleme. Daher ist es ein wichtiger Teil Deiner Prozess-Kompetenz, dass Du merkst und kommunizierst, wann ein Coaching-Auftrag abgeschlossen ist. Man kann ja dann, wenn noch Geld und Zeit vorhanden ist (weil es etwa ein Zehn-Stunden-Paket gibt), einen weiteren, neuen Auftrag erarbeiten.

Manche Coachees merken selbst sofort, wann es gut für sie ist: Der Perspektivwechsel, den Ihr gemeinsam erarbeitet habt, hat gut funktioniert, und sie wissen nun, was zu tun ist und in welcher Reihenfolge. Dich als Coach brauchen sie dafür im Moment nicht mehr. Vielmehr bedanken sie sich für die Unterstützung und kündigen an, sich wieder zu melden, wenn neue Themen auftauchen sollten. Besonders herausfordernd sind Coaching-Prozesse, in denen die Beziehung zwischen Dir als Coach und Deiner Coachee so gut ist, dass es beiden Seiten schwer fällt, das Coaching – und damit ja auch eine Form von Beziehung – zu beenden. Hier obliegt es Dir und Deiner professionellen Prozessgestaltung, in Absprache mit Deiner Coachee ein gutes Ende zu finden. Solltet Ihr auf die Idee kommen, nach dem Coaching privat einen Wein zusammen trinken zu gehen, so ist auch das nicht verboten. Eine professionelle Coaching-Beziehung ist danach aber kaum mehr möglich.

Zu einem guten Abschluss gehört schließlich auch das Einholen von Feedback. Das ist insbesondere für Dich als Coach wichtig, die Du gern wissen möchtest, wie Deine Coachees den Prozess erlebt haben. Oft merkst Du natürlich während des Prozesses schon, ob es gut läuft, aber manchmal kann der Eindruck eben auch täuschen. Es kommt immer wieder vor, dass ein Coaching sich für den Coach zäh oder uninspiriert anfühlt, für den Coachee aber ganz toll ist. Das erfährst Du nur, wenn Du Deine Coachees nach ihrem konkreten Erleben fragst: *Wie haben Sie den Coaching-Prozess erlebt? Was war für Sie besonders hilfreich? Wie gehen Sie nun hier raus? Was nehmen Sie mit?* Arbeitest Du im Rahmen einer Dreier- oder Vierer-Konstellation im Auftrag eines Unternehmens, so ist es üblich, dass am Ende noch weitere Feedback- oder Evaluationsinstrumente zum Einsatz kommen. Verantwortlich für solche Maßnahmen sind meist die Personalabteilungen, die das Coaching beauftragt haben. Das können Evaluationsbogen sein, die Deine Coachees allein ausfüllen, oder aber Formulare zur Zielerreichung, die Du als Coach gemeinsam mit Deinen Coachees ausfüllst. In solchen Fällen ist es oft so, dass Deine Coachees mit ihren Vorgesetzten auch noch ein Abschlussgespräch führen, in dem es um die Erreichung der Coaching-Ziele geht. Hier kann es eine gute Idee sein, dieses Gespräch gemeinsam mit Deinen Coachees in der letzten Sitzung vorzubereiten, sofern sie das möchten.

Ein Fallbeispiel: „Zum Abschluss selbstgebackene Kekse"

Der Coaching-Auftrag kommt von einem Unternehmen, das regelmäßig mit externen Coaches arbeitet: Frau T., eine junge Potentialträgerin, die seit 15 Jahren auf verschiedenen Positionen im Konzern tätig ist, soll auf eigenen Wunsch durch ein Coaching auf künftige Führungsaufgaben vorbereitet werden. Der Umfang des Coaching-Prozesses wird zunächst auf zehn Stunden beziffert. Die Entwicklungsziele, die durch das Coaching erreicht werden sollen, werden – wie in diesem Unternehmen üblich – vorab in einem Gespräch von Frau T. mit ihrer Vorgesetzten vereinbart und in einem dafür vorgesehenen Formular schriftlich festgehalten. Hier werden auch die zeitlichen wie räumlichen Rahmenbedingungen des Coachings vermerkt und von allen Beteiligten, also der Coachee, ihrer Vorgesetzten und mir als Coach unterzeichnet.

Als das Coaching beginnt, sind also die wesentlichen Ziele bereits klar: Frau T. möchte dabei unterstützt werden, 1) besser delegieren und die Kontrolle abgeben zu können; 2) noch mehr innere Gelassenheit zu entwickeln; 3) ihre Aufregung im Umgang mit hierarchisch höher gestellten Führungskräften abzubauen und in Präsentationen souveräner zu werden, und 4) sozial noch kompetenter zu kom-

munizieren. Wir schreiben diese Ziele auf ein Flipchart, so dass wir sie immer vor Augen haben und jederzeit darauf zurückkommen können. In zehn Sitzungen, die sich etwa über anderthalb Jahre verteilen, arbeiten wir sie der Reihe nach ab. Frau T. macht gute Fortschritte, aber zwischendurch treten persönliche und gesundheitliche Krisen auf, so dass wir uns spontan auch diesen aktuellen Themen zuwenden. Als das Coaching dem Ende zugeht, sind wir beide der Meinung, dass wir gut gearbeitet haben und Frau T. im Rahmen der zehn Stunden die vorab formulierten Ziele erreicht hat. Eine Verlängerung des Prozesses ist derzeit nicht nötig. Zur Vorbereitung des Abschlussgesprächs, das Frau T. unter vier Augen mit ihrer Chefin führen wird, gebe ich Frau T. eine Selbstreflexionsaufgabe mit nach Hause, mit deren Hilfe sie sich noch einmal gezielt zu den einzelnen Zielen und dem Grad ihrer Umsetzung positionieren kann. Nachdem Frau T. ihrer Vorgesetzten berichtet hat, welche Ziele sie im Rahmen des Coachings in welchem Umfang erreicht hat, füllen wir zu dritt die letzte Seite des eingangs von der Personalabteilung ausgestellten Formulars aus: Dort ist einzutragen, welche Ziele vollauf erreicht, teilweise erreicht oder gar nicht erreicht wurden. Wieder wird der Bogen von allen drei Beteiligten unterschrieben, die auch den Beginn des Coaching-Prozesses sowie dessen Ziele vereinbart hatten.

Als wollte sie ein Gegengewicht zu diesem vergleichsweise formalen Abschluss-Prozedere schaffen, hat sich Frau T. für das Abschlussgespräch zwischen Coach und Coachee umfangreich verproviantiert: Sie bringt neben einem sehr persönlichen Dankesschreiben und weiteren kleinen Aufmerksamkeiten eine Tüte mit selbstgebackenen Keksen mit, um sich bei mir für die Begleitung durch den Coaching-Prozess auf ihre ganz eigene Weise zu bedanken.

Selbstbeobachtungs- und Reflexionsaufgaben

- 1. Wenn ich an bestimmte Gespräche oder Coaching-Übungen der letzten Zeit denke, welche Transferaufgaben für mein Gegenüber fallen mir dazu ein?
- 2. Wie aufmerksam und offen bin ich für den Coaching-Prozess? Was brauche ich, um noch besser auszuhalten, nicht zu wissen wie und wann es weitergeht?
- 3. Wie gut kann ich es aushalten, nicht zu wissen, was eine Coaching-Sitzung bewirkt bzw. beim Coachee auslöst?
- 4. Wie weit nehme ich die Gesprächsthemen mit in meinen Alltag?
- 5. Wodurch fühle ich mich im Coaching bestätigt?

Dritter Teil:

Welche Themen lassen sich im Coaching bearbeiten?

Systemisches Coaching in der Praxis

1. Coaching zu konflikthaften Anliegen

Konflikte haben keinen guten Ruf, und das liegt wohl daran, dass sie oft mit starken Gefühlen wie Wut, Ärger oder Enttäuschung einhergehen. Daher ist es zunächst wichtig zu betonen, dass Konflikte völlig normale Ereignisse im zwischenmenschlichen Miteinander sind. Konfliktfreie Beziehungen kann es auf Dauer gar nicht geben, weil sich in Konflikten in aller Regel ungeklärte Interessenunterschiede niederschlagen. Konflikte führen dazu, sich dieser Unterschiede bewusst zu werden und sie zu bearbeiten. Insofern sind sie Motoren von Veränderung und Entwicklung. Gelingt jedoch die Auflösung eines Konflikts nicht von allein, kann es sein, dass eine der beteiligten Personen ein Coaching in Anspruch nimmt. Hier wird es dann darum gehen herauszufinden, was er oder sie dazu beitragen kann, den Konflikt entweder zu lösen oder ihn auf andere Weise zu neutralisieren. Es kann aber auch eine Lösung darin bestehen, anders als bisher auf den Konflikt zu schauen und mit ihm zu leben.

Im Coaching geht es immer darum, mit *einer* Konfliktpartei an einer Konfliktregulierung zu arbeiten. Versuchen hingegen beide Konfliktparteien gemeinsam, den Konflikt unter Zuhilfenahme Dritter zu lösen, kommt eine Konfliktmoderation oder -mediation ins Spiel. Auf die weiteren Unterschiede dieser Methoden zum Coaching gehen wir unten noch ein. Meist wird es im Coaching darum gehen, den einseitigen und verengten Blick des Coachees auf die konflikthafte Situation wieder zu weiten und ein gewisses Verständnis auch für die Position der anderen Seite zu entwickeln. Was Du dabei besonders beachten solltest, welche Formen von Konflikten es gibt und welche Tools für Deine Konflikt-Coachings hilfreich sein können, wollen wir auf den folgenden Seiten vorstellen.

Was sind eigentlich Konflikte?

„Konflikte sind das Salz in der Suppe des zwischenmenschlichen Lebens", sagt der Konfliktforscher Alexander Redlich. „Sie nerven, aber ohne sie gibt es keinen Fortschritt." Konflikte sind also notwendige Begleiterscheinungen des menschlichen Zusammenlebens, die Redlich in einigen Leitsätzen zusammengefasst hat:

1. Konflikte sind Bestandteile eines jeden persönlichen wie organisationalen **Veränderungsprozesses.**

2. Konflikte entstehen aus nicht (ausreichend) geklärten **Interessensunterschieden.** Hinter einem Konflikt steht also die positive Absicht der Beteiligten, das aus ihrer Sicht Richtige zu tun und ihre Interessen zu verfolgen.

3. Konflikte neigen dazu, **zu eskalieren** und erheblichen Schaden anzurichten, wenn sie nicht erkannt und bearbeitet werden. Das Positive an einem Konflikt, der Impuls zu Ausgleich und Veränderung, kann dann nicht genutzt werden.

4. Nicht jeder Konflikt gehört auf die **Beziehungsebene,** obwohl er sich hier oft erst manifestiert. In der Regel bilden organisatorische oder strukturelle Unklarheiten und Ungerechtigkeiten die Ursache für einen zwischenmenschlichen Konflikt.

Grundsätzlich ist ein Konflikt also nichts Schlechtes, sondern oft sogar die Voraussetzung für Veränderung und Weiterentwicklung. Als unangenehm werden meist die starken Emotionen erlebt, die in Konflikten aufwallen, und damit geht jeder anders um. Daher ist es wichtig, dass Du als Coach Deine eigene innere Konflikt-Landkarte kennst, so dass Du auch Coachees mit einem ganz anderen Konfliktverhalten unterstützen kannst. Solange Konflikte nicht als unliebsame Störungen aufgefasst werden, sondern die ihnen zugrundeliegenden Interessengegensätze zutage treten, kannst Du sie auch im Coaching als Motoren der Entwicklung und als Bestandteile einer fehlerfreundlichen Kommunikationskultur nutzen.

> *Alexander Redlich, Konfliktmoderation. Handlungsstrategien für alle, die mit Gruppen arbeiten. Mit vier Fallbeispielen.*
> *Hamburg: Windmühle 1997.*

Wie ich einen Konflikt erlebe, entscheidet sich auf meiner inneren Landkarte

Oft werden schon kleine Spannungen als Konflikt bezeichnet, weshalb es sich im Coaching immer lohnt, erst einmal genau hinzuschauen. Was für uns ein

Konflikt ist, hängt entscheidend von unserer inneren Landkarte ab. Wenn also eine Coachee zu Dir kommt und sagt: „Ich habe da einen Konflikt“, gilt es zuerst zu erfragen, was sie denn in der Sache genau damit meint, und was der Begriff ‚Konflikt‘ überhaupt für sie bedeutet, also wie der Begriff besetzt ist und welche Konnotationen mitschwingen, wenn sie von Konflikten redet. Lass Dir hier genau ihr Konflikterleben und ihre Konfliktbewertung beschreiben. Glaubt sie, dass Konflikte schlecht sind, und fühlt sich daher schuldig oder schämt sich? Oder geht sie davon aus, dass Konflikte normale Bestandteile des Zusammenlebens sind, und freut sich auf die anstehende Chance zur Klärung? Für die im Coaching zu erarbeitenden Lösungsansätze sind das fundamentale Unterschiede!

Zwei Definitionen von Konflikt

Auch wenn wir Menschen unterschiedlich auf Konflikte reagieren und mit Konflikten umgehen, ist es hilfreich, nach einer Definition zu suchen, was denn ein Konflikt eigentlich sei. Das lateinische *confligere* meint ‚zusammenstoßen‘, ‚streiten‘, ‚kämpfen‘, und *moderare* bedeutet ‚mäßigen‘. Es geht bei einer Konfliktmoderation demnach um die Mäßigung eines Streits, z. B. bei der Urlaubsplanung. Er: „Liebling, lass uns in die Berge fahren.“ Sie: „Nein, Schatz, ich will dieses Jahr lieber ans Meer.“ Er: „Nein, lass uns doch dieses Mal lieber in die Berge fahren.“ In diesem Fall liegt ein Konflikt vor, so Fritz B. Simon, denn es kommt zu einer kürzer oder länger währenden „Oszillation zwischen den Positionen, die sich gegenseitig negieren, ohne dass es zu einer Entscheidung käme“. Der Konflikt dauert an, solange beide Parteien auf ihren widerstreitenden Positionen beharren; je länger dies dauert, ohne dass der Konflikt bearbeitet wird, umso mehr droht er zu eskalieren. Ein Konflikt lässt sich aber leicht auflösen, indem etwa eine Entscheidung herbeigeführt wird. Eine Partei kann nachgeben, man kann einen Kompromiss aushandeln oder eine Münze werfen. Gelingt dies nicht, weil die Parteien zu sehr in den Konflikt verstrickt sind, hilft oft eine Mediation oder Konfliktmoderation.

> *Fritz B. Simon, Einführung in die Systemtheorie des Konflikts. Heidelberg: Carl-Auer 2010.*

Während Simon einen Konflikt systemtheoretisch elegant als „doppelte Negation“ sieht („Nein!“ – „Doch!“), hat der Konfliktforscher Friedrich Glasl eine längere und etwas kompliziertere Definition vorgelegt, die wir Dir hier ebenfalls anbieten wollen: „Ein sozialer Konflikt ist eine Interaktion (ein aufeinander bezogenes Kommunizieren oder Handeln) zwischen Aktoren (Individuen, Gruppen, Organisationen ...), wobei wenigstens ein Aktor Unvereinbarkeiten im Denken/Vorstellen/Wahrnehmen und/oder Fühlen und/oder Wollen mit dem anderen Aktor (anderen Aktoren) in der Art erlebt, dass im Realisieren eine Beeinträchtigung durch einen anderen Aktor (die anderen Aktoren) erfolgt."

Friedrich Glasl, Konfliktmanagement. Ein Handbuch für Führungskräfte, Beraterinnen und Berater. 11. Auflage. Bern/Stuttgart: Haupt 2013.

Glasl konzentriert sich also auf soziale Konflikte, an denen mindestens zwei Menschen (oder Organisationen, Staaten etc.) beteiligt sein müssen, und scheidet dadurch Phänomene wie etwa den inneren Konflikt aus. Wichtig an seiner Definition ist, dass es schon ausreicht, wenn eine der beteiligten Parteien („wenigsten ein Aktor") sich in ihrem Denken oder Tun durch eine andere Partei beeinträchtigt fühlt, und dass es sich wirklich um eine Beeinträchtigung mit praktischen Konsequenzen handeln muss („im Realisieren eine Beeinträchtigung"). Dass ich lediglich in bestimmten Punkten anders denke als meine Kollegin, reicht noch nicht für einen Konflikt. Bei inneren, intrapsychischen Konflikten sind es unsere eigenen, inneren Stimmen oder Persönlichkeitsanteile, die miteinander im Clinch liegen („Ich mache mich endlich selbständig!" – „Nein, das ist zu unsicher!" – „Doch, das ist gut, weil ich da eine große Gestaltungsfreiheit über mein Leben habe!" usf.). Auch hier gilt, dass davon eine reale Beeinträchtigung meines (Er-)Lebens ausgehen muss, um von einem Konflikt zu reden. Denke ich mal das eine und mal das andere, liegt noch kein Konflikt vor.

Konfliktkonstellationen

Der innere Konflikt bildet einen Sonderfall innerhalb der Konfliktkonstellationen, weil er kein sozialer Konflikt im Sinne Glasls ist. Bei allen anderen Konflikten geht es immer um mehrere Menschen, die miteinander mehr oder weniger intensiv streiten. Hier ist zunächst zu klären, wie die genaue Konstellation des Konflikts aussieht. Handelt es sich um einen Konflikt zwischen zwei oder mehreren Einzelpersonen? Zwischen einer Person und einer Gruppe? Oder zwischen zwei Personen innerhalb einer Gruppe? Oder zwischen zwei Gruppen? Diese Unterscheidungen sind auch deshalb wichtig, damit geklärt werden kann, in welchem Setting der Konflikt angesprochen werden sollte. Ist er überhaupt in einem Einzel-Coaching zu lösen? Oder sollte er nicht eher im Rahmen eines Team-Coachings oder einer Konfliktmoderation bearbeitet werden, in die alle Konfliktparteien involviert sind?

Konfliktarten

Konflikte werden meist erst als solche wahrgenommen, wenn sie auf der Beziehungsebene landen. Der Konflikt erscheint dann als ein persönlicher Streit zwischen zwei oder mehreren Personen, die nicht (mehr) miteinander auskommen. Doch reine Beziehungskonflikte, in den ausschließlich persönliche Antipathien den Ausschlag geben, sind nach unserer Erfahrung eher die Ausnahme. In aller Regel haben Konflikte objektive Ursachen, die außerhalb der beteiligten Personen liegen: Ein Konflikt kann sich an unterschiedlichen Zielen, Werten oder Bewertungen entzünden, sich um unklare Rollen und Strukturen drehen oder auch um die Verteilung von Ressourcen wie Gehalt, Büro oder Dienstwagen, aber auch Zuneigung und Aufmerksamkeit. Im Coaching gilt es daher, neben der Konfliktkonstellation auch die Konfliktart gemeinsam zu ergründen: *Was lag dem Konflikt zugrunde, als er anfing? Ist es eher ein Zielkonflikt, ein Werte- oder Bewertungskonflikt, ein Strukturkonflikt, ein Rollenkonflikt, ein Verteilungskonflikt oder doch auch im Kern ein Beziehungskonflikt?*

Manchmal ist eine solche Unterscheidung gar nicht mehr so leicht zu treffen, weil der Beziehungsaspekt, den jeder Konflikt früher oder später bekommt, alles andere schon stark überlagert. Umso mehr lohnt es sich zu schauen, womit alles angefangen hat. Dabei ist die vorgeschlagene Unterscheidung der Konfliktarten nicht immer trennscharf, aber darauf kommt es nicht an. Viel wichtiger als eine klare Unterscheidung ist, dass Du mit Deinen Coachees in ein Gespräch eintrittst, in dem nach und nach die objektiven Grundlagen des Konflikts zutage treten. Schon diese Rekonstruktion der Konfliktgeschichte ist für Dein Gegenüber entlastend, weil auf diese Weise deutlich wird, dass dem Konflikt reale und auch legitime Interessensunterschiede zugrundeliegen. Sobald die sachlichen Grundlagen des Konflikts in den Fokus gelangen, treten die persönlichen Aspekte in den Hintergrund.

Mögliche Fragen zur Explorierung der Konfliktgeschichte können sein: *Was war der Ursprung des Konflikts? Wann fing es an? Was war zuerst da, was passierte dann?* Die Geschichte eines Konflikts lässt sich gut auf einem Zeitstrahl visuell darstellen und wird so nachvollziehbar. Wenn wir dabei von einem Ursprung reden, dann tun wir das immer vor dem Hintergrund unserer systemischen Haltung. Wir wissen zwar, dass es bei Konflikten – wie in jeder Form der Kommunikation – keinen Ursprung gibt, also niemanden, der ‚angefangen' hat, sondern dass die Beteiligten ihren Konflikt in rekursiver Wechselwirkung miteinander erzeugen. Im Coaching schaust Du daher mehr auf die Zutaten und Rückkopplungsschleifen der Konfliktgeschichte als auf ihre strenge Kausalität. Doch zugleich ist es interessant zu erfahren, was Dein Gegenüber für den Ursprung und die Ursache des Konflikts hält, denn dort, bei seiner Sichtweise, gilt es ja anzusetzen: *Was ist in der Geschichte dieses Konflikts alles drin? Wer hat an ihr mitgeschrieben? Wann hat sie begonnen, und wie hat sie sich seither verändert?*

Mit der Strukturierung des Konfliktgeschehens schaffst Du die Grundlage für die Bearbeitung des Anliegens. Wie es dann weitergeht, hängt vom Auftrag ab. Die Coachee kann beispielsweise verstehen wollen, warum XY so handelt, oder sie möchte wissen, welches ihre nächsten Schritte sein könnten oder aber sie wünscht sich Unterstützung für ein anstehendes Klärungsgespräch. Du bleibst hier aufmerksam für das, was Deine Coachee erreichen will, und erteilst Dir nicht selbst einen Auftrag, weil Du vielleicht mit dem Glaubenssatz durchs Leben läufst, dass Konflikte immer und sofort gelöst werden müssen.

Schauen wir noch einmal auf die möglichen Konfliktarten:

Strukturell bedingte Konflikte sind häufig in Organisationen zu finden, die stets bestimmte Strukturen ausbilden, um Komplexität zu reduzieren: Wer entscheidet wie, worüber und wann? Welches sind die offiziellen Wege der Kommunikation, wo werden diese durch den Flurfunk ersetzt? Wer wird wann wie ge- und befördert? Wenn solche Strukturen im Aufbau oder im Ablauf der Organisation unklar oder gar widersprüchlich geregelt sind, können daraus in der Zusammenarbeit Konflikte zwischen Mitarbeitenden oder ganzen Abteilungen entstehen.

Davon zu unterscheiden sind **Rollenkonflikte**. Im Gegensatz zur Struktur, die festgeschrieben ist und nachgelesen werden kann, müssen Rollen kommunikativ ausgehandelt werden. In ihnen bündeln sich die Erwartungen, die auf eine Person gerichtet sind. Ein Rollenkonflikt kann beispielsweise dann entstehen, wenn einem ehemaligen Mitarbeiter der Wechsel in die Vorgesetztenrolle nicht gelingt, weil sich das freundschaftliche Verhältnis zu seinen ehemaligen Kollegen mit seinen neuen Führungsaufgaben ‚beißt'. Da wir alle stets mehrere Rollen haben, können Konflikte am ehesten dann entstehen, wenn wir uns in einer dieser Rollen nicht klar genug positionieren.

Zielkonflikte sind dann gegeben, wenn zwei oder mehrere voneinander abhängige Parteien gegensätzliche Absichten oder Zielsetzungen verfolgen. Zum Beispiel können die beiden Geschäftsführerinnen eines Unternehmens unterschiedliche Auffassungen darüber haben, ob sich die Organisation zunächst konsolidieren oder gleich weiter wachsen sollte. Zielkonflikte können auch dann entstehen, wenn Entscheidungen über den Kopf von Betroffenen hinweg getroffen werden.

Beurteilungs- bzw. Wahrnehmungskonflikte entstehen dann, wenn zwei oder mehrere Parteien über die Beurteilung des Weges streiten, auf dem ein gemeinsames Ziel erreicht werden soll. Mangelnder Informationsfluss, unterschiedliche Einstellungen und Werthaltungen sowie die schwach ausgeprägte Fähigkeit, sich in andere hineinzuversetzen, können hier zu Konflikten führen. Einen Sonderfall der Bewertungs- und Wahrnehmungskonflikte stellen echte **Wertekonflikte** dar. Werte sind ja feste, tief in uns verankerte Grundüberzeugungen, die dann, wenn wir auf Personen mit völlig gegensätzlichen Ansichten treffen, zu Konflikten führen können. Gerade in Zeiten der zunehmenden Globalisierung und Internationalisierung steigt die Wahrscheinlichkeit, dass Du es im Coaching auch mit kulturell oder religiös begründeten Wertekonflikten zu tun bekommen wirst.

Verteilungskonflikte kennt jeder. Sie ergeben sich häufig aufgrund der subjektiv als ungerecht empfundenen Zuteilung von Ressourcen. Warum landet das kleinste Pizzastück immer auf meinem Teller? Dabei ist nicht nur an Essen, Gehalt oder eine ausbleibende Beförderung zu denken, sondern auch an nicht-materielle Aspekte wie Wertschätzung und Anerkennung: Wieso spricht meine Chefin mit meinem Kollegen häufiger als mit mir?

An dieser Übersicht wird schon deutlich: Kann ich die Art des Konfliktes klären, dann liegen die sachlichen Aspekte auf dem Tisch, die verändert werden müssten, um den Konflikt wieder verschwinden oder zumindest weniger häufig auftreten zu lassen.

Die Stufen der Konflikteskalation

Der österreichische Konfliktforscher Friedrich Glasl, dessen Konfliktdefinition wir oben vorgestellt haben, hat ein einschlägiges Modell der Konflikteskalation entwickelt, das auch im Coaching hilfreich ist. Es basiert auf der Annahme, dass Konflikte dazu neigen, von ganz allein zu eskalieren, solange die Konfliktparteien sie nicht lösen, isolieren oder anderweitig eingrenzen. Kurz gesagt: Lässt man einen Konflikt einfach in Ruhe, so wird er sich unweigerlich ausbreiten und immer mehr Kollateralschäden anrichten. Glasl hat neun Stufen der Konflikteskalation ausgemacht:

1. Stufe: „Verhärtung"

Ein mehr oder weniger schwerer Anlass führt zu einer ersten Verstimmung oder Irritation auf wenigstens einer Seite der Konfliktparteien. Die Meinung oder das Verhalten des anderen wird nicht akzeptiert. Ein Arbeitskollege, der nicht grüßt, oder eine Vorgesetzte, die Entscheidungen trifft, ohne ihre Mitarbeitenden zu informieren, können Beispiele für einen derartigen Anlass sein. Man fängt an zu deuten, warum er oder sie das wohl getan hat, und fühlt sich in seiner Entfaltung behindert. Die folgenden Besprechungen fallen kühl aus oder drehen sich im Kreis; die Positionen verhärten sich.

2. Stufe: „Debatte und Polemik"

Das beanstandete Verhalten wird angesprochen. Die Parteien äußern offen ihren Unmut, und es kommt es zum Streit. Eine Lösung des Konflikts kann noch nicht gefunden werden, solange beide Parteien auf ihrer Meinung beharren oder ihre Interessen durchsetzen wollen. Die andere Möglichkeit besteht darin, dass die offene Auseinandersetzung vermieden wird. Der Konflikt, den vielleicht nur eine Seite hat, während die andere (noch) nichts ahnt, bleibt unausgesprochen, gärt aber im Untergrund weiter.

3. Stufe: „Taten statt Worte"

Die Konfliktparteien gehen sich nunmehr aus dem Weg: Eine direkte Kommunikation findet nicht mehr statt, das Konfliktgeschehen erkaltet und Taten treten an die Stelle von Worten. Man macht Dienst nach Vorschrift und spricht bestimmte Themen nicht mehr an. Eine offene, sachliche Auseinandersetzung wird immer schwerer. Stattdessen erstellen die Konfliktparteien virtuelle Listen, was die andere Seite alles falsch macht. Sie blicken zunehmend mit einem Tunnelblick, der alles andere als den Konflikt ausblendet, auf die Situation. Sie sind überzeugt, dass eine Aussprache nicht weiterführt, und brechen den Kontakt möglicherweise vollständig ab. Nicht selten treten auf dieser Stufe erste körperliche Krankheitssymptome wie etwa Kopfschmerzen und Übelkeit auf.

4. Stufe: „Images und Koalitionen "

Beide Konfliktpartner sehen jetzt bloß noch negative Aspekte bei dem anderen, das Trennende und nicht das Verbindende steht im Vordergrund. Freunde oder Kolleginnen werden angesprochen und als Verbündete, zumindest aber Sympathisanten für die eigene Sache angeworben. Aufgrund der hohen Emotionalität fällt es diesen meist nicht schwer, Partei zu ergreifen, was wiederum die eigene Position bestärkt. Es geht den Konfliktparteien nun kaum noch um die Sache als vielmehr darum, den Konflikt für sich zu entscheiden und als Sieger vom Platz zu gehen.

5. Stufe: „Gesichtsverlust"

Was hat der Andere wohl als nächstes vor? Mit Hilfe Dritter, die nun in den Konflikt involviert sind, wird (vorerst noch) gedanklich an Strategien gearbeitet: Die andere Seite soll unter Druck gesetzt werden, und die eigene Partei gilt es vor Angriffen zu schützen. Praktisch jedes Mittel scheint nun Recht, um diesen ‚Kampf' für sich zu entscheiden. Die Angelegenheit, die einst einen sachlichen Grund hatte, ist nun zu einem reinen Machtspiel geworden, das auf den Gesichtsverlust der anderen Seite abzielt.

6. Stufe: „Drohstrategien"

Nun wird es wieder heiß: Man nimmt Kontakt auf, um dem Anderen zu drohen: „Wenn Du noch einmal …, dann werde ich...". Die Vorgesetzte droht mit Entlassung, der Mitarbeiter damit, sensible Informationen an die Aufsichtsbehörden weiterzugeben. Die eigenen Wahrnehmungen, Gedanken und Gefühle haben jetzt nur noch ein Thema, um das sich alles dreht. Intrigen werden angezettelt und Gerüchte in Umlauf gebracht.

7. Stufe: „Begrenzte Vernichtungsschläge"

Eine neue Dimension im Verlauf des Konflikts wird eröffnet: Drohungen werden wahr gemacht, Kündigungen ausgesprochen und belastende Informationen durchgestochen. Die Wahrnehmungs- und Deutungsmuster der Konfliktparteien nehmen mehr und mehr paranoide Formen an. Man vergisst ‚zufällig', Bescheid zu sagen, wann ein wichtiger Termin angesetzt ist, oder nimmt den anderen heimlich aus dem E-Mail-Verteiler. Mit allen erlaubten wie unerlaubten Mitteln versuchen die Konfliktpartner nun, sich gegenseitig zu schaden. Im Großen und Ganzen findet das aber noch innerhalb der Regeln des Systems statt.

8. Stufe: „Zersplitterung"

Nun geht es noch härter zur Sache, und die Regeln des Systems finden keine Beachtung mehr: Offene Sabotage und Behinderung der Ziele des Anderen sollen seinen Einfluss zerstören. Kunden und Lieferanten werden über die internen Vorgänge informiert und manchmal auch Autoreifen zerstochen. Angriffe können sich nun aber auch auf die tatsächlichen oder nur vermeintlichen Verbündeten des Gegners richten.

9. Stufe: „Gemeinsam in den Abgrund"

Die Konfliktparteien haben nur noch ein Ziel: den Gegner psychisch, beruflich und gesellschaftlich zu zerstören. Das geht so weit, dass sogar in Kauf genommen wird, selber schweren Schaden davonzutragen und gemeinsam in den Abgrund zu stürzen. Die Hauptsache ist, der Gegner wird in seiner Existenz vernichtet und erleidet größtmögliche Verluste.

Glasls Modell ist, wie seine Metaphorik zeigt, auch an zwischenstaatlichen Konfliktlagen entwickelt worden. Im Coaching kann es Dir dabei helfen, gemeinsam mit Deinen Coachees zu erörtern, auf welcher Stufe der Eskalation der jeweilige Konflikt liegt, den sie mit ins Coaching gebracht haben. Ist er noch in der heißen Phase der Debatten und Polemiken oder schon in der kalten Phase des Kontaktabbruchs? Auf der Grundlage dieser Einschätzung ist dann auch zu entscheiden, ob Coaching überhaupt noch das Mittel der Wahl sein kann oder ob ggfs. eine Mediation oder Konfliktmoderation eher angezeigt wäre, um den Konflikt zu bearbeiten.

Als Faustregel kann gelten, dass sich Konflikte allenfalls auf den ersten drei Stufen allein durch Coaching noch lösen oder anderweitig neutralisieren lassen. Danach bedarf es schon eines Verfahrens, bei dem beide Parteien an einem Tisch sitzen. Und auf den obersten Stufen der Eskalation dürfte auch dies nichts mehr bringen: Dort helfen nur noch autoritäre Entscheidungen Dritter, also einer Führungskraft, eines Schiedsmannes oder einer Richterin. Das können Abmahnungen, Versetzungen oder sogar Verurteilungen sein. Aber man kann sich natürlich auf jeder Stufe im Coaching dabei begleiten lassen herauszufinden, um was für einen Konflikt es sich handelt, wo er gerade steht und was zu seiner Lösung oder Beilegung ein angemessenes Verfahren wäre.

Wichtig ist der Hinweis, dass die Konfliktparteien den Konflikt oft recht unterschiedlich erleben, so dass es gut möglich ist, dass die eine Seite sich hinsichtlich der Eskalationsstufen bereits auf Stufe 3 befindet und den Kontakt abbricht, während die andere Seite davon noch gar nichts ahnt und vielleicht sogar überrascht reagiert. Es können außerdem einzelne Eskalationsstufen übersprungen werden, und man kann auch wieder eine Stufe zurückgehen, um zum Beispiel aus dem Kontaktabbruch in den akuten Streit zu wechseln, um noch einmal seine Argumente vorzutragen. Generell gilt aber: Je weiter der Konflikt eskaliert ist, umso schwieriger wird es, ihn wieder auf eine niedrigere Stufe zu bringen.

Coaching-Grundsätze und Coaching-Tools bei konflikthaften Anliegen

Nach diesen Grundüberlegungen zu der Art und Weise, zu den Formen, Facetten und Eskalationsstufen, in denen Dir Konflikte begegnen können, wollen wir uns nun dem konkreten Vorgehen im Coaching zuwenden. Was solltest Du beachten, wenn Du mit einem konflikthaften Anliegen konfrontiert bist, und welche besonderen Interventionen stehen Dir zur Verfügung?

Die Konfliktgeschichte explorieren

Zunächst geht es immer darum, den Coachee in seiner Sicht des Konflikts erst einmal zu verstehen und das Leid, dass ihm dadurch entsteht, zu würdigen. Das ist ja eigentlich selbstverständlich und bei allen Coaching-Themen angesagt, doch hier sei es noch einmal besonders betont, weil Konflikte eben häufig starke emotionale und manchmal sogar gesundheitliche Implikationen haben. Daher kann als eine Art Grundregel des Konflikt-Coachings gelten: Nur wer sich in seiner eigenen Sichtweise vollauf verstanden fühlt, wird irgendwann bereit sein, sich probeweise auch in die Sichtweise des Konfliktpartners hineinzuversetzen – und darum wird es in der Bearbeitung eines Konflikts früher oder später immer gehen.

Ist dieses erste Ziel erreicht und der Coachee fühlt sich in seiner Sichtweise verstanden, dann geht es darum, die Konfliktgeschichte zu erkunden: Welches sind die sachlichen und emotionalen Aspekte dieses Konflikts? Wer ist beteiligt, und welche Konfliktkonstellation liegt vor? Wann hat es angefangen, und wie ist es weitergegangen und ggfs. eskaliert? Worum ging es am Anfang: Welche Art von Konflikt liegt vor? Wie verhält sich der Coachee und wie seine Konfliktpartnerin? Und wie sieht es im Inneren des Coachees aus, welche Knöpfe hat seine Gegenspielerin bei ihm gedrückt? Schon dieses Auseinanderdröseln der einzelnen Aspekte hat einen erleichternden Effekt. Der Blick weitet sich, und sobald Deine Coachees anfangen, aus einer sachlich-methodischen Perspektive über ihren Konflikt zu reden, kommt er ihnen schon nicht mehr so bedrohlich vor. Konflikte, so erleben sie nun im Gespräch, sind ganz normale Bestandteile des Lebens, von denen es solche und solche gibt und die in aller Regel sachliche Ursachen haben.

Merke:

Nur wer sich in seiner Sichtweise auf den Konflikt verstanden fühlt, also in seiner Wirklichkeitskonstruktion anerkannt wird, kann die Bereitschaft entwickeln, sich probeweise auch in die Sichtweise der Konfliktpartnerin hineinzuversetzen!

Die Konfliktdynamik beachten

Das Ziel des Coachings bei konflikthaften Anliegen ist fast immer, die Coachees in die Lage zu versetzen, neue Möglichkeiten im Denken oder Handeln zu finden; andere Sichtweisen, Gefühle und Gedanken im Hinblick auf ihren Konflikt zu erproben, um sich dann in der Praxis auch anders verhalten zu können. Besonders zu beachten ist dabei die Konfliktdynamik: In Konflikten verändert sich die Art und Weise, wie ein Geschehen wahrgenommen wird. Man ist ganz auf den Konflikt konzentriert und nimmt vor allem die potentiell negativen Dinge wahr. Mehr und mehr entwickelt sich ein Tunnelblick, der nur noch das (an-)erkennt, was die eigene, negative Sicht auf den Anderen bestärkt. Für Dich als Coach gilt es hier, diese Konfliktdynamik bei den Ausführungen Deines Coachees zu berücksichtigen und immer wieder zwischen zwei Blickrichtungen zu wechseln: einerseits die Innenwelt Deines Gegenübers zu erkunden, seine Gedanken, Gefühle und Wahrnehmungen zu erfragen, und andererseits immer wieder in die Außenwelt zu wechseln und nach Handlungen, Wortwechseln und konkreten Situationen zu fragen: Was genau ist geschehen? Welche Worte sind wann und wo gefallen? Wer hat was getan?

Diese beiden Perspektiven, die Außen- und die Innenwelt, beeinflussen und vermischen sich ständig, so dass es für Dich in der Coachrolle zunächst darum geht, zu unterscheiden, was subjektive Effekte sind, also Interpretationen und Deutungen, und was tatsächlich objektiv passiert ist. So kann der objektive Sachverhalt, dass die Daten für eine Präsentation nicht termingerecht aufbereitet waren, zu der subjektiven Einschätzung führen: „Der wollte mich sabotieren!" Doch tatsächlich mag es eine ganze Reihe anderer Erklärungen für die Verspätung geben. Durch Dein sachorientiertes Nachfragen trägst Du als Coach dazu bei, diese Vermischungen allmählich auch Deinem Coachee deutlich werden zu lassen: *Ah, ich verstehe: Sie waren verstimmt, weil die Daten nicht rechtzeitig vorlagen und hatten das Gefühl, Ihr Kollege habe dies absichtlich verzögert, um Ihnen zu schaden.* Diese Spiegelung ermöglicht es Deinem Gegenüber, seine eigene Sichtweise gleichsam von außen zu betrachten und sich dabei vielleicht selbst darüber zu wundern, wieso er die Sachlage ausgerechnet so und nicht anders einschätzt.

Bilder und Metaphern für die Außenwirkung in Konflikten anbieten

Um von der Konfliktgeschichte und von der konkreten Konfliktdynamik auf eine Meta-Ebene zu kommen, die einen Blick aus der Distanz ermöglicht, kannst Du Deinen Coachees auch Bilder und Metaphern anbieten. Solche Hilfsmittel verleihen dem Umgang mit dem Konflikt etwas Leichtes, Spielerisches. So kannst Du ihnen zum Beispiel Tiere mit ihrem spezifischen Konflikt-Verhalten als Bilder anbieten: Was würden Sie sagen, erlebt Ihr Gegenüber Sie im Konflikt eher als Löwe oder als Hase, als Schlange oder als Igel?

Zuvor solltest Du die Tiere in ihrem jeweiligen, Flucht-, Angriffs- oder Erstarrungsverhalten kurz vorstellen. Natürlich werden damit lediglich Verhaltenstendenzen angedeutet, denn niemand *ist* eine Löwin oder ein Igel – und schon gar nicht immer und ausschließlich. Wie man sich in Konflikten verhält, hängt ja nicht zuletzt stark vom jeweiligen Kontext ab. Das heißt, in einem Konfliktfall ist es vielleicht möglich, Verhaltensweisen an den Tag zu legen, die man der Metapher Hase zuordnen würde, während man bei einem anderen Konflikt eher wie eine Schlange agiert. Und doch scheinen sich bestimmte Verhaltensweisen in Stress- oder Konfliktsituationen zu verfestigen – jedenfalls fällt es den meisten Coachees leicht, recht schnell ‚ihr' passendes Tier zu finden.

Der **Löwe** ist laut und cholerisch und geht keinem Konflikt aus dem Weg. Seine Konfliktstrategie ist Angriff. Sein Motto lautet: Ich bin der Stärkste! Das schüchtert ein, gibt aber auch Sicherheit. Man weiß, woran man ist. Und nach dem Aufbrausen ist es dann auch wieder gut – wie nach einem reinigenden Gewitter. Der **Hase** reagiert auf Gefahr mit Flucht. Er macht sich eilig aus dem Staub, schlägt Haken und ist schwer zu packen, wenn es um Konflikte geht. Wenn er gar keinen Ausweg mehr sieht, erstarrt er. Er ist ein friedlicher Typ und eher Opfer als Angreifer. Irgendwie schafft er es damit, dass man ihm nichts anhaben will. Der **Igel** ist eher scheu, er igelt sich buchstäblich ein und zieht sich nach innen zurück, wenn es ihm zuviel wird. Er stellt sich tot und öffnet sich erst dann wieder, wenn er Vertrauen entwickelt hat. Er braucht in jedem Fall seine Rückzugsmöglichkeit. Rückt man ihm dort zu sehr auf die Pelle, kann es schmerzhaft ausgehen und man holt sich schon einmal eine blutige Nase. Die **Schlange** bleibt erst einmal unsichtbar: Sie wartet ab und schlägt zu, wenn man es am wenigsten erwartet. Wer das einmal erlebt hat, ist auf der Hut. In Notfällen windet sie sich heraus und findet stets einen Ausweg. Sie handelt strategisch und sagt selten klar heraus an, was Sache ist.

Du bietest Deinen Coachees diese (oder andere) Tier-Metaphern an, um damit ihre eigene Außenwirkung in Konflikten zu beschreiben und auf diese Weise die Reaktion der anderen besser zu verstehen. Das bringt im Coaching etwas Spielerisches ins Thema und schafft Distanz zu den eigenen Verhaltensmustern. Wenn man sich im Bild der aufbrausenden Löwin wiederfindet, kann man das eigene Konflikt-Verhalten ein Stück weit von außen betrachten und vielleicht sogar darüber schmunzeln. Und es ist dann plötzlich etwas weniger verwunderlich, dass sich die Igel- und Hasen-Kollegen angesichts eines solchen Konfliktverhaltens eher zurückziehen. Auch als Coach solltest Du Dir klarmachen, welches Tier-Bild am ehesten zu Dir passt und wie Dein eigenes Verhalten in Konflikten aussieht. Indem Du Dir auch hier Klarheit über Deine eigene Landkarte verschaffst, kannst Du es vermeiden, als Löwen-Coach plötzlich Schwierigkeiten mit Deiner Hasen-Coachee zu bekommen, weil sie Dir unnötig zaghaft vorkommt. Als professionelle Coach kennst Du Deine eigene innere Konflikt-Landkarte und bist dadurch in der Lage, auch solche Entwicklungsziele zu begleiten, die Dir naturgemäß eher fremd wären.

Ein Fallbeispiel: „Der Hase und der Löwe"

Herr R., Teamleiter in einem mittelständischen Technologie-Unternehmen, kommt auf Empfehlung seines Bereichsleiters zu mir. Er hat seit seiner Rückkehr aus einer längeren krankheitsbedingten Abwesenheit Probleme in der Zusammenarbeit mit seinem Vorgesetzten und soll durch das Coaching „den Rücken gestärkt" bekommen.

Herr R. schildert seine Situation und berichtet von dem Gefühl, gegen seinen Vorgesetzten nicht anzukommen und dem Druck, dem er sich durch dessen Verhalten ausgesetzt fühlt, nichts entgegensetzen zu können. Er beschreibt, dass sich seine Arbeitsweise und seine Vorgehensweise in der Lösung technischer Probleme deutlich von der seines Vorgesetzten unterscheiden, was öfter zu Konflikten führe. Herr R. hat sich nach eigener Schilderung den Ruf eines „Problemlösers für knifflige Fälle" erarbeitet, während sein Vorgesetzter ihm vorwerfe „Probleme zu sehen, wo gar keine sind". Herr R. berichtet von regelmäßigen verbalen Auseinandersetzungen, bei denen er in eine Art „Lähmung" verfalle, während sein Vorgesetzter immer lauter werde.

Ich schlage Herrn R. vor, im Coaching auf sein Konfliktverhalten und den Verlauf dieser Auseinandersetzungen mit seinem Vorgesetzten zu schauen. Dazu stelle ich ihm die Tiermetaphern (Löwe, Hase, Igel,

Schlange) vor. Sehr schnell erkennt sich Herr R. in dem Hasen wieder, der, wenn es ihm zu viel wird und er sich hilflos fühlt, erstarrt und zu keiner Regung mehr fähig ist. In seinem Vorgesetzten meint er den Löwen zu erkennen, der sich schnell aufregt, dabei laut herumbrüllt, sich dann aber auch recht schnell wieder „abregt". Nachdem ich Herrn R. Verständnis für seine Position und sein Verhalten signalisiert habe, biete ich ihm an, sich in seinen Vorgesetzten hineinzuversetzen, um die Absichten hinter seinem Verhalten besser zu verstehen. Es gelingt ihm, einige Hypothesen zu entwickeln, was sein Vorgesetzter in Situationen, in denen es zu dem wiederkehrenden Konfliktverhalten beider Seiten kommt, von ihm möchte. Zudem erkennt er, wie beide durch ihr Verhalten zu der Konfliktdynamik beitragen. Eine zentrale Aussage von Herrn R. dazu ist: „Er möchte sich mit mir messen, und ich weiche ihm aus. Dadurch wird er noch wütender und ich immer ängstlicher. Klären können wir auf diese Weise gar nichts". Im Folgenden erarbeiten wir Strategien, wie Herr R. in Situationen, in denen er sich von seinem Vorgesetzten in die Enge getrieben fühlt, rechtzeitig gegensteuern kann, um der drohenden Lähmung zu entgehen. Was dann noch bleibt, sind die unterschiedlichen Vorstellungen von der Vorgehensweise bei der Lösung technischer Herausforderungen. Herr R. möchte seinem Vorgesetzten seine eigene Herangehensweise erläutern und dessen Erwartungen an zu erreichende Lösungen klären. Sein Ziel, den Lösungsweg selbst zu bestimmen, sieht er als realistisch an, wenn es ihm gelänge, zufriedenstellende Ergebnisse zu liefern. Mit Hilfe von Perspektivwechseln und einem Rollenspiel bereitet sich Herr R. im Coaching auf das Gespräch mit seinem Vorgesetzten vor. In der folgenden Coaching-Sitzung berichtet Herr R. erleichtert von dem Gespräch mit seinem Vorgesetzten, in dem es ihm gelungen ist, seinen Standpunkt zu vertreten und die Erwartungen seines Gegenübers zu verstehen, um sie in die zukünftige Vorgehensweise zu integrieren. Besonders stolz ist er darauf, dass er es geschafft hat, im Dialog zu bleiben und die für ihn wichtigen Themen zu vertreten. Am Ende bemerkt er: „Ich fühle mich zwar immer noch wie ein Hase, aber ein mutiger Hase, der nicht gleich erstarrt, wenn es gefährlich wird."

Vom Egogramm bis Lumina Spark: Persönlichkeitstests im Coaching einsetzen

Um das Verhalten Deiner Coachees in Konflikten oder ganz allgemein unter Stress zu reflektieren, kannst Du im Coaching auch mit Persönlichkeitstests

ICH-ZUSTÄNDE IN DER KOMMUNIKATION AUS SICHT DER TRANSAKTIONSANALYSE

ELTERN-ICH

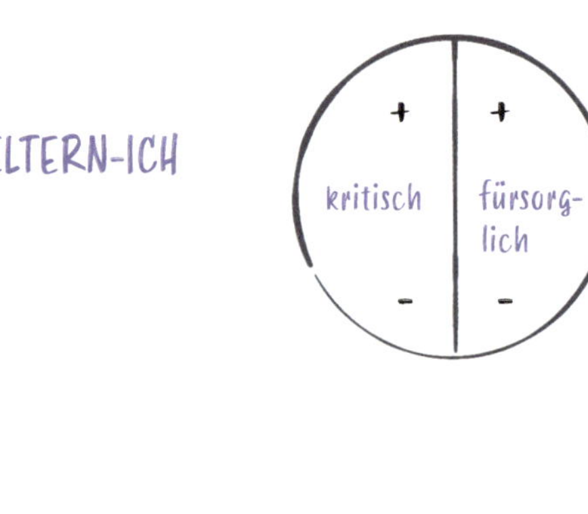

Von Eltern/Autoritäten übernommene Haltungen
Normen + Werte
Gebote + Verbote

ERWACHSENEN-ICH

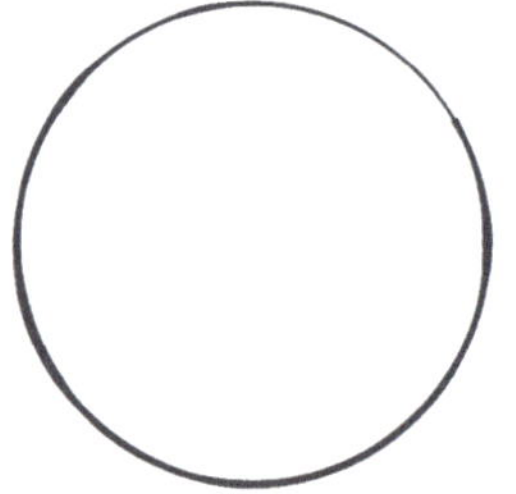

Sachliche/professionelle Haltungen: Rational, fragend, abwägend, bedacht

KIND-ICH

Haltungen aus der Kindheit

Gefühle + Handlungen:
- spontanes
- kreatives
- trotziges/freches
- schüchternes/angepasstes

Verhalten

arbeiten. Davon gibt es mittlerweile ein breites Angebot, und manche dieser Tests – wie zum Beispiel Lumina Spark – unterscheiden das alltägliche Verhalten von dem in stressigen Situationen. Zwar sind solche Testverfahren keine systemischen Tools, sondern arbeiten eher diagnostisch: Sie geben vor, dass wir Menschen auf eine bestimmte Weise ‚sind' und uns in bestimmten Situationen immer wieder auf eine (vorher-) bestimmte Weise verhalten. Dennoch kann man auch solche diagnostischen Verfahren im Coaching nutzen, sofern man dies aus einer systemischen Haltung heraus tut. Folgende Rahmenbedingungen sind dabei zu beachten:

Die erste Bedingung dafür, dass Du mit solchen Tools im Coaching arbeitest, liegt darin, dass sie Dir liegen und Du darin einen Mehrwert für Deine Coachees siehst. Wenn sie Dir unnötig vereinfachend oder normierend erscheinen, lass sie weg. Du solltest ja generell nur mit Interventionen arbeiten, von denen Du überzeugt bist und mit denen Du Dich wohlfühlst. Unsicherheit vermittelt sich auf Dein Gegenüber und kann den Prozess stören. Die zweite Bedingung ist, dass sich Deine Coachees bei einem passenden Anliegen dazu einladen lassen, so etwas wie einen Persönlichkeitstest einmal auszuprobieren. Wenn sie das nicht mögen oder schlechte Erfahrungen damit gemacht haben, lässt Du den Vorschlag gleich wieder im virtuellen Papierkorb verschwinden. Keinesfalls aber verordnest Du derartige diagnostische Verfahren *(Meiner Meinung nach sollten Sie …)*! Die dritte Bedingung besteht darin, dass die Ergebnisse eines solchen Tests niemals absolut zu setzen sind. Es kommt dabei etwas heraus, das nur mit diesem einen Test hier und heute so herauskommen konnte – und das morgen und mit einem anderen Test auch ganz anders sein könnte.

Die entscheidende Frage ist daher immer: Was kann Deine Coachee mit dem Ergebnis anfangen? Danach gilt es zu fragen: *Was überrascht Sie an den Testergebnissen und was haben Sie so oder ähnlich erwartet? Auf welchen Boden fällt das Ergebnis? Woran möchten Sie arbeiten bzw. in welchen Bereichen möchten Sie sich verändern?* Entscheidend für das Coaching sind nicht die Ist-Werte und Zuschreibungen, die ein solcher Test produziert, sondern die Art und Weise, wie Ihr im Coaching damit umgeht. Die Testergebnisse sind in der Regel Ausgangsdaten für einen Veränderungsprozess, der immer darauf zielt, die Handlungsoptionen Deiner Coachees auch und gerade in schwierigen Situationen zu erweitern.

Es gibt Persönlichkeitstest, die frei zugänglich sind, wie etwa das Egogramm der Transaktionsanalyse. Es arbeitet mit sechs Ich-Zuständen, die Eric Berne in Anlehnung an das Instanzenmodell der Freudschen Psychoanalyse entwickelt hat: ein Eltern-Ich (aufgeteilt in einen kritisch-normativen und einen nährend-fürsorglichen Teil), ein Erwachsenen-Ich und ein Kind-Ich (aufgeteilt in das freie, das rebellische und das angepasste Kind). Mit einem Ich-Zustand ist die Art und Weise des Zusammenwirkens von Gedanken, Gefühlen und Verhaltensweisen gemeint, die wir in einem bestimmten Moment – zum Beispiel in einer Konfliktsituation – als Teil unseres Repertoires an möglichen Verhaltens- oder Kommunikationsweisen unserer Persönlichkeit zum Ausdruck bringen. Der Transaktionsanalyse geht es darum, auch in schwierigen Situationen in der Kommunikation (wieder) auf Augenhöhe zu kommen und allzu kindliche (von unten nach oben schauend) ebenso wie allzu elterliche (von oben herab schauend) Haltungen zu erkennen, um sie schließlich durch erwachsenes Konfliktverhalten ersetzen zu können.

Andere Diagnostik-Tools sind rechtlich geschützt und müssen gekauft werden. Hier wäre zum Beispiel das Modell von Lumina Spark zu nennen, das mit vier einprägsamen Farbstilen und acht Verhaltensaspekten (menschenorientiert, inspirationsgesteuert, ideenfokussiert, extravertiert, ergebnisorientiert, disziplingesteuert, realitätsfokussiert, introvertiert) arbeitet, aus denen sich wiederum 24 Qualitäten ergeben, die unabhängig voneinander erfasst werden. Die 144 Fragen des Lumina-Fragebogens sind so angelegt, dass differenzierte Ergebnisse entstehen können und vereinfachendes Schubladen-Denken vermieden wird. So ist man hier nicht entweder introvertiert oder extravertiert, sondern erhält Werte in beiden Bereichen. Das Ergebnis des Fragebogens wird in Form eines bunten Farbflecks (‚Splash') dargestellt, den man sich in Farbe und Form gut einprägen kann. Ein Vorteil des Lumina-Profils besteht darin, dass hier drei unterschiedliche Personas abgefragt werden: die zugrunde liegende, die alltägliche und übertriebene Persona. Die eigene Persönlichkeit wird also in ihrem Ruhezustand, in ihrer alltäglichen Ausprägung und unter Stress beobachtet. Oft tauchen in der dritten Persona Verhaltensweisen auf, die in alltäglichen Situationen kaum oder gar nicht erkennbar sind. Gerade diese Ausdifferenzierung ist im Coaching hilfreich für die Arbeit mit und an konflikthaften Anliegen.

Die meisten Persönlichkeitstests arbeiten mit einem Fragebogen, dessen Ausfüllung Du Deinen Coachees nach vorheriger Absprache als Hausaufgabe mitgeben kannst. Die Ergebnisse werten sie dann entweder selbst aus und bringen sie zur nächsten Sitzung mit (etwa beim Egogramm), oder sie werden – im Fall eines Online-Fragebogens – von Dir als Coach ermittelt und den Coachees in der Folgesitzung vorgestellt (so etwa bei Lumina Spark). Im Coaching geht es dann darum, wie mit den Test-Ergebnissen zu verfahren ist und welche Entwicklungsimpulse daraus möglicherweise weiterverfolgt werden sollen.

Eric Berne, Spiele der Erwachsenen. Psychologie der menschlichen Beziehungen. Reinbek: Rowohlt 2002 (Original: Games People Play,1964).

Ein Vier-Phasen-Modell für das Konflikt-Coaching

Nach diesen Vorüberlegungen zu grundsätzlichen Haltungen und Frageperspektiven im Konflikt-Coaching wollen wir Dir nun eine konkrete Methode vorstellen, die Du bei konflikthaften Anliegen einsetzen kannst. Es handelt sich um ein Modell, das die Aufmerksamkeit im Coaching auf vier unterschiedliche Phasen richtet:

1. Phase: Den Konflikt erkunden
Zunächst gilt es, den Coachee sein Anliegen in Ruhe beschreiben zu lassen, um die sachlichen und emotionalen Aspekte des Konflikts zu verstehen. Du erkundest hier die Konfliktlandkarte Deines Coachees und stellst Nachfragen zu den sachlichen Aspekten (wer, wie, wo, wann?), aber auch zum eigenen Erleben des Konflikts und seiner Dynamik. Es geht hier noch nicht darum, einen Perspektivwechsel einzuleiten, sondern den Coachee in seiner eigenen Sicht der Dinge zu verstehen und dabei auch seinen Leidensdruck anzuerkennen.

2. Phase: Den Blick weiten
Im nächsten Schritt versuchst Du nun, das feste Konfliktbild Deines Coachees ein wenig aufzuweichen und ihn vorsichtig aus seinem Tunnelblick zu lösen. Einer späteren Lösung soll an dieser Stelle bereits der Weg geebnet werden, indem Du Deinen Coachee anregst, den Blick auf die Situation behutsam zu weiten. Fragen nach dem Worst Case *(Stellen Sie sich vor, der Konflikt endet mit dem schlimmstmöglichen Ergebnis. Wie sähe das aus?)* können verdeutlichen, dass er der Situation nicht ausgeliefert ist, sondern die Lage durch eigenes Handeln beeinflussen kann. Fragen nach dem Best Case rücken mögliche Lösungswege in den Blick: *Wenn Sie sich eine Lösung des Konfliktes wünschen könnten, wie würde diese aussehen?* Noch immer geht es nicht darum, Dein Gegenüber zu einem Perspektivwechsel einzuladen, wohl aber, ihn die Spannbreite seiner Möglichkeiten spüren zu lassen.

3. Phase: Den Perspektivwechsel einleiten
Nun erst, in der dritten Phase, regst Du Deinen Coachee an, sich in die von ihm vermutete Sichtweise seines Konfliktpartners einmal probeweise hineinzuversetzen. Im Verstehen der Beweggründe der anderen Partei liegt der Schlüssel für eine friedliche Lösung von Konflikten. Hier zeigt sich, ob Dein Coachee schon in der Lage ist, seinen Tunnelblick abzulegen und sich in den anderen einzufühlen. Sollte das noch nicht gelin-

gen, kam der Perspektivwechsel zu früh. Du gehst dann wieder einen Schritt zurück und versuchst, die Problemperspektive Deines Coachee noch besser zu verstehen. Er muss fühlen, dass seine eigene Position von Dir gewürdigt wird, ehe er bereit ist, sich in die Sichtweise der anderen Person hineinzuversetzen.

4. Phase: Erste Lösungsschritte erarbeiten

Ist der Perspektivwechsel gelungen, kannst Du in der vierten Phase gemeinsam mit Deinem Coachee reflektieren, was die beiden Konfliktpartner brauchen, um ihren Konflikt beizulegen. Mit welchen alternativen Verhaltensmöglichkeiten könnte Dein Coachee eine Lösung oder wenigstens eine Entschärfung des Konfliktes herbeiführen? Und welche davon würde er gern einmal ausprobieren? Es wird vorkommen, dass es Dir nicht sofort gelingt, Dein Gegenüber für solche Schritte zu begeistern. Auch kann es sein, dass seine Bereitschaft, das Geschehen präzise darzustellen, nicht besonders groß ist. Womöglich hat er die Wahrnehmung für sein Umfeld verloren und sich komplett in die eigene Wahrnehmung und in das eigene Erleben zurückgezogen (sozialer Autismus). Oder er fällt in seinem Konflikterleben in trotzige oder beleidigte, kindische Verhaltensmuster zurück (Regressionseffekte), brüllt und schreit (fehlende Impulskontrolle), tritt die Flucht an oder fühlt sich klein.

In solchen Fällen heißt es für Dich immer dranzubleiben, ohne aufdringlich zu sein und Dein Gegenüber zu sehr zu bedrängen. Meist helfen dann unterstützende Fragen; vielleicht ist der Coachee auch noch nicht bereit, eine andere Perspektive als die eigene einzunehmen. Dann ist das so, und Du versuchst, noch genauer zu verstehen und noch mehr Verständnis für sein Erleben zu signalisieren.

Hilfreiche Fragen an Coachees in Konfliktsituationen

- Was löst die andere Person bei Ihnen aus?
- Welchen möglichen ‚Knopf' hat sie bei Ihnen gedrückt?
- Welche Ihrer Fähigkeiten fordert die andere Person am stärksten heraus?
- Was könnte die positive Absicht ihres Verhaltens sein?
- Was hat die andere Person, das Sie (in Maßen) auch gern hätten?

Den Perspektivwechsel mit der Stuhlmethode einleiten

Der Perspektivwechsel, also das Sich-Hineinversetzen in die Lage der anderen Person, ist der Königsweg in der Konfliktbearbeitung, insbesondere wenn es um Konflikte geht, die sich auf der Beziehungsebene abspielen. Du kannst ihn im Coaching sehr wirkungsvoll einleiten, indem Du Deiner Coachee anbietest, sich zur Unterstützung des Perspektivwechsels auf einen anderen Stuhl zu setzen. Dann befindet sie sich auch körperlich auf einem anderen Platz, zum Beispiel dem ihres Konfliktpartners, wodurch der Perspektivwechsel körperlich erlebbar wird. Diese Stuhlmethode stammt aus dem Psychodrama: Du arbeitest mit drei Stühlen, die für die Perspektive der Coachee (ICH-Stuhl), die Perspektive ihres Konfliktpartners (DU-Stuhl) sowie drittens für die Meta-Perspektive (META-Stuhl) stehen. Natürlich brauchst Du als Coach einen weiteren, also vierten Stuhl. Die Coachee schildert nun zuerst ihr eigenes Erleben auf dem ICII-Stuhl; sie wechselt dann auf den DU-Stuhl und stellt sich vor, nun der Konfliktpartner zu sein. Als Coach unterstützt Du den Rollenwechsel, indem Du die ‚neue' Person danach fragst, wer sie ist, wie sie lebt, was sie in der Freizeit macht, etc. Ist die Perspektive des Anderen auch im Erleben hinreichend deutlich geworden, setzt sich die Coachee auf den dritten, den META-Stuhl. Von hier aus kann sie wie eine neutrale Beobachterin, die von einem Hügel auf den Konflikt zwischen A und B hinabschaut, gut erkennen, was die beiden brauchen, um ihren Konflikt zu lösen oder wenigstens zu entschärfen. Vielleicht wird von dort aber auch ersichtlich, dass eine solche Lösung nicht möglich ist und andere Formen der Konfliktvermeidung gesucht werden müssen.

Zum Schluss kehrt die Coachee wieder auf ihren eigenen, den ICH-Stuhl zurück. Dort ist sie wieder sie selbst, und Du befragst sie nun, wie sie den Prozess durch die verschiedenen Perspektiven erlebt hat und was sich dadurch verändert hat im Blick auf die konflikthafte Situation. Meist ist das Verständnis für den Anderen gewachsen, und oft liegen auch schon konkrete Ideen für erste Schritte vor, die aus der META-Perspektive erkannt wurden und nun im Coaching weiter präzisiert werden können.

Mediation und Konfliktmoderation als Alternativen zum Coaching

Im Coaching, wo Du es mit nur einer der am Konflikt beteiligten Personen zu tun hast, lassen sich lediglich Konflikte lösen, die noch sehr am Anfang stehen. Ist der Konflikt bereits weit eskaliert, müssen meist beide Parteien an einen Tisch gebracht werden. Dazu bedarf es einer Mediation oder Konfliktmoderation. In der Konfliktmoderation versuchen zwei oder mehrere Konfliktparteien mit Hilfe einer unabhängigen Konfliktmoderatorin eine Lösung ihres Streits herbeizuführen. Die Moderatorin verhält sich allparteilich und hat keine im engeren Sinn beratende Funktion. Sie unterstützt die Beteiligten vielmehr als unabhängige Instanz bei der gemeinsamen Entwicklung von tragfähigen Lösungen. Eine wichtige Voraussetzung für jede Konfliktmoderation ist also, dass alle Beteiligten bereit sind, offen über ihre Themen zu sprechen und an einer einvernehmlichen Lösung mitzuwirken. Ist dies nicht gegeben, lassen sich Konflikte oft nur noch über autoritäre Entscheidungen wie Schiedssprüche oder Gerichtsverfahren beilegen.

Von der Konfliktmoderation ist die Mediation inhaltlich nur schwer zu unterscheiden: „Mediation ist ein vertrauliches und strukturiertes Verfahren, bei dem Parteien mithilfe eines oder mehrerer Mediatoren freiwillig und eigenverantwortlich eine einvernehmliche Beilegung ihres Konflikts anstreben", heißt es in § 1 Abs. 1 des geltenden Mediationsgesetzes von 2012. Ein Mediator oder eine Mediatorin wird dabei als „eine unabhängige und neutrale Person ohne Entscheidungsbefugnis" definiert, „die die Parteien durch die Mediation führt", also den Prozess moderiert. Der Verweis auf den Gesetzestext macht deutlich, dass Mediation eher in einem juristischen Kontext zu finden ist (und mittlerweile von immer mehr Anwälten ausgeübt wird), während die Konfliktmoderation eher in einem psychologisch-sozialen Kontext entstanden ist. Der Fokus des Konfliktmoderators liegt nicht so sehr auf dem Ausarbeiten einer Lösung, sondern auf der Moderation eines Lösungsprozesses, den die Konfliktparteien miteinander gehen. Er versucht dabei, das *Was* des Konflikts deutlich werden zu lassen. Die Mediation dagegen hat ihren Ursprung im juristischen Feld, und ihr Fokus liegt dementsprechend stärker auf dem *Wie* des Konflikts: Wie können die Beteiligten sich am besten einigen? Das Ziel ist meist, eine schriftliche Vereinbarung zwischen den Konfliktbeteiligten zu erreichen.

Die Mediation findet wie die Konfliktmoderation in allen Bereichen der Gesellschaft statt: in Familien, Organisationen oder im interkulturellen Bereich. Überall dort, wo sich Menschen im Konflikt befinden und nach einer Lösung suchen, die die Interessen beider Konfliktseiten berücksichtigt, ist Mediation oder Konfliktmoderation eine geeignete Maßnahme. Besonders häufig ist dies wohl im betrieblichen oder organisationalen Kontext der Fall, weil hier die Kosten ungelöster Konflikte schnell zu Buche schlagen. Es kann also vorkommen, dass Du mit Deiner Coachee gemeinsam entscheiden musst, ob Coaching weiterhin das passende Format ist, um den vorliegenden Konflikt zu bearbeiten, oder ob nicht eine Mediation oder gar ein Schiedsverfahren ein besserer Weg wären. Sollte die Entscheidung zugunsten einer Mediation oder Konfliktmoderation fallen, kannst Du diese nicht selbst durchführen, weil Du als Coach der einen Partei nicht über die nötige Allparteilichkeit verfügst, die in einem solchen Verfahren nötig ist. Du wirst dann Deine Coachee mit Hilfe Deiner Adresskartei an eine entsprechend ausgebildete Kollegin ‚überweisen'.

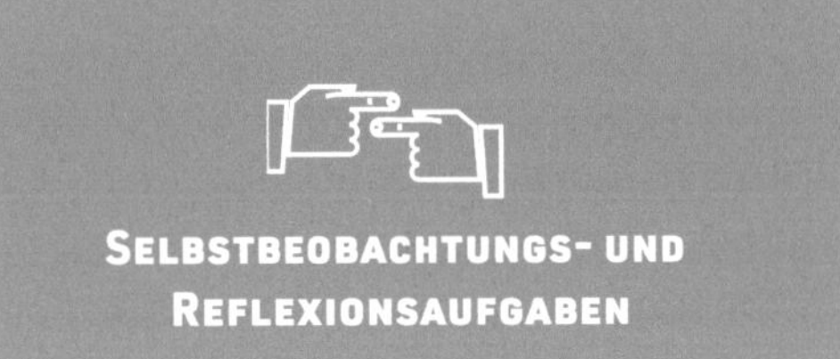

Selbstbeobachtungs- und Reflexionsaufgaben

- 1. Welche Haltungen habe ich selbst zu Konflikten? Inwieweit beeinflussen sie meine Coaching-Haltung zu konflikthaften Anliegen? Und was brauche ich, um noch offener für die Konfliktlandkarten anderer Menschen zu sein?

- 2. Welche Konflikte mit hohen Eskalationsstufen habe ich schon erlebt? Und wie hat sich das angefühlt?

- 3. Welche Konflikte konnte ich in der Vergangenheit lösen? Wie ist mir dies gelungen? Und auf welche Ressource kann ich mich in Konflikten immer verlassen?

- 4. Welchen größeren Konflikt aus der jüngeren Vergangenheit konnte ich nicht lösen? Was habe ich stattdessen getan, um die Folgen des Konflikts nicht mehr so stark zu spüren? Und wie hat sich das angefühlt?

- 5. Was brauche ich noch, um zuversichtlich mit Konflikten und krisenhaften Anliegen im Coaching gut umgehen zu können?

2. Coaching rund um das Thema Führung

Führung ist das klassische Coaching-Thema. Seit den 1980er Jahren, als Coaching über den Atlantik auch in den deutschsprachigen Raum einwanderte, wurde darunter im Wesentlichen die externe Beratung von Führungskräften, vor allem von Top-Managern verstanden. Coaching war hierzulande also zunächst eine professionelle Form der Managementberatung unter vier Augen. Mittlerweile werden auch mittlere Führungskräfte ins Coaching geschickt, doch jenseits von leitenden Funktionen tun sich die Unternehmen mit Coaching nach wie vor schwer. Daher lohnt es sich, diesem Thema hier ein eigenes Kapitel zu widmen, denn im Business-Bereich werden die Anliegen Deiner Coachees oftmals aus der Welt der Führung stammen. Dabei sind die Herausforderungen, vor denen Führungspersonen heute, in der Unübersichtlichkeit der VUCA-Welt stehen, besonders groß. Wir geben Dir im Folgenden einen Überblick, welche Themen rund um das Thema Führung im Coaching eine Rolle spielen und mit welchen Methoden und Haltungen ein erfolgreiches Führungskräfte-Coaching gelingen kann. Wir werfen außerdem einen Blick auf die coachende Führungskraft, die in den neuen, agilen Führungswelten immer mehr an Bedeutung gewinnt.

Ungleichzeitigkeiten von Führung in der VUCA-Welt

Coaching und Führung gehören also seit Jahrzehnten eng zusammen, und doch erleben wir im Bereich von Führungstheorien, Führungsmodellen und Führungsleitbildern derzeit große Umbrüche. Grob lassen sich diese Umwälzungen auf den Nenner bringen, dass wir uns von einem hierarchisch gegliederten, zentral gelenkten sowie von Voraussage und Kontrolle geprägten Führungsmodell, wie es die industrielle Revolution und der Taylorismus hervorgebracht haben, mehr und mehr verabschieden. Der Trend geht heute zu einem eher dezentralen Modell mit flachen Hierarchien, das Eigenverantwortung, Autonomie und Selbstorganisation prämiert. Diese Vorstellung von Führung, wie wir sie vor allem in agilen Kontexten finden, scheint der neuen Wissens- und Informationsökonomie mit ihren immer schnelleren Innovationszyklen besser zu entsprechen. Hier ist es angesichts ständig neuer technologischer Schübe und sich rasant wandelnder Märkte oft gar nicht mehr möglich, in Ruhe die beste Lösung zu finden, sondern es gilt, rasch Prototypen zu entwickeln und machbare Lösungen zu entwickeln. Vernetztes Denken, das Zulassen von Komplexität und Widersprüchen, eine fehlerfreundliche Kultur des Ausprobierens sowie die projektbezogene Zusammenarbeit in internationalen, oft auch schon vor der Corona-Krise virtuellen Teams prägt die Wirklichkeit großer Unternehmen mittlerweile mehr als das klassische, lineare Denken in Kategorien von Ursache und Wirkung, Predict and Control, klarer Arbeitsteilung und ebensolcher Zuständigkeiten.

Doch es ist keineswegs so, dass sich alles geordnet in diese Richtung bewegt. Tatsächlich ist Führung heute so ein komplexes Feld, weil viele verschiedene Ansätze und Zugänge, alte und neue Führungsmodelle nebeneinander existieren. So wird zwar gerade in vielen Unternehmen und Branchen auf Agilität und Selbstorganisation umgestellt, in anderen aber nicht – und wieder andere kehren zu alten, hierarchischen Methoden und Modellen zurück, weil sie für ihre Belange besser zu passen scheinen. So ergibt die aktuelle Situation eher das Bild einer Gemengelage, die geeignet ist, die Unübersichtlichkeit und dadurch auch die Unsicherheit von Führungskräften eher noch zu verstärken. Das Neue ist noch nicht vollständig da, und wer weiß, ob es sich überhaupt durchsetzen wird, und das Alte ist noch lange nicht verschwunden. Entscheidend für ein Coaching mit Führungspersonen ist daher der konkrete Kontext, also das System, in dem Deine Coachees Führungsverantwortung tragen. Lass Dir also unbedingt erst einmal genau beschreiben, wie der konkrete Kontext aussieht, in dem Dein Gegenüber Führungsaufgaben ausübt, und welche Regeln, Normen und Werte dort gelten.

Die Führungskontexte sind entscheidend

Führung ist ein umfassendes Phänomen, das weit über die Arbeitswelt hinausgeht. Wir leiten ja auch Freizeitaktivitäten mit mehreren Personen, führen eine Familie und nicht zuletzt uns selbst: Wir führen unser Leben, das uns ständig mehr oder weniger komplexe Steuerungsaufgaben abverlangt. Daher ist es grundsätzlich sinnvoll, mit Coachees in leitenden Positionen immer auch über ihr Führungsverhalten und ihre Führungsleitsätze in anderen, privaten Bereichen zu reden. Möglicherweise liegen dort Ressourcen verborgen, die sich auch in der professionellen Führungsposition nutzen lassen.

Willst Du den beruflichen Kontext näher bestimmen, in dem Dein Coachee Führung ausübt, dann kannst Du Dich grob an den folgenden fünf Organisationsformen orientieren:

1. Organisationen mit einer behördenähnlichen Struktur
2. Hierarchisch geprägte Unternehmen
3. Familienunternehmen und inhabergeführte Unternehmen
4. Agile und selbstorganisierte Organisationen
5. Unternehmen und andere Organisationen im Wandel

Grundsätzlich stehen alle Organisationsformen seit einigen Jahren durch die Digitalisierung und die Globalisierung der Wirtschaft unter starkem Veränderungsdruck, so dass prinzipiell überall ähnliche Coaching-Anliegen auftreten können. Gleichwohl gibt es auch Besonderheiten der verschiedenen Kontexte. So sind **Organisationen mit einer behördenähnlichen Struktur** oft nicht besonders veränderungsfreudig. Wandel vollzieht sich eher langsam und muss gegen Widerstände durchgesetzt werden. Dafür werden Sicherheit, Verlässlichkeit und Fürsorge groß geschrieben. Führung ist hier oft hierarchisch strukturiert, folgt der Dauer der Zugehörigkeit und orientiert sich an klaren Regeln und Dienstanweisungen. Im Coaching kann es sowohl darum gehen, mehr Flexibilität zu lernen wie auch das Starre des Systems ‚auszuhalten'. Andere Themen sind die Motivation der Mitarbeitenden, das Führen von Konfliktgesprächen sowie der Umgang mit schwierigen Einzelpersonen.

Auch in **hierarchisch geprägten Unternehmen** sind die Verantwortlichkeiten meist klar geregelt. Es wird eher von oben bestimmt als im Dialog entschieden. Diskussionen finden auf der Sachebene statt, für Persönliches ist wenig Platz. Eigeninitiative und Selbstverantwortung sind eher schwach ausgeprägt. Im Coaching kann es daher darum gehen, für mehr Eigeninitiave im Team zu sorgen und eine neue, offenere

Teamkultur einzuführen. Oftmals geht es hier auch um Rollenklärungen, wenn etwa ein früheres Teammitglied plötzlich zur Vorgesetzten wird. Ein klassisches Coaching-Thema ist außerdem die ‚Sandwich-Position' der Führungskräfte sowie die fehlende Wertschätzung von oben.

In **Familienunternehmen und inhabergeführten Unternehmen** hängen die Werte stark von der Person der Inhaberin oder des Gründers ab. Das soziale Miteinander kann deutlich stärker ausgeprägt sein als in den bisher behandelten Organsiationskontexten, vielleicht steht sogar in einer freundlichen und warmherzigen Kultur der Mensch im Mittelpunkt. Zugleich wird von den Mitarbeitenden Identifikation mit dem Unternehmen und Flexibilität erwartet. Durch den Generationenwechsel können sich die Werte aber auch ändern, denn die Entscheidungsbefugnisse sind beim Inhaber oder der Gründerin gebündelt. Im Coaching geht es hier oft um Veränderungsthemen rund um den anstehenden Generationenwechsel. Wie lassen sich die traditionellen Werte mit den Erfordernissen einer modernen Arbeitskultur vereinen? Wieviel Innovation verträgt die Unternehmenskultur? Und wie schafft es der scheidende Patriarch, sich von seinem Lebenswerk abzunabeln?

In **agilen und selbstorganisierten Unternehmen** werden Eigenverantwortung und Mitbestimmung ganz groß geschrieben. Führung ist auf viele Schultern verteilt und wird an ganz verschiedenen Stellen, vor allem aber nah am Kunden ausgeübt. Oft ist sie auf einzelne Projekte bezogen. Der Teamgeist ist stark ausgeprägt, und von den Mitarbeitenden wird voller Einsatz erwartet. Das kann zu Überlastungsphänomenen führen, die dann im Coaching bearbeitet werden. Ansonsten dreht sich Coaching in diesem Kontext oft um ungeklärte Zuständigkeiten und Rollen: Wer darf wann wo entscheiden? Denn auch Selbstorganisation bedarf ja der Führung.

Kommt Deine Coachee aus einem **Unternehmen im Wandel**, dann kann es sein, dass zusätzlich zu dem oben Genannten aktuelle Krisen- oder Umbruchphänomene hinzukommen: Mitarbeitende müssen entlassen und Fusionen umgesetzt werden, und durch das Outsourcen von Abteilungen und die fortschreitende Internationalisierung treten ungekannte interkulturelle Probleme auf. Im Coaching wird es in diesem Kontext vor allem um den Umgang mit dem Wandel gehen. Was braucht Deine Coachee – auch in ihrem privaten Umfeld –, um gut durch die Veränderungen zu kommen und sie wirkungsvoll mitzugestalten? Aber auch die Rollenklärung ist ein wichtiges Thema für Führungspersonen: Wer bin ich in der neuen Unternehmensstruktur, und was wird dort von mir erwartet?

Damit sind einige Leitlinien skizziert für das, was in den verschiedenen Organisationskontexten gerade vor sich geht und welche Coaching-Themen daraus möglicherweise erwachsen können. Was genau bei Deinen Coachees los ist, lässt Du Dir im Einzelfall beschreiben.

Tipp

Führungspersonen sind auch (nur) Menschen, die oftmals die gleichen Anliegen haben wie andere Coachees: Sie suchen ein Gegenüber, das ihnen aufmerksam und wertschätzend zuhört und dem sie ihren Frust und ihre Enttäuschung, ihre Konflikte und gescheiterten Lösungsversuche, aber auch ihr Glück und ihr Gelingen einfach nur erzählen können. Führungs-Coachings sind also meist ganz ‚normale' Coachings, für die Du keine besonderen Zusatzinstrumente benötigst!

Typische Themen, mit denen Führungspersonen ins Coaching kommen

Der Umgang mit Rollenerwartungen

- die eigene Rolle finden oder klären;
- wie kann ich Sinn vermitteln und Commitment erzeugen?

Der Umgang mit eigenen Ressourcen

- die eigenen Werte mit den Werten der Organisation ausbalancieren;
- eine gute Work-Life-Balance finden;
- die eigene Karriere planen;
- den Umgang mit Stress lernen und ggfs. Entspannungstechniken finden.

Der Umgang mit Menschen

- Feedback geben und eigenes Feedback verarbeiten;
- die Bedürfnisse der Mitarbeitenden noch besser verstehen;
- wie umgehen mit schwierigen Typen von Mitarbeitenden?
- den Umgang mit Emotionen und Ängsten lernen (den eigenen und denen der Mitarbeitenden);
- eine tolerante Fehlerkultur schaffen, in der auch Scheitern möglich ist (das eigene wie das der Mitarbeitenden);
- die Mitarbeitenden fördern und fordern;
- Signale von Überlastung rechtzeitig erkennen;
- schwierige Gespräche vorbereiten;
- die visionären und energetisierenden Aspekte von Führung verbessern, um die Mitarbeitenden auch innerlich anzusprechen.

Das Verhalten in speziellen Führungssituationen

- Prioritätenplanung;
- Entscheidungen vordenken und Optionen beleuchten;
- eine Strategie entwickeln;
- Konflikte im Team ansprechen und ggfs. bearbeiten;
- Probleme in der Zusammenarbeit zwischen Führung und Team lösen;
- Veränderungsprojekte planen;
- die Moderation eines schwierigen Meetings vorbereiten;
- das Verhältnis zu Delegation und Kontrolle reflektieren;
- die Gründe für die unzureichende Motivation von Mitarbeitenden finden.

Und schließlich der Klassiker:
„Ich brauche einfach mal einen Sparringspartner, der mir zuhört und der mir einen Spiegel vorhält, damit ich meine eigene Wirkung noch besser kennenlernen kann!"

Von der Person zur Funktion: Der systemische Blick auf Führung

Führung schickt sich also an, Menschen und Organisationen zu steuern, wo wir doch im ersten Teil des Buches ausführlich davon gehandelt haben, dass dies aus systemisch-konstruktivistischer Sicht eigentlich gar nicht geht. Nicht-triviale Systeme, so haben wir gesagt, lassen sich von außen nicht zielgerichtet lenken. Und die psychischen Systeme, also das Bewusstsein der Mitarbeitenden, sowie die Organisation als eine Sonderform des sozialen Systems gehören ganz ohne Zweifel zu diesen komplexen Systemen. Aus diesem Widerspruch resultiert unser erster Leitsatz, der auf den ersten Blick paradox anmutet:

(1) Führung, verstanden im herkömmlichen Sinn als zielgerichtete Lenkung von Menschen und Organisationen, ist unmöglich.

Soziale Systeme wie Unternehmen, aber auch Teams und Sub Teams, sind komplexe Systeme, die sich aufgrund ihres inhärenten, von außen niemals einsehbaren Eigen-Sinns von innen selbst steuern. Auch das Bewusstsein eines Menschen ist von außen nicht einsehbar und entzieht sich direkter Beobachtung wie Steuerung. Menschen und ihre Organisationen lassen sich also im herkömmlichen Sinn nicht führen. Der Hinweis auf diese und andere Paradoxien von Führung kann für Führungskräfte im Coaching provozierend und entlastend zugleich sein. Die Aussage untergräbt den Glauben an eine unmittelbare, kausale Wirkung von Führung und stellt doch ihre grundsätzliche Notwendigkeit nicht in Frage. Was Führung aber im Einzelfall ist und was sie vermag, ist stets ein Beobachterphänomen: Führung ist alles das, was die Beteiligten darunter verstehen und miteinander, auch unausgesprochen, aushandeln. Wenn das Führen von Menschen und Organisationen also im herkömmlichen, linearen Sinne unmöglich ist, dann heißt das nicht, dass Führungspersonen keine sinnvollen Impulse setzen könnten, die vom System produktiv aufgenommen werden. Doch welches eine produktive Irritation ist, die von den Mitarbeitenden bestenfalls als Anregung verstanden wird, und welche Führungshandlungen sie dagegen eher als Störung empfinden, muss zunächst beobachtet und kommunikativ geklärt werden. Deshalb ist der kommunikative Aspekt von Führung in den letzten Jahren immer wichtiger geworden. Führung kann aus systemischer Sicht dann gelingen, wenn sie als Vermittlung von Sinn und als Angebot zur gemeinsamen Gestaltung von Möglichkeiten angelegt ist.

Es kann im Coaching mit Führungskräften durchaus hilfreich sein, diesen systemischen Grundsatz einmal kurz vorzustellen und gemeinsam mit Blick auf die konkrete Führungssituation Deines Coachees zu reflektieren. Dann tritt der entlastende Aspekt in den Vordergrund, denn wenn Führung eigentlich gar nicht möglich, zumindest aber von allerlei Paradoxien geprägt ist und außerdem niemand genau weiß, was das eigentlich sei, gute Führung, dann kann man auf dem Gebiet ja schon einmal nicht allzu viel falsch machen. Man kann sich dem Phänomen dann gemeinsam im Coaching unbefangen nähern und einen kommunikativen, beobachtenden und fragenden Führungsstil entwickeln, der zu der jeweiligen Person mit ihren Stärken, aber auch ihren Werten und Leitsätzen passt.

Auch der zweite systemisch-konstruktivistische Grundsatz zum Thema Führung hat es in sich:

(2) Führung ist meist unsichtbar. Sie wird in der Regel erst dann sichtbar, wenn die notwendige Führungsarbeit nicht gemacht worden ist.

Hier geht es um die Frage, wie wir überhaupt erkennen, was Führung eigentlich sei, wann und wo sie stattfindet und was alles dazu gehört. Dabei gilt der Grundsatz, dass Führung ein Beobachterphänomen ist: Führung findet immer dort statt, wo ich einen bestimmten Sachverhalt unter Führungsaspekten anschaue und im Hinblick auf Führungsfunktionen analysiere. Führung ist also viel mehr als das Führungshandeln einer einzelnen Führungsperson: Es ist eine Funktion der Organisation, die an verschiedenen Orten gleichzeitig in unterschiedlichsten Formen auftaucht (oder ausbleibt). Die Beteiligten müssen immer wieder miteinander aushandeln, was sie unter Führung verstehen und welche Form von Führung sie in welcher Situation benötigen. Fritz B. Simon hat es als ein Kennzeichen von Führung beschrieben, dass sie eine Mischung aus „Künstler-" und „Hausfrauenarbeit" darstelle. Führung erfordert demnach einerseits intuitives, kreatives, überraschendes, auf Veränderung angelegtes und manchmal sogar provokatives Handeln; andererseits aber auch die unauffällige, sich wiederholende, ja, die geradezu monotone Bewältigung alltäglicher Aufgaben, die man immer erst dann bemerkt, wenn sie nicht erledigt wurde. Gerade der zweite Aspekt wird von jungen, dynamischen Führungskräften gern einmal übersehen.

Fritz B. Simon/Conecta, „Radikale" Marktwirtschaft. Grundlagen des systemischen Managements. Heidelberg: Carl-Auer 1992.

Die Kernaufgabe von Führung lässt sich aus systemisch-konstruktivistischer Sicht auf eine Doppelformel bringen, die Ruth Seliger in ihrem *Dschungelbuch der Führung*, das wir gleich noch ausführlich vorstellen, als eine Spannung aus Verbinden und Entscheiden beschreibt. Einerseits gilt es, Brücken zu schlagen zwischen den Anliegen aller Beteiligten innerhalb und außerhalb des Unternehmens, nicht zuletzt zwischen den Zielen der Menschen und den Zielen der Organisation. Andererseits hat Führung die Aufgabe, für eine kontinuierliche Komplexitätsreduktion zu sorgen, indem rechtzeitig – und immer wieder neu – Entscheidungen gefällt werden. Dies wollen wir als dritten Grundsatz unseres systemischen Führungsverständnisses festschreiben:

(3) Die Hauptaufgabe von Führung besteht darin, fortlaufend und immer wieder neu Verbindungen zu schaffen und Entscheidungen zu fällen.

Auch das kann hie und da als Dilemma erscheinen, denn wenn ich entscheide, dann wähle ich immer etwas ab, was vielleicht für einige Beteiligte wünschenswert gewesen wäre. Und ich entscheide dabei stets im Ungewissen, weil ich im Vorhinein nicht wissen kann, welche Entscheidung ‚die richtige' ist – und es auch im Nachhinein niemals erfahren werde, weil ich nicht weiß, wie es gelaufen wäre, wenn ich anders entschieden hätte. Dieses Risiko muss ich als Führungsperson eingehen. Entscheidend ist auch gar nicht *wie*, sondern *dass* ich entscheide und so die Zahl der Handlungsmöglichkeiten der Organisation einschränke und das Wichtige vom Unwichtigen unterscheide. Die Gegenbewegung dazu bildet das Verbinden. Hier erweitere ich das Spektrum der Möglichkeiten wieder, indem ich alle ins Boot hole und ihre Interessen miteinander harmonisiere; indem ich versuche, möglichst viele Impulse aus dem System und seinen Umwelten aufzunehmen und zu integrieren. In dieser stetigen Pulsation aus Entscheiden und Verbinden, Einschränken und Öffnen, in der Ausgestaltung des ‚Sowohl-als-auch' findet die Funktion Führung statt. Es geht darum, Komplexitäten, Widersprüche und Paradoxien anzuerkennen und kreativ auszugestalten.

Führungsverantwortung zu tragen erfordert also nicht nur die Bereitschaft, immer wieder neu auszuhandeln, was gute Führung sein könnte. Es erfordert vor allem ein hohes Maß an Kommunikationsfähigkeit. Dies wollen wir als vierten Grundsatz unseres Führungsverständnisses festhalten:

(4) Führung in den bewegten Zeiten der VUCA-Welt besteht im Wesentlichen aus Wahrnehmung, Reflexion und Kommunikation.

Ein weiteres Dilemma von Führung besteht darin, als Führungskraft sowohl mitten drin als auch außen vor zu sein: einerseits als Teil der Organisation zu agieren und diese zugleich wie von einem Außenposten zu beobachten. Das bedeutet, Prozesse zu steuern, in denen Widerspruch erwünscht und möglich ist, zugleich aber Einigkeit als Ziel nie aus dem Blick zu verlieren. Und es bedeutet, einerseits Erfolg anzustreben und es andererseits auszuhalten, auf dem Weg dahin Fehler zu machen. Und nicht zuletzt: Führung darf sich eingestehen, dass es Situationen gibt, in denen sie nicht benötigt wird. Dann ist es wichtig, auch einmal aus dem Weg zu gehen. Wie in der systemischen Beratung ist auch im systemischen Führungsverständnis Demut angesagt. Eine systemisch geschulte Führungsperson weiß, dass sie nichts weiß; dass sie ständig im Ungewissen operieren muss und dass ihr ein vollständiges Verstehen von Menschen, Teams oder gar Organisationen niemals möglich sein wird.

Es geht also im systemischen Führungsverständnis um einen Wandel von der Person zur Kommunikation. Führung wird als eine Funktion gedacht, die von wechselnden Personen ausgeübt werden kann und keinen festen Ort mehr hat. Führung findet an unterschiedlichen Orten und aus verschiedenen Perspektiven statt. Sie bleibt auf diese Weise beweglich, situationsbezogen und ermöglicht Mitarbeitenden ein Höchstmaß an Selbstverantwortung. In dieser Perspektive sind Führung und Selbstorganisation kein Widerspruch, Führung ist vielmehr selbst ein Merkmal der Selbststeuerung von Organisationen.

SYSTEMISCHE FÜHRUNGSLANDKARTE

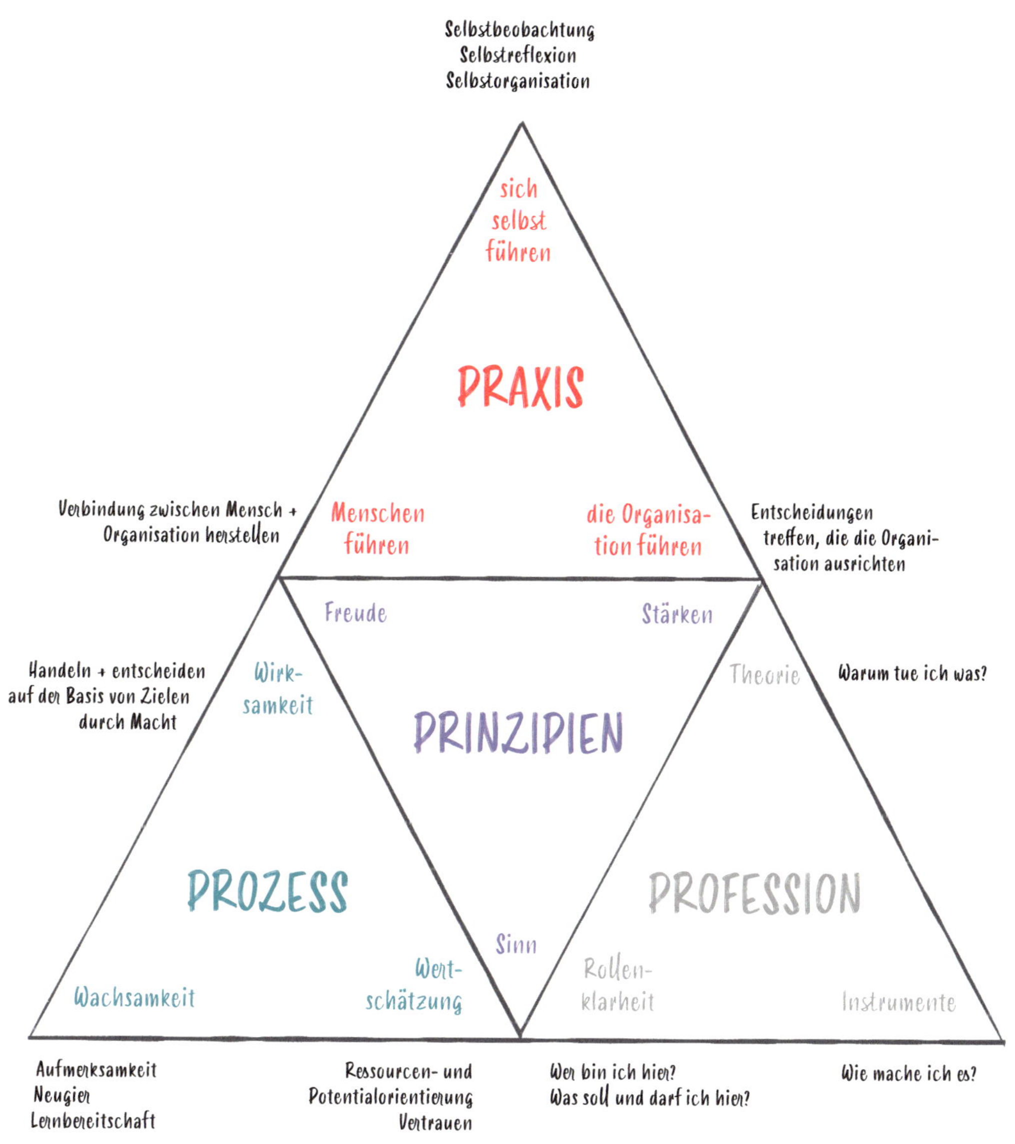

(nach R. Seliger, 2018)

Ein systemisches Meta-Modell: Die Leadership-Map von Ruth Seliger

Ruth Seliger hat ein Meta-Modell entwickelt, mit dem Du Dich im Coaching gut in der Welt der Führung orientieren kannst, auch wenn es auf den ersten Blick etwas abstrakt wirkt. Es ist am Modell der Landkarte ausgerichtet und versucht, die gesamte Welt der Führung mit all ihren Ländern und Kontinenten in den Blick zu nehmen.

Die Leadership-Map hat die Form einer Pyramide, deren drei Seiten die drei elementaren Aspekte von Führung abbilden: die Praxis, also das Tun, die konkreten Aktivitäten, die gelingende Führung ausmachen; die Profession, also die an professionellen Maßstäben ausgerichteten Qualitätsstandards guter Führung, die immer wieder aktuell zu überprüfen sind; und den Prozess, also die aufeinander folgenden Schritte und wiederkehrenden Handlungen, die Führung nachhaltig und auf Dauer erfolgreich machen. Jeder dieser drei Seiten der Pyramide sind wiederum drei Aspekte zugeordnet:

Die PRAXIS von Führung besteht darin, 1) sich selbst zu führen; 2) Menschen zu führen und 3) die Organisation zu führen. Leitfragen sind hier: Was tut eine Führungskraft, damit Führung auf diesen drei Ebenen gelingt? Was wird von ihr in der Führungsposition erwartet? Der PROZESS von Führung besteht darin, kontinuierlich 1) Wachsamkeit und 2) Wertschätzung walten zu lassen sowie 3) Wirksamkeit zu entfalten. Leitfragen sind hier: Welche Haltung brauche ich, um mit immer neuen Situationen umgehen zu können? Wie schaffe ich Vertrauen, und worauf kann ich mich immer verlassen? Die PROFESSION von Führung besteht darin, über die nötige 1) Rollenklarheit sowie geeignete 2) Führungstheorien und 3) Führungsinstrumente zu verfügen. Leitfragen sind hier: Wer bin ich hier? Was muss ich wissen und können, um Führung in diesem Kontext gut ausüben zu können?

Ruth Seliger, Das Dschungelbuch der Führung. Ein Navigationssystem für Führungskräfte, Heidelberg: Carl-Auer, 7. Aufl. 2018.

Seligers Modell gibt keine Antworten auf die Frage, was gute Führung ist, sondern vermisst die weite Welt der Führung mit ihren bekannten und weniger bekannten Territorien. Im Coaching kannst Du es nutzen, um Dir gemeinsam mit Deiner Coachee, die neu in ihrer Führungsfunktion ist, erst einmal einen Überblick zu verschaffen. Welche Bereiche von Führung gibt es überhaupt? Wo wünscht sie sich Unterstützung? Und wo kommt sie vielleicht auch allein schon recht gut klar? Das Landkartenmodell macht deutlich, wie viele Seiten das Thema Führung überhaupt hat. Es weitet den Blick, denn oft werden unter Führung nur Teilaspekte verstanden wie etwa Mitarbeiterführung, Motivation oder die strategische Ausrichtung der Organisation.

Und wenn Du das Modell nicht mit Deinen Coachees gemeinsam durchgehst, kann es Dir, gleichsam im Hintergrund, als Orientierung dienen, um die wichtigen Bereiche der Führungspraxis Deiner Coachees zu beleuchten. Dazu haben wir Dir im Folgenden einige Coaching-Fragen zusammengestellt, die den jeweiligen Aspekten der Leadership-Map zugeordnet sind. Natürlich lassen sie sich beliebig variieren und erweitern!

PRAXIS

1) Sich selbst führen

- Wie sehr gehört Selbstreflexion zu Ihrem Führungsverständnis?
- Wie geht es Ihnen damit, dass Führungssituationen und Führungsaufgaben häufig sehr komplex sind?
- Was sind Ihre inneren Koordinaten von Führung? Wie ist Ihre Führungshaltung? Welche Werte leiten Sie, und was geht aus Ihrer Sicht gar nicht?
- Wie schaffen Sie es, bei aktuellen Herausforderungen stets den Überblick zu behalten?
- Wie selbstsicher schätzen Sie sich als Person ein? Wie gelingt Ihnen das?

2) Menschen führen

- Wie gut gelingt es Ihnen, die Menschen in Ihrem Team mit den Anforderungen der Organisation zu verbinden?
- Wie bringen Sie die individuellen Bedürfnisse und Motive Ihrer Mitarbeitenden mit den zu erledigenden Aufgaben zusammen?
- Wie schätzen Sie das Arbeitsklima und die Qualität der Kommunikation in Ihrem Bereich bzw. in Ihrem Team derzeit ein?
- Wie ausgeprägt und verlässlich ist die Kommunikationskultur in Ihrem Team? Wie haben Sie das geschafft? Und wie können Sie sie noch weiter verbessern?

3) Die Organisation führen

- Wie gern treffen Sie Entscheidungen? Wie leicht fällt Ihnen das? Wie gehen Sie mit Fehlentscheidungen um?

- Wie gut gelingt es Ihnen, Prioritäten zu setzen und das Wichtige vom weniger Wichtigen zu trennen? Wodurch könnten Sie hier noch mehr Sicherheit erlangen?

PROZESS

1) Wachsamkeit

- Wie offen, neugierig und interessiert erleben Sie sich im Hinblick auf die Prozesse und Abläufe in Ihrer Organisation?

- Was bekommen Sie von diesen Abläufen und Prozessen mit und wo könnten Sie noch wachsamer sein?

- Wie steht es um Ihre Fähigkeit, offen zu fragen und aktiv zuzuhören?

- Wie viel Aufmerksamkeit widmen Sie täglich Ihrer Selbstbeobachtung?

2) Wertschätzung

- Nehmen Sie eher die Stärken oder die Schwächen wahr, wenn Sie in Ihre Organisation schauen? Und wie kommunizieren Sie beides?

- Wie schaffen Sie es, auch in schwierigen Situationen einen guten Grund, eine gute Absicht im Verhalten Ihrer Mitarbeitenden zu sehen, auch wenn es Ihnen nicht gleich einleuchtet?

- Wie gut gelingt es Ihnen, zwischen der Wahrnehmung von Fakten und ihrer Interpretation zu unterscheiden?

- Wie geübt sind Sie darin, die Bedürfnisse zu erkennen, die oft hinter den Verhaltensweisen Ihrer Mitarbeitenden stehen?

3) Wirksamkeit

- Wie wirksam und wirkungsvoll erleben Sie sich als Führungsperson?

- Wie konsequent, erfolgreich und nachhaltig sind Sie in der Durch- und Umsetzung Ihrer eigenen Impulse?

PROFESSION

1) Theorie

- Welche theoretischen Grundannahmen und Modelle zum Thema Führung leiten Sie?

- Wie sorgen Sie dafür, dass Sie sich als Führungskraft fachlich weiterentwickeln? Welche Weiterbildungsformate nutzen Sie dazu?

2) Rollenklarheit

- Wie klar ist Ihnen selbst Ihre eigene Rolle in der Organisation? Und wie transparent ist Ihre Rolle für das Umfeld, in dem Sie arbeiten?

- Wie gut haben Sie die Erwartungen verstanden, die die Anderen in Ihrem Umfeld an Sie haben? Wo besteht noch Klärungsbedarf?

3) Instrumente

- Welche Werkzeuge und Instrumente nutzen Sie bereits jetzt bewusst für Ihre Führungsarbeit? Woher holen Sie sich Anregungen für neue Werkzeuge und Instrumente?

Ein Fallbeispiel: „Hypnotisiert von einem Siebzehnjährigen"

Herr P. arbeitet als Teamleiter bei einem mittelständischen Unternehmen in der Medizintechnik. Das von seiner Führungskraft angeregte und von der Personalabteilung vermittelte Coaching soll ihn in seiner Führungsfunktion unterstützen. Sein Vorgesetzter wünscht sich, dass er seine Führungsrolle noch besser versteht und annimmt. Herr P. selbst empfindet das Coaching als Privileg für seine persönliche und berufliche Weiterentwicklung. Hintergrund für das Coaching ist eine mangelnde Performance des Teams. Zwischen den Teammitgliedern gebe es Unstimmigkeiten über Aufgaben und Arbeitsweisen, zudem klagen die Mitarbeitenden über eine hohe Arbeitslast. Verblüffenderweise beobachtet Herr P. aber zugleich, dass einzelne Mitarbeitende bei Facebook surfen oder Solitaire spielen. Er selbst beschreibt sich als ausgesprochen harmoniebedürftig. Er möchte sich in Richtung Klarheit im Auftritt entwickeln, seine Kommunikation verbessern und seine Teamleitung mit modernen Meetingstrukturen auch methodisch verbessern. „Ich möchte meine Komfortzone verlassen, weiß aber nicht wie".

Ich frage ihn zunächst, wie er sich selbst in seiner Führungsrolle sieht: Was zeichnet Sie als Führungskraft aus? Warum wurden gerade Sie möglicherweise für dieses

Team als Führungskraft ausgewählt? Im Gespräch wird schnell deutlich, dass Herr P. kaum positiv besetzte Bilder für seine Funktion und Position besitzt. Im Gegenteil: Sein Gefühl ist fast, dass er derjenige gewesen sei, der sich am wenigsten hätte wehren können, dieses Team zu übernehmen. Dabei wird ein Ärger über die Mitarbeitenden spürbar, denen es ‚eigentlich viel zu gut' gehe – offenbar könne man sich in diesem Betrieb alles leisten. Auf meine Frage, welche Erwartungen die Mitarbeitenden an ihn haben, berichtet er von der hohen Arbeitslast. Das Team wünsche sich von ihm, dass er sich bei seiner Führungskraft dafür einsetzt, die Aufgabendichte zu minimieren. Herr P. erzählt, wie stark der Druck auf ihm laste, die Situation lösen und sich darüber legitimieren zu müssen. „Wozu braucht man mich sonst als Führungskraft?"

Im weiteren Verlauf beschreibt Herr P. immer wieder eine Szene: Er sitzt am Schreibtisch, Mitarbeitende kommen mit Nachfragen zu ihm, die er annehme und bestmöglichst zu bearbeiten versuche. Parallel dazu beschreibt er sich, wie er vom Schreibtisch aus beobachte, dass die Mitarbeitenden wenig konzentriert arbeiten und in Subteams gespalten seien. Es sei ihm in diesem Moment aber nicht möglich, aufzustehen und die Situation anzusprechen, weil er befürchtet, dass die Motivation darunter noch mehr leide. Wenn ich mir vorstelle, wie Sie da am Schreibtisch sitzen, dann taucht in mir das Gefühl von Hilflosigkeit und Lähmung auf. Stimmt das? Herr P. bejaht meine Frage und nickt heftig. Ich melde ihm zurück, dass ich ihn hier im Coaching als durchaus kraftvoll in seinen Wünschen und klar in seiner Beschreibung von Situationen erlebe. Wieder nickt Herr P. Er fügt hinzu, dass er sich in der beschriebenen Situation „wie hypnotisiert" fühle, irgendwie „eingefroren" und unfähig zu handeln. Ich biete Herrn P. an, mit ihm zusammen zu identifizieren, welcher Anteil seiner Persönlichkeit in dieser Weise auf die Situation anspringe. Wir alle haben ja unterschiedliche Anteile oder Stimmen in uns, wir könnten sie auch die Mitglieder eines inneren Teams nennen. Und vermutlich gibt es viel mehr Anteile in Ihnen als nur den einen, der sich in der beschriebenen Situation meldet. Vielleicht schauen wir einmal, welche Stimmen in Ihnen zu Ihrer Führungssituation laut werden? Ich frage mich zum Beispiel spontan: Wer meldet sich als erstes, wenn Sie in der beschriebenen Weise dort „wie hypnotisiert" am Schreibtisch sitzen?

Noch während ich mir Visualisierungsmaterial zusammensuche, um die verschiedenen Anteile zu notieren, beschreibt Herr P. eine konkrete Situation: Als Siebzehnjähriger war er in seiner Ausbildungszeit völlig verunsichert, da er ohne klare Rahmenbedingungen verschiedene Aufgaben erledigen sollte und dazu wenig Rückmeldung bekam. „Es scheint ja fast so, als wenn ich wieder 17 wäre, wenn ich da so sitze und die Leute beobachte." Was hätten Sie damals gebraucht, mit 17 Jahren? „Klare Arbeitspakete, deutliche Vorgaben, auch zeitlich, eine Struktur in der Woche oder am Tag, die mir geholfen hätte, mich besser zu organisieren. Und tatsächlich eine Führungskraft, von der

ich gespürt hätte, dass sie mich ernst nimmt und tätig wird, wenn ich mit meinen Aufgaben nicht klarkomme." Und plötzlich wird ihm einiges klar, was er auch auf seine konkrete Position übertragen kann: „Ich glaube, ich habe jetzt verstanden, was mein Team braucht. So etwas wie Selbstwertgefühl durch Ernstnehmen – ich führe sie eher durch Nicht-Führen. Sie haben keinen Rahmen, keine klare Führung, und sind daher selber verunsichert."
Herr P. hat in sich und seiner eigenen Erfahrung den Schlüssel für ein neues, zu ihm passendes Führungsverständnis gefunden. Wir erarbeiten im Anschluss daran noch einige Methoden im Hinblick auf Meetings und Mitarbeitergespräche, mit denen er diese Haltung in seinem Führungsalltag künftig ausdrücken und anwenden kann. Der Prozess endet mit einem angeregten Austausch darüber, wie es sich anfühlt, wenn ein innerer ‚Blockierer' oder ‚Störenfried' sich zu einer Ressource und zu einem aktuellen Hinweisgeber entwickelt. „Ich glaube, der Siebzehnjährige in mir wird mir weiter wichtig bleiben!"

Die Führungskraft als Coach

Eine Folge unserer beschleunigten VUCA-Welt mit ihren neuen Komplexitäten und Veränderungszyklen besteht darin, dass sich Führung und Coaching immer weiter aufeinander zubewegen. Die Betonung von Reflexion und Kommunikation ist zu einer Grundvoraussetzung der Orientierung in unüberschaubar gewordenen sozialen Systemen geworden, und das führt dazu, dass auch und gerade Führungskräfte heute mehr als noch vor zehn oder zwanzig Jahren Coaching-Kompetenzen benötigen, um Menschen und Organisationen zu führen. Es ist daher nur folgerichtig, dass mittlerweile immer mehr Führungskräfte eine systemische Coaching-Ausbildung machen, um sich die entsprechenden Coaching-Haltungen und Coaching-Tools anzueignen. Dabei ist es in der Coaching- und Führungsliteratur immer noch umstritten, ob Führungskräfte ihre Mitarbeitenden überhaupt coachen können – und dürfen! Immerhin tragen sie ja stets die Gesamtverantwortung und müssen also auch für das Verhalten ihrer (internen) ‚Coachees' am Ende gerade stehen. Aus Sicht der reinen Lehre des systemischen Coachings, in der die Coaches für den Prozess und die Coachees für die Lösungen zuständig sind, passt das nicht ganz zusammen. Zudem mag es bei einem Coaching durch einen Vorgesetzten auch nahe liegen, dass sich Prozessberatung und Expertenberatung stärker mischen werden. Es ist daher sicher richtig, dass Führungskräfte als Coaches niemals so unabhängig vom Auftrag coachen können wie externe Coaches und Beraterinnen.

Doch auch in diesem Fall gilt: Entscheidend ist die systemische Haltung, und hier besonders das Gebot der Transparenz. Wenn Du diese Rahmenbedingungen entsprechend klar und offen kommunizierst, dann ist auch unter den beschriebenen Bedingungen ein Coaching von Mitarbeitenden nicht nur möglich, sondern oft auch sehr hilfreich. Faktisch dürfte heute bereits ein erheblicher Anteil der Coachings in deutschen Unternehmen von Führungskräften durchgeführt werden, weil gerade für die unteren Hierarchie-Ebenen in der Regel keine externen Coaches eingekauft werden. Besonders wichtig sind dabei wie immer im systemischen Coaching die Auftrags- und die Rollenklärung. Als Führungskraft hast Du zu unterscheiden, ob es sich bei den potentiellen Anliegen Deiner Mitarbeitenden um solche handelt, für die Du selbst als Entscheider (mit-)zuständig bist, oder ob es sich um Themen handelt, die nur oder vorrangig Deine potentiellen Coachees betreffen. Du musst also entscheiden, wann Du in Deiner Funktion als Führungskraft entscheidest und wann Du in Deiner Funktion als Führungskraft coachst. Wenn Du Dich für die coachende Rolle entscheidest, verzichtest Du für eine bestimmte Zeit auf die Rolle der Entscheiderin. Du agierst vorübergehend in der Rolle der Coach und versuchst, Deinem Gegenüber bei der Lösung seines Problems behilflich zu sein.

Dabei gibt es grundsätzlich zwei Möglichkeiten, wie Führungskräfte ihre Coaching-Kompetenzen einsetzen können. Die eine ist ein Coaching, das zwischen der Führungsperson und einer Mitarbeiterin oder einem Mitarbeiter vereinbart wird. Dieses Coaching ist als solches markiert, es ist zeitlich begrenzt und findet nach Möglichkeit in einem neutralen Coachingraum statt; der Rollenwechsel der Beteiligten wird transparent kommuniziert. Nach dem Coaching werden die Rollen wieder zurück gewechselt: Coach und Coachee werden wieder zur Chefin und ihrem Mitarbeiter. Die andere Möglichkeit, Coaching-Kompetenzen in der Führungsarbeit einzusetzen, geht weit über solche begrenzten Coaching-Sequenzen hinaus. Sie besteht darin, Coaching-Wissen, Coaching-Haltungen und Coaching-Tools auch im täglichen Führungsalltag einzusetzen – also auch in Situationen, die nicht als Coaching-Sequenzen markiert sind. In dem Maße, in dem Führung nicht mehr ausschließlich Ansage von oben nach unten im Rahmen eines hierarchischen Modells ist, benötigen moderne Führungskräfte ‚coachende', also fragende, zur Reflexion anleitende und auch beratende Kompetenzen. Wie sehr dies im konkreten Fall zum Tragen kommt, hängt von der (Führungs-) Kultur der Organisation ab. Du kannst hier von dem Grundsatz ausgehen, dass Coaching als Führungsinstrument in einer Organisation umso wichtiger wird, je stärker man dort die Eigenverantwortung und Selbstorganisation der Mitarbeitenden betont.

Als coachende Führungskraft stehen Dir grundsätzlich beide skizzierten Wege offen. Ob Du klar markierte Coachings mit Deinen Mitarbeitenden durchführen willst oder kannst, wird ganz besonders von der Kultur der Organisation abhängen, in der Du tätig bist. In manchen Unternehmen wird das gern gesehen; andere wiederum bevorzugen die Arbeit mit externen Coaches. Der niederschwellige Einsatz von Coaching-Fragen und Coaching-Tools ist Dir dagegen immer möglich. Ein hilfreiches Meta-Modell, an dem Du Dich im Coaching wie in der Führungsarbeit orientieren kannst (und überhaupt immer, wenn es um das Intervenieren in komplexe Systeme geht), ist das bereits eingeführte Modell der systemischen Schleife.

Einige hilfreiche Tools für das Coaching mit Führungspersonen

Aus systemischer Sicht ist Führung ein Aspekt der Selbstorganisation sozialer Systeme. Die Organisation ist ein komplexes System, das gerade in seiner Ganzheit wichtige Emergenzphänomene hervorbringt und sich daher nicht im Sinne des Taylorismus in Oben und Unten, Denken und Handeln, Anweisungsgeber und Anweisungsnehmer aufteilen lässt. Führung hat hier vor allem die Funktion, durch die Vermeidung von Übersteuerung und Überregulierung das System in seinen Handlungen zu stärken. Dazu gehört die fortlaufende Wahrnehmung, Reflexion und Kommunikation von inneren und äußeren Veränderungen, um darauf gemeinsam Einfluss zu nehmen.

Auch hierzu eignet sich die systemische Schleife, bei der im Führungskontext das Festlegen von Zielen (1) am Anfang steht. Ist dies geschehen, geht es darum zu beobachten (2), ob und inwieweit diese Ziele eingehalten werden (können) und was auf dem Weg dahin sonst noch passiert, also welche Emergenzphänomene sich einstellen. Diese Beobachtungen führen dann zur Bildung von Hypothesen (3), woran es liegen könnte, dass es gerade so und nicht anders läuft und was dabei möglicherweise helfen könnte. Natürlich weißt Du dabei jederzeit, dass es nur Deine eigenen Bilder sind, die Dir in den Kopf kommen, und dass es ebensogut auch ganz anders sein könnte. Daher ist es besonders wichtig, einerseits Fragen zu stellen (4), um die eigenen Hypothesen durch die Hypothesen der anderen Mitwirkenden anzureichern und zu ergänzen. Andererseits gibst Du aber auch Feedback (5), wie Du das Mitwirken der anderen Beteiligten wahrnimmst, was Dir daran besonders auffällt und was künftig vielleicht noch besser helfen würde. Auf dieser Basis legt Ihr dann gemeinsam neue Ziele fest (6), und der Prozess beginnt wieder von vorn.

Mit dem Modell der systemischen Schleife kannst Du also einen Coaching-Prozess ebenso strukturieren wie Dein eigenes, systemisch fundiertes Führungshandeln. Der Unterschied liegt lediglich darin, dass Du als Coach keine eigenen Ziele mit in den Prozess einbringst, sondern Dich ausschließlich an den Zielen Deiner Coachees orientierst. Als Führungsperson musst Du dagegen Deine eigenen Ziele mit in den Prozess einbringen und sie mit den Zielen der Organisation wie mit den Bedürfnissen der anderen Beteiligten zusammenführen. Davon abgesehen bildet das Festlegen von Zielen, das Sammeln von Informationen, das Bilden von Hypothesen und die Reflexion dieser Hypothesen in der systemischen Beratung wie in der systemischen Führungspraxis das Grundmodul eines flexiblen Prozesses, der als endlose Dauerschleife angelegt ist, um immer wieder schnell auf Emergenzen reagieren und Entscheidungen jederzeit revidieren zu können, um neue Ziele zu entwickeln und neue Entscheidungen zu treffen.

Nach diesen grundsätzlichen Überlegungen sowie einem Meta-Modell zum Thema Führung wollen wir Dir im zweiten Teil dieses Kapitels nun einige konkrete Tools und Interventionen vorstellen, die sich im Coaching rund um das Thema Führung als hilfreich erwiesen haben. Für coachende Führungskräfte sind diese Methoden ebenso nützlich wie für professionelle Coaches.

Sich selbst führen: Das wertschätzende Interview zur eigenen Führungspraxis

Oft geht es in Coachings von Führungskräften darum, sie auf ihre neue Rolle vorzubereiten oder ihr Verhalten in der aktuellen Funktion zu reflektieren. In solchen Fällen kannst Du eine gute Grundlage schaffen, indem Du Deine Coachees zunächst ausführlich zu ihrem eigenen Blick auf die geleistete (oder künftig zu leistende) Führungsarbeit befragst. Dabei ziehst Du den Rahmen bewusst recht weit: Was ist Deinem Gegenüber in der beruflichen Führung, aber auch in seiner Lebensführung besonders wichtig? Wofür brennt diese Person? Solche Fragen stoßen die Selbstreflexion an und verhelfen Deinen Coachees zu einem vertieften Verständnis der eigenen Haltung zum Thema Führung. An folgenden Fragen kannst Du Dich in einem solchen Interview orientieren:

1. Was ist Ihnen im Leben wirklich wichtig? Welche Werte stehen bei Ihnen ganz oben?
2. Was ist Ihnen in Ihrer Arbeit wirklich wichtig? Welche Werte herrschen dort vor?

3. Was bereitet Ihnen Freude – in der Arbeit, im Leben? Wofür stehen Sie um 05.00 Uhr morgens auf und bleiben bis 02.00 Uhr nachts auf?
4. Was bedeuten Ihnen Menschen und was denken Sie über sie?
5. Was denken Sie über Arbeit, welche Bedeutung hat sie für Sie? Welche drei (Glaubens-)Sätze fallen Ihnen spontan dazu ein?
6. Was denken Sie über Ihren Umgang mit Ihrer Zeit? Welche drei (Glaubens-)Sätze fallen Ihnen dazu spontan ein?
7. Was denken Sie über Ihre Fähigkeit im Umgang mit Veränderung? Welche drei (Glaubens-) Sätze fallen Ihnen dazu spontan ein?
8. In welcher Lebensphase stehen Sie und welches sind zurzeit Ihre zentralen Themen?
9. Welches sind Ihre persönlichen Ziele im Leben, in Ihrer Arbeit und für Ihre persönliche Entwicklung? Was wollen Sie erreichen? Welchen Preis sind Sie bereit zu zahlen?
10. Was schätzen Sie an Ihrer aktuellen Situation? Was soll so bleiben, wie es ist?
11. Was ist zurzeit noch nicht förderlich und was möchten Sie gern verändern?

Du kannst Dir für diese tiefgreifende Erkundung der Haltung Deiner Coachees zum Leben und Arbeiten durchaus eine ganze Stunde Zeit nehmen. Wichtig ist, dass sie in Ruhe damit beginnen können, über sich selbst nachzudenken und diese Gedanken mit Dir zu teilen. Und natürlich sind diese Fragen nur Vorschläge, die Du nach Deinem eigenem Gusto erweitern, variieren oder reduzieren kannst. Durch Dein ebenso interessiertes wie wertschätzendes Nachfragen wirst Du mit Deinem Gegenüber schnell in ein tiefes Gespräch eintauchen.

Menschen führen: Feedback als Führungsinstrument

Feedback ist eine Form der Kommunikation, die hilft zu erfahren, wie andere mich sehen und mein Verhalten beurteilen. Das Bild, das ich selbst von mir und meinem Verhalten habe, und das Bild, das sich andere von mir und meinem Verhalten machen, weichen stets voneinander ab. Fehlt Führungspersonen das regelmäßige Feedback, kann sich das Selbstbild verzerren. Womöglich hat es dann mit dem, wie diese Person auf andere Menschen wirkt, nicht mehr allzu viel zu tun. Dies wiederum kann zu Konflikten mit Mitarbeiterinnen und Kollegen führen. Die Karriere gerät dann möglicherweise ins Stocken, und die Motivation leidet. Die Folge ist, dass der Stress zu- und die Leistung abnimmt. Gerade für Führungskräfte ist regelmäßiges Feedback daher besonders wichtig.

Das Thema Feedback lässt sich im Coaching mit Personen, die Führungsfunktionen ausüben, auf vielfache Weise ansprechen. So kannst Du als Coach mit Deiner Coachee das Feedback, das sie als Führungskraft in ihrer Organisation erhalten hat, gemeinsam reflektieren. Du kannst ihr aber auch dabei behilflich sein, selbst Feedback an ihre Mitarbeitenden zu geben. Und schließlich kannst Du ihr Deine eigene Wahrnehmung zur Verfügung stellen, wie sie im Coaching auf Dich wirkt und wie Du sie in diesem Kontext erlebst.

1. Feedback für Führungskräfte im Coaching reflektieren

Dem Mangel an selbstverständlichem Feedback wird mittlerweile allenthalben durch organisationsweit eingeführte Feedback-Instrumente entgegengewirkt. Im Gegensatz zur Mitarbeiterbeurteilung, wo Vorgesetzte ihre Mitarbeitenden oder die ihr unterstellten Führungskräfte beurteilen (Abwärtsbeurteilung), schauen beim Upward- bzw. Bottom-up-Feedback (Aufwärtsbeurteilung) die Mitarbeitenden auf ihre direkten Vorgesetzten. Mögliche Fragen können sein: Was kritisieren Sie an Ihrer Vorgesetzten? Was wünschen Sie sich von ihr? Sind Sie mit der Art und Weise zufrieden, wie sie Sie informiert? Dies geschieht mit Hilfe eines standardisierten Verfahrens. Ziel dieser Form des Feedbacks ist die Optimierung des Führungsverhaltens, die Verbesserung der Beziehung zwischen den Vorgesetzten und ihren Mitarbeitern sowie die Stärkung des Teamzusammenhalts.

Beim 360-Grad-Feedback steht eine Führungskraft als Feedback-Nehmerin im Mittelpunkt des Feedbacks, wobei nicht nur die eigene Vorgesetzte, sondern auch gleichrangige Kollegen, unterstellte Mitarbeiterinnen, Kunden und beliebige andere Partner anonym eine Rückmeldung zu verschiedenen Fragen hinsichtlich der Führungsleistung geben. Durch diesen multiperspektivischen Zugang entsteht ein umfassendes Gesamtbild, das der Chefin wertvolle Hinweise zur optimalen Leistungsentfaltung liefert. Durch das Weglassen bestimmter Personenkreise lässt sich auch ein sogenanntes 180- oder 270-Grad-Feedback erstellen, das Du dann im Coaching wie das 360-Grad-Feedback mit Deinen Coachees auswerten und bearbeiten kannst. Fragen, mit denen Du dies anleiten kannst, sind etwa die folgenden: *Was hat Sie überrascht? Was hat Sie berührt? Welches Feedback können Sie nachvollziehen und welches nicht? Wie erklären Sie sich das? Woran möchten Sie arbeiten? Und welchen Beitrag kann das Coaching dazu leisten?*

2. Feedback für Mitarbeitende im Coaching vorbereiten mit der PoWWWEr-Methode

Ein häufiges Thema im Coaching ist der Wunsch von Führungskräften, ihren Mitarbeitenden Feedback zu ihrer Arbeit und ihrem Verhalten zu geben. Ein solches Feedback-Gespräch kannst Du gut gemeinsam mit Deinen Coachees im Coaching vorbereiten. Eine geeignete Methode, die sich dafür anbietet, ist das PoWWWEr-Feedback. Das Akronym steht für die einzelnen Phasen dieses Feedback-Prozesses:

Positiver Einstieg: *Wie möchten Sie den Einstieg in das Feedback-Gespräch gestalten? Was ist Ihr Ziel bei diesem Gespräch?*

Wahrnehmung: *Was genau haben Sie wahrgenommen, dass Sie in dem Feedbackgespräch zurückmelden möchten?*

Wirkung: *Welche der Gefühle und Gedanken, die Ihr Mitarbeiter bei Ihnen ausgelöst hat, möchten Sie ansprechen? Und auf welche Weise?*

Wunsch: *Welchen Wunsch haben Sie an Ihren Mitarbeiter? Was soll er künftig anders machen?*

Erfolg/Erwartung: *Welcher Erfolg wird Ihnen dann gemeinsam möglich sein? Was erwarten Sie grundsätzlich von Ihren Mitarbeitenden?*

Entscheidend bei Feedback-Prozessen ist immer der positive Einstieg, weil er gewissermaßen das Herz der Feedback-Nehmerin öffnet. Poltert man gleich mit dem Negativen hervor, macht die andere oft ‚zu'. Allerdings ist darauf zu achten, dass der positive Einstieg authentisch ist und wirklich etwas Positives meint, denn sonst wird er als vorgeschobene Tarnung einer negativen Kritik wahrgenommen und verfehlt sein Ziel. Der zweite wichtige Aspekt beim Feedback-Geben besteht darin, sich auf konkrete Situationen und deren Wirkungen im Feedback-Geber zu beziehen – und nicht etwa in Kategorien von ‚immer' und ‚nie', ‚gut' oder ‚schlecht' zu verbleiben. „Da und dort habe ich Ihr Verhalten so und so wahrgenommen, und das hat auf mich so und so gewirkt!" Damit ist bereits der dritte Aspekt benannt, der im Feedback-Geben wichtig ist: Der Feedback-Geber bleibt bei sich und seiner subjektiven Wahrnehmung. Wichtig ist, im Coaching genau zu schauen, wo in einer vermeintlichen Wahrnehmung Deiner Coachee schon eine versteckte Bewertung enthalten ist. Anstatt rückzumelden: „Mir ist aufgefallen, wie Sie sich gelangweilt haben" kann man noch enger bei der bloßen Wahrnehmung bleiben und die Deutung als Frage in den Raum stellen: „Ich habe wahrgenommen, dass Sie während des Vortrages mit anderen Dingen beschäftigt waren, und da habe ich mich gefragt, ob Sie sich vielleicht gelangweilt haben." Ein vierter Aspekt betrifft schließlich die Umwandlung von Vorwürfen in Wünsche. Das, was in der Vergangenheit nicht so gut lief, lässt sich in einen Wunsch für die Zukunft umwandeln, der für den Feedback-Nehmer leichter zu verdauen ist als eine harsche Kritik an der vergangenen Leistung. Das kleine Wörtchen *noch* (mehr) betont dabei, dass auch in der derzeitigen Situation nicht alles schlecht ist: „Ich wünsche mir, dass Sie in Zukunft noch mehr … tun!"

Die Besonderheit der PoWWWEr-Methode liegt darin, dass am Schluss auch die gemeinsamen Erfolge in den

Blick genommen werden, die möglich sind, wenn das Feedback akzeptiert und in seinen Konsequenzen umgesetzt wird. Das macht dem Feedback-Nehmer transparent, in welchem Kontext seine Verhaltensänderung erwünscht ist und welche Sinn- und Erfolgskonstruktion die Feedback-Geberin dabei hat. Du kannst in dem letzten Schritt auch stärker die Erwartungen als die Erfolge thematisieren. In diesem Fall hat die Führungskraft abschließend die Möglichkeit zu sagen, wie sie sich über die konkrete Situation hinaus, um die es im Feedback ging, die Zusammenarbeit vorstellt und welche positiv besetzte Erwartung sie in diesem Zusammenhang an den Mitarbeiter hat.

3. Als Coach der Coachee Feedback geben

Coaching ist ursprünglich einmal aus dem Bedürfnis hoher Führungskräfte entstanden, auch dann und dort, wo kein ‚natürliches' Gegenüber mehr zur Verfügung steht, einen Sparringspartner zu haben. Coaching hatte in diesem Kontext also die Aufgabe, ein externes Feedback zu geben zu dem, was die jeweilige Führungskraft denkt, vorhat und tut. Diese Funktion ist bis heute erhalten geblieben, wenn Coaching

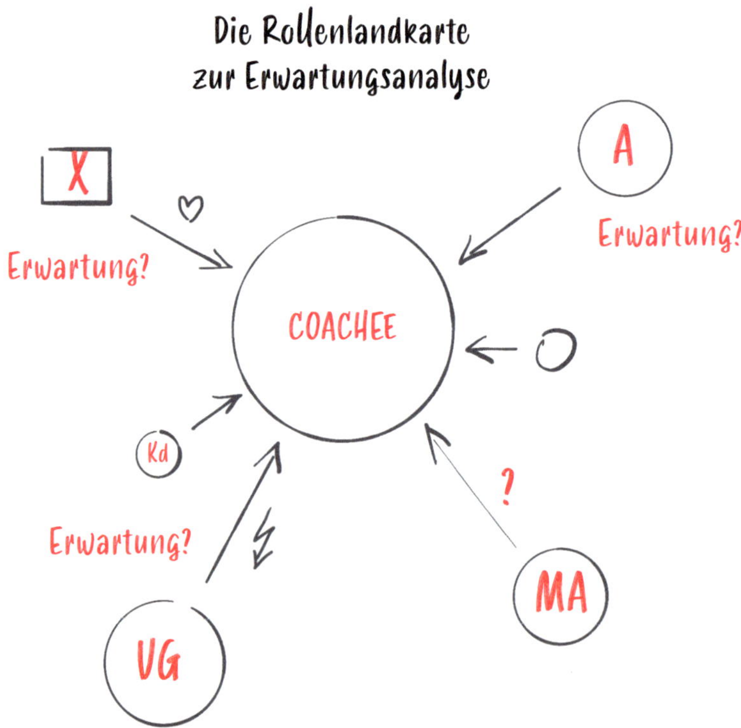

mittlerweile auch noch viel mehr und anderes leistet. Im Kern aber spiegelst Du – bewusst oder unbewusst – Deinen Coachees immer zurück, wie Du sie wahrnimmst und wie sie auf Dich wirken. Feedback erhalten wir Menschen in jeder sozialen Interaktion, nämlich als verbale oder nicht-sprachliche Antwort unseres Gegenübers auf die von uns kommunizierten Mitteilungen. Das sind wichtige Informationen, weil wir nur durch sie in der Lage sind, ein äußeres Fremdbild zu konstruieren, das wir mit unserem inneren Selbstbild abgleichen können. Wir erfahren so, wie wir mit unserer Haltung, Gestik, Mimik, Betonung und Sprachgestalt auf andere wirken. Solche Rückmeldungen können wir zum Anlass nehmen, unser Verhalten zu verändern.

Im Coaching besteht die besondere Kunst darin, Deine Rückmeldungen gezielt einzusetzen. So kannst Du zum Beispiel Dein Gegenüber ganz offen fragen, wie hilfreich es wäre, ein detailliertes Feedback zu seiner Wirkung auf Dich als Coach zu bekommen. Manchmal kommen die Leute auch schon mit einem solchen Anliegen ins Coaching: Sie möchten wissen und gemeinsam darüber reflektieren, wie sie auf andere Menschen ganz allgemein oder – konkreter – auf Mitarbeiterinnen und Kollegen wirken. Du kannst aber auch ungefragt Sätze einfließen lassen wie diese: *Ich erlebe Sie ja nicht in Ihrer beruflichen Situation, aber hier im Coaching wirken Sie sehr reflektiert (selbstbewusst, souverän, nachdenklich etc.) auf mich.* Wichtig ist, dass hier immer die Ressourcen im Vordergrund stehen und Deine Rückmeldungen keine Defizite verstärken oder Dein Gegenüber gar beschämen. Du hebst hervor, was Dir gelungen erscheint, und betonst, wo Du Stärken und Kraftquellen wahrnimmst. Das heißt aber nicht, dass diese immer gleich kraftvoll und energetisch sein müssen. Auch der gründlich abwägende, introvertierte Blick nach innen kann eine solche Ressource darstellen.

Rollenklärung: Die Erwartungsanalyse im Coaching

Neben den verschiedenen Aspekten von Feedback ist die Frage nach der Klärung der eigenen Rolle als Führungskraft ein klassisches Coaching-Thema. Dazu muss gar nicht immer ein akuter Rollenkonflikt vorliegen; es kann auch hilfreich sein, sich nach einer Umstrukturierung um die eigene Rolle zu kümmern oder wenn man neu in eine Führungsposition hinein kommt. Es geht dann darum herauszufinden, welche Erwartungen von den anderen Mitspielenden auf die Neue in einer bestimmten Position mit ihren besonderen Funktionen gerichtet sind. Wenn Du im Coaching zu diesem Thema arbeitest, ist es zunächst wichtig, die *Rolle* von der *Position* und der *Funktion* zu unterscheiden, die man in einer Organisation innehat. Die **Position** benennt das Wo, also den Platz Deiner Coachee in der formalen Hierarchie (z. B. als Teamleiterin). Eine wichtige Frage wäre hier, mit welcher Art von Hierarchie sie dabei umgehen muss. Die **Funktion** beschreibt das, was Deine Coachee im Einzelnen zu tun hat. Welche Funktion hat sie in der Organisation inne? Was tut sie inhaltlich genau (z. B. Marketing, Führung)? Die **Rolle** ergibt sich schließlich daraus, wie sie diese Aufgaben genau ausübt. Welches ist das von ihrem Umfeld erwartete Verhalten, das sie in ihrer Position und mit ihrer Funktion an den Tag legen sollte?

Während die Positionen und die Funktionen meist klar beschrieben sind, sind Rollen, die man in einem bestimmten Kontext innehat, stets kulturabhängig und müssen kommunikativ ausgehandelt werden. Die Rolle setzt sich nämlich aus den Erwartungen zusammen, die die anderen an eine Person in einer bestimmten Position und mit einer bestimmten Funktion haben. Daher ist es gar nicht so einfach, sich allein darüber klarzuwerden, welche Rolle man in einem Team oder einer Gruppe innehat – nicht nur, aber besonders als Führungsperson. Es ist daher wichtig, sich darüber auszutauschen und die anderen Beteiligten nach ihren Erwartungen zu fragen, um Rollenkonflikte zu vermeiden. Im Coaching mit Führungspersonen kannst Du eine solche Erwartungsanalyse mit Deinen Coachees gut vornehmen, zum Beispiel mit der Methode der Rollenlandkarte. Mit dieser Form der Mind Map lassen sich die Erwartungen der relevanten Mitspieler an Dein Gegenüber in einem Coaching-Setting gut visualisieren.

Du setzt Deine Coachee zunächst in einen Kreis in die Mitte des Blattes (möglichst mit DIN A3-Format, dann ist mehr Platz) und erfragst dann sukzessive, welches die Personen, Gruppen oder Funktionsträger sind, mit denen sie in ihrem beruflichen Alltag regelmäßig zu tun hat oder die für ihre berufliche Rolle relevant sind (Mitarbeiterinnen, Kunden, Kolleginnen, Vorgesetzte, Lieferanten, Partnerinnen, Kinder etc.). *Welche Personen in ihrem beruflichen Umfeld haben welche Erwartungen an Sie? Wessen Erwartungen kennen Sie, wessen Erwartungen vielleicht noch gar nicht? Mit welchen Erwartungen sind Sie einverstanden, mit welchen überhaupt nicht? Mit wem sollte Sie dringend ein klärendes Gespräch suchen?* Die Namen dieser Kooperationspartner werden auf dem Blatt so verteilt, dass die Nähe oder Distanz zur Coachee sowie die Häufigkeit und Wichtigkeit der Beziehung in der Größe der Kreise und ihrer Anordnung deutlich werden. Nun bittest Du Deine Coachee, Verbindungslinien zwischen sich und den anderen Personen zu ziehen. Als Coach vertiefst Du die Erwartungsklärung durch Fragen: *Was erwarten Ihre Mitspieler von Ihnen – und Sie von ihnen? Wie könnte die Rolle heißen, die Sie ihnen gegenüber einnehmen? Was läuft gut?*

Was sollte sich ändern? Woran werden Sie als Führungskraft gemessen und beurteilt? Wie wird Ihr Verhalten von anderen beobachtet und bewertet? Was schätzt man an Ihnen, was nicht so sehr? Wie sind die Rahmenbedingungen gestaltet, unter denen Sie diese Rolle umsetzen sollen? Was können Sie daran ändern? Was müssen Sie einfach akzeptieren? Wie sieht Ihre Work-Life-Balance aus? Wie gut trennen Sie die beiden Lebensbereiche? Wo gibt es Vermischungen? Sind sie Ihnen zuträglich? Wie unterstützt Sie Ihr Privatleben in Ihrem Berufsleben – und umgekehrt?

Als Coach schreibst Du die Erwartungen und Rolleneinschätzungen auf die entsprechenden Linien, wo die Coachee sie bewertet: entweder mit + (plus), wenn die Rolle geschätzt wird, oder mit – (minus), wenn die Rolle nicht gewollt wird oder nicht klar ist. Du kannst auch andere Symbole wie Blitze, Herzchen o.ä. einführen. Im Anschluss an eine solche Erwartungsanalyse können dann erste Schritte zur Rollenklärung avisiert werden, indem Ihr im Coaching zum Beispiel gemeinsam schaut, mit welchen Personen die Erwartungen klar scheinen und mit welchen anderen Personen noch klärende Gespräche zu führen wären, oder wo vielleicht sogar ein akuter Rollenkonflikt vorliegt.

Einverständnis und Gefolgschaft herstellen: Die Commitment-Spielplatte

Hierarchische Führungsmodelle basieren auf Weisung und Kontrolle. Das bedeutet, dass in der Regel bestimmte Ziele und Interessen mit Macht auch gegen Widerstände durchgesetzt werden. Kernfragen in einer solchen Kultur sind: Wer hat das Sagen? Wer ist wem vorgesetzt, und wer ist wem untergeordnet? Was darf disziplinarisch entschieden werden, und wie weit geht der jeweilige Wirkungsraum? In neueren, agilen und weniger hierarchisch ausgerichteten Führungsmodellen verschiebt sich die Legitimation zu führen von dem Begriff der *Macht* auf den der *Autorität*. Hier geht es eher um die Kraft und die Fähigkeit, Einfluss auf Personen ausüben zu können, um diese im Sinne eines Vorhabens in eine bestimmte Richtung zu führen. Die Kernfragen sind hier: Welche Personen haben Einfluss auf die Zielerreichung? Wer ist relevant im Hinblick auf ein bestimmtes Vorhaben? Wer ist wann und wozu wichtig und sollte unbedingt mit ins Boot geholt werden? Und auf wen kann dabei möglicherweise auch verzichtet werden?

Überzeugung vom
Sinn des Vorhabens

Misstrauen in die Führungskraft			Vertrauen in die Führungskraft
	SICH ARRANGIERENDE MITSPIELER	PARTNER	
	OPPONENTEN	HILFREICHE SKEPTIKER	

Überzeugung vom
Unsinn des Vorhabens

(nach Fürstberger und Ineichen, 2016)

Geht es im Coaching darum, dass eine Führungskraft ihre Mitarbeitenden dazu bringen möchte, ein bestimmtes Vorhaben zu unterstützen, kannst Du das mit der sogenannten Commitment-Spielplatte begleiten. Ursprünglich von Gunther Fürstberger und Tanja Ineichen als Tool für laterale Führungskräfte entwickelt, lässt sich mit ihr auch trefflich im Coaching unter vier Augen arbeiten. Auf einem Vier-Felder-Schema, dessen vertikale Achse das Vertrauen in das beabsichtigte Vorhaben erhebt, während die horizontale Achse das Vertrauen in die (das Vorhaben vorantreibende) Führungskraft misst, trägst Du für Deinen Coachee – am besten mit Figuren oder Karten auf einem DIN A3-Blatt oder auf einem abgegrenzten Feld auf dem Boden – die Personen ein, die für das aktuelle Vorhaben relevant sind. Durch die beiden Achsen entstehen folgende vier Felder:

1) Commitment-Partner
2) sich arrangierende Mitspieler
3) wohlwollende Skeptiker
4) Opponenten

> *Gunther Fürstberger und Tanju Ineichen, Commitment gewinnen als laterale Führungskraft. Freiburg: Haufe 2016.*

Es gibt diejenigen, die sowohl von der Führungskraft wie von dem Vorhaben überzeugt sind; dann gibt es diejenigen, die das Vorhaben schätzen, aber von der Führungskraft nicht überzeugt sind; weiter gibt es diejenigen, die das Vorhaben kritisch sehen, aber die Führungskraft schätzen; und schließlich diejenigen, die beides ablehnen oder zumindest kritsch sehen. Die jeweiligen Beteiligten, die Du als Coach zuvor erfragt hast, werden von Deiner Coachee nun den entsprechenden Feldern zugeordnet. Neutrale Mitspieler kommen in die Mitte. Die Führungsperson sollte sich selbst ebenfalls aufstellen, denn auch sie hat vielleicht gemischte Gefühle zu dem Vorhaben. So entsteht zunächst eine visuelle Situationsanalyse. Im nächsten Schritt geht es dann darum, durch Deine Fragen aus der Coach-Perspektive erste Schritte gemeinsam zu erarbeiten: *Wie ließe sich aus Ihrer Sicht die Situation verbessern? Was wäre nötig, um wenigstens einige der kritischen oder skeptischen Personen zu Ihren Unterstützern zu machen?* In der Regel ergibt es hier am ehesten Sinn, Überzeugungsarbeit dort zu leisten, wo Aussicht auf Erfolg besteht, wohingegen man sich an den Opponenten meist vergeblich abmüht. Diese Energie kann man besser einsparen und anderweitig einsetzen. Abschließend könnt Ihr erste Maßnahmen erarbeiten, die die Coachee dann in der Praxis ausprobiert.

Selbstbeobachtungs- und Reflexionsaufgaben

- 1. Wie ist mein Verhältnis zu Macht, Autorität und Gefolgschaft?
- 2. Was bedeutet für mich gute Führung und welche Erfahrung habe ich damit gemacht? Und wo habe ich erlebt, wie man es auf keinen Fall machen sollte?
- 3. Was ist mir selber wichtig, wenn ich Führungsverantwortung trage? Was erwarte ich dann von mir – und von den Anderen?
- 4. Wie offen bin ich dafür, dass andere Personen aus meinem Umfeld mir Feedback zu meinem Verhalten geben?
- 5. Wie verhalten sich Coaching und Führung zueinander? Welches sind aus meiner Sicht die Möglichkeiten, aber auch die Grenzen einer coachenden Führungskraft?
- 6. Wie kann ich Coaching-Methoden in meiner Führungsrolle einsetzen? Und was brauche ich noch, damit mir dies gut gelingen kann?

3. Coaching in Veränderungsprozessen

Das dritte Coaching-Thema, dem wir uns widmen wollen, heißt Veränderung. Zwar geht es im Coaching immer irgendwie um Veränderungen, denn Deine Coachees wollen ja meist weg von einer unbefriedigenden Ausgangslage und hin zu einer verbesserten, also im positiven Sinne veränderten Situation. Und dennoch oder gerade deshalb lohnt es sich, das Thema Veränderung noch einmal systematisch zu betrachten, denn auch wenn Veränderungen zum Leben dazu gehören, verlangen sie uns doch einiges ab. Daher wollen wir in diesem Kapitel einige Typen von Veränderung erörtern und auf die Art und Weise eingehen, wie wir Menschen uns in Veränderungen verhalten. Das Ziel ist, dass Du im Coaching zu Veränderungsthemen sattelfest wirst. Was ist zu tun, wenn Deine Coachees einen eigenen Veränderungswunsch haben? Und wie umgehen mit Coachees, die von einer unvorhergesehenen äußeren Veränderung betroffen sind?

Damit sind die beiden großen Kategorien genannt, die wir bei Veränderungsthemen unterscheiden: einerseits von außen kommende, fremd initiierte Veränderungen, und andererseits von uns selbst angestoßene, also selbst initiierte Veränderungen. Die Unterschiede sind beträchtlich: Wer sich aus freien Stücken beruflich weiterentwickeln will, hat es in der Regel mit anderen Gefühlen, Gedanken und Haltungen zu tun, als diejenige, die ohne Vorankündigung von ihrem Arbeitgeber gekündigt wird, während sie gerade den nächsten Urlaub plant. Und doch ist das eine nicht generell besser als das andere, denn selbst die Entlassung kann am Ende als eine Art Befreiung erlebt werden, die die Tür für etwas Neues öffnet, während die selbstgewählte Veränderung vielleicht erhebliche Existenz- und Entscheidungsnöte mit sich bringt. Entscheidend ist auch hier nicht der Sachverhalt an sich, sondern die Bedeutung, die wir ihm geben, unsere jeweilige Sinn- und Wirklichkeitskonstruktion. Um diesen subjektiven Blick auf Veränderungen sowie seine Reflexion und Veränderung im Coaching geht es in diesem Kapitel.

Veränderungs-dynamiken in Organisationen

Oft resultieren die Veränderungen, denen wir als Individuen gegenüberstehen, aus den Veränderungsdynamiken der Organisationen, an denen wir teilhaben. Als komplexe soziale Systeme benötigen Organisationen bestimmte Umwelten wie Kunden, Märkte oder Gesetze, die ihre Rahmenbedingungen definieren. Ändern sich bestimmte Aspekte innerhalb dieser Kontexte, so hat das unmittelbare Konsequenzen für die Organisationen selbst. So standen die Hersteller konventioneller Wecker plötzlich vor ungeahnten Herausforderungen, als die Menschen dazu übergingen, sich von ihrem Handy aufwecken zu lassen. Und all jene, die beruflich mit erneuerbaren Energien zu tun haben, können ein Lied davon singen, wie grundlegend ihre Unternehmen von den zahlreichen Gesetzesänderungen betroffen waren und sind, die die deutsche Bundesregierung dazu in den letzten Jahren auf den Weg gebracht hat. Ein drittes Beispiel ist die Corona-Krise: Welche Branchen profitieren von dieser völlig unerwarteten Umweltveränderung in welcher Weise? Und wie geht es für diejenigen weiter, die das gerade so überlebt haben?

Bei dem großen Veränderungsdruck, wie ihn vor allem die Megatrends Globalisierung und Digitalisierung erzeugt haben, aber nun auch die Corona- und die Klimakrise, wird es für Organisationen immer wichtiger, nicht passiv und dann vielleicht zu spät auf sich wandelnde Umweltbedingungen zu reagieren, sondern diese frühzeitig wahrzunehmen, sie vielleicht schon vorauszuahnen und rechtzeitig ins System hinein zu kommunizieren, um notwendige Anpassungen vorzunehmen. Manchmal passiert der Wandel ganz langsam, manchmal ist die Situation von heute auf morgen eine andere. Das erfordert die Bereitschaft, einmal getroffene Entscheidungen auch schnell wieder revidieren und den eingeschlagenen Kurs korrigieren zu können, um flexibel auf neue Veränderungen reagieren zu können. Aus dieser Welt der geplanten, aber auch disruptiven Veränderungen kommen Deine Coachees. Sie arbeiten und leben in Organisationen, in denen das Thema Change zum Dauerzustand geworden ist, und dies gilt es im Coaching immer mitzudenken, vor allem aber immer wieder transparent zu erfragen: *Wie hoch ist gerade der Veränderungsdruck in Ihrem Unternehmen bzw. Ihrer Organisation? Wie wird darauf reagiert? Wie erleben Sie selbst den Umgang damit? Wie geht es Ihnen ganz persönlich mit Veränderungen? Erleben Sie sie eher als Störung oder als Anregung, etwas Neues auszuprobieren? Was möchten Sie für sich in Ihrem Leben verändern und was soll so bleiben, wie es ist?*

System-Design und System-Emergenz in Veränderungsprozessen

Sitzt Du einer Coachee gegenüber, die in ihrem Unternehmen mit Change-Prozessen zu tun hat, gilt es, das aus systemischer Sicht wichtige Phänomen der Emergenz in den Blick zu nehmen. Damit ist gemeint, dass soziale wie psychische Systeme aus sich selbst heraus entwicklungsfähig sind. Sie können dazulernen und sich auf verblüffende Weisen verändern. Wandeln sich die Rahmenbedingungen, sind lernende Organisationen imstande, in ihrer ganz eigenen Weise darauf zu reagieren. Dabei muss man auf Überraschungen gefasst sein, denn soziale Systeme sind komplex und in ihrem Verhalten prinzipiell unvorhersehbar. Sie bilden individuelle Muster aus und treiben eigenwillige Blüten, die sich nicht allein auf ihre strukturelle Beschaffenheit zurückführen lassen. Sie resultieren vielmehr aus dem spezifischen Zusammenspiel ihrer einzelnen Elemente, die etwas Neues, vorher nicht Vorhandenes hervorbringen. Anders gesagt: Emergenz, begrifflich von lateinisch *emergere* abgeleitet, was ‚auftauchen', ‚emporsteigen' bedeutet, macht unmittelbar einsichtig, dass das Ganze mehr ist als die Summe seiner Teile.

Hat Deine Coachee mit dem Management von Veränderungsprozessen zu tun, so kann das Wissen um die Emergenz komplexer Systeme für sie hilfreich und entlastend sein. Denn wenn nicht alles planbar ist, dann ist auch nicht jede unvorhergesehene Entwicklung die Folge einer fehlerhaften Planung! Es ist vielmehr ganz normal, dass Dinge passieren, wie sie eben passieren. Das kann man nur im Nachinein beobachten, aber nicht voraussehen. Wichtig ist daher vor allem, dass man Emergenzphänomene auf dem Schirm hat und weiß, dass sie auftauchen werden. Um mit ihnen klarzukommen, braucht es bei aller Klarheit und Zielstrebigkeit eine offene und durchlässige Haltung, die in der Lage ist, Emergenzphänomene nicht als unwillkommene Störungen abzutun, sondern sie anzuerkennen und wertschätzend in den Prozess zu integrieren. In systemischen Ansätzen zur Organisationstheorie und -beratung, von Peter M.

Senges Theorie der lernenden Organisation bis zu C. Otto Scharmers Theorie U, spielt die Konzeptionalisierung von Emergenz eine zentrale Rolle. Das bedeutet im Wesentlichen, dass man bei allen planvollen Bemühungen zur Erstellung eines System-Designs auch den unvorhersehbaren System-Emergenzen von Anfang an einen ausreichend großen Raum gewährt. Denn es wird sie auf jeden Fall geben, auch wenn zu Anfang noch nicht klar ist, wann, wo und in welcher Form sie auftreten. In der Begleitung von Veränderungsprozessen hat sich daher der Grund-Satz bewährt: „Planung ist alles, doch der Plan ist nichts!"

Die Kunst, Veränderungen produktiv zu begleiten und zu gestalten, findet also aus systemisch-konstruktivistischer Sicht immer in einem Spannungsfeld statt: Einerseits gilt es, die Organisation und ihre Strukturen dort, wo dies möglich ist, bewusst zu beeinflussen, zu gestalten und zu steuern; andererseits gilt es, die auftauchenden Emergenz-

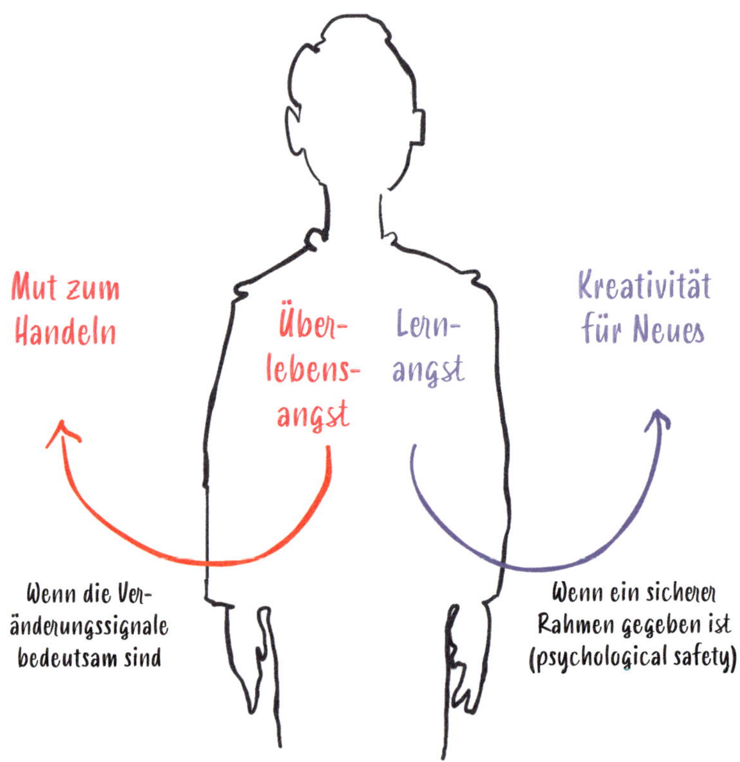

phänomene aufmerksam zu beobachten und Vertrauen zu haben in die Eigendynamik der Organisation. Da gerade der letzte Punkt manchen Menschen noch unvertraut ist, kann es im Coaching zu Veränderungsthemen auch um die Frage gehen, was Deine Coachees brauchen, um noch mehr auf ihre eigene Veränderungs- und Lernfähigkeit, aber auch auf die ihrer Organisation vertrauen zu können.

Peter M. Senge, Die fünfte Disziplin. Kunst und Praxis der lernenden Organisation. Stuttgart: Klett-Cotta, 11. Aufl. 2011.

C. Otto Scharmer, Theorie U. Von der Zukunft her führen. Heidelberg: Carl-Auer, 5., überarb. und erw. Aufl. 2020.

Wie sich Veränderungsangst in Veränderungsenergie umwandeln lässt

Wie Organisationen oder ganze Gesellschaften, so reagieren auch Einzelmenschen stets auf der Grundlage ihrer internen Strukturen auf äußere Veränderungen. Wie wir Veränderungen wahrnehmen und mit ihnen umgehen, hängt also davon ab, welche Erfahrungen wir bisher mit Veränderungen gemacht haben, aber auch, welche Bilder und Vorbilder wir dazu von unseren Eltern und anderen Leitfiguren vermittelt bekommen haben. All dies kristallisiert sich in mehr oder weniger festgefügten Glaubens- und Leitsätzen, die darüber entscheiden, was Veränderungen für uns bedeuten: ob wir uns auf und über sie freuen, weil sie die Chance für etwas Neues bieten, oder ob wir sie eher fürchten, weil sie uns herausfordern und aus unserer Komfortzone herausholen. „Wenn der Wind der Veränderung weht, bauen die einen Mauern und die anderen Windmühlen", heißt es in einem chinesischen Sprichwort. Es zeigt sehr schön, wie unterschiedlich sich Menschen auf Neues einlassen: Die einen stürzen sich begeistert hinein, weil sie darin vor allem die Chancen sehen; die anderen haben das Bedürfnis, sich zuerst vor möglichen Risiken und Gefahren zu schützen. Beides ist gleichermaßen legitim. Wenn es Dir gelingt, Deine eigene Landkarte zum Thema Veränderung nicht mit der Deiner Coachees zu verwechseln, dann wirst Du in der Lage sein, auch solche Veränderungsanliegen wirksam zu begleiten, mit denen Du persönlich vielleicht ganz anders umgegangen wärst. Hinzu kommt, dass neben unseren eigenen Bedürfnissen in den sozialen Systemen, die wir bespielen, auch entsprechende Erwartungen an uns gerichtet sind. Einerseits brauchen wir selbst ein gewisses Maß an Sicherheit und Planbarkeit, andererseits wird aber auch von uns erwartet, dass wir dauerhafte Strukturen und Beziehungen aufbauen, Pläne machen und uns möglichst langfristig festlegen. Einerseits brauchen wir selbst Abwechslung und Veränderung, andererseits wird aber auch von uns erwartet, dass wir innovativ und flexibel sind und alles Neue begeistert begrüßen.

Auf der individuellen Ebene reagieren wir Menschen auf Veränderungsprozesse häufig mit Ängsten. Das ist legitim, wird aber oftmals nicht richtig wahr- und ernstgenommen, weil die Ängste nicht als Ängste geäußert werden, sondern als vermeintlich ‚gute Gründe', die gegen eine Veränderung sprechen. Sich vor Veränderungen zu fürchten, ist eine normale, menschliche Reaktion, im Grundsatz sogar eine sinnvolle. Andererseits ist gerade am Beginn von Veränderungsprozessen ein gewisses Maß an Chaos und Unsicherheit unvermeidbar. Versuchen wir, dieses Chaos zu ordnen, belasten uns zusätzlich negative Emotionen wie Ärger, Wut oder Hilflosigkeit. Diese emotionalen Aspekte von Veränderungen verdienen im Coaching immer eine besondere Aufmerksamkeit, denn sie sind es, die am Ende über den Erfolg eines Veränderungsvorhabens entscheiden. Wenn Strategieänderungen zum erstenmal besprochen und grobkörnig vorgestellt werden, ist es leicht, dafür Begeisterung zu zeigen. Sobald es aber konkreter wird und die Veränderungen echte Konsequenzen mit sich bringen, stößt man oft auf abwehrendes Verhalten, das dann nicht selten als Widerstand definiert und abgekanzelt wird. Im systemischen Denken gibt es jedoch keinen Widerstand, sondern nur Interessen und Gründe, wann und warum wir mit anderen kooperieren und wann und warum nicht. Mit der systemischen Brille geschaut, geht es in solchen Fällen also immer darum herauszufinden, was die Beteiligten und Betroffenen brauchen, damit sie guten Gewissens mitmachen können. Was könnte Ihnen helfen, Ihre Ängste in konstruktives und kreatives Verhalten umzuwandeln? Was wäre nötig, um Ihre Veränderungsangst in Veränderungsenergie zu verwandeln?

Du kannst in diesem Zusammenhang zwei Arten von Angst unterscheiden: Die eine, die **Überlebensangst** ist eine existentielle Angst, angetrieben von der Sorge, in der gegenwärtigen Umwelt nicht überleben zu können. Die andere, die **Lernangst**, ist die Angst vor dem Scheitern und Versagen, angetrieben von der Sorge, die zum Überleben nötige Veränderung nicht hinzubekommen. Wir Menschen sind dann zu Veränderungen bereit, wenn die Lernangst geringer ist als die Überlebensangst. Daher ist es in Veränderungsprozessen – und auch im Coaching – stets hilfreich, die Lernangst zu verringern. Das gelingt am besten dadurch, dass man einen sicheren Rahmen zur Verfügung hat, in dem neues Verhalten ohne Sanktionen und ohne Beschämung erst einmal in Ruhe ausprobiert werden kann. Die Herstellung von psychologischer Sicherheit ist also eine Art Schlüssel für den Erfolg angstbesetzter Veränderungsprozesse. Je weiter die Lernangst dadurch schwindet, desto besser kann die Überlebensangst in Handlungsenergie umgewandelt werden.

Entscheider, Beteiligte und Betroffene in Veränderungsprozessen

Im Coaching können grundsätzlich alle Aspekte, die Veränderungen in Deinen Coachees auslösen, reflektiert und verändert werden, gerade auch die häufig auftretenden Gefühle von Angst und Ohnmacht. Das gilt unabhängig davon, in welcher Rolle Deine Coachees mit diesen Veränderungen konfrontiert sind: ob als Entscheider, die das Ganze ins Rollen gebracht haben; als Beteiligte, die das Beschlossene nun wohl oder übel umsetzen müssen; oder als Betroffene, die oft das Gefühl haben, dem ganzen Geschehen nur passiv ausgesetzt zu sein. In diesen Rollen sind die Perspektiven auf das, was da gerade in der Organisation passiert, recht unterschiedlich – und damit auch die jeweiligen Coaching-Anliegen:

Entscheider suchen im Coaching oft Unterstützung bei der Gestaltung von Prozessen, zum Treffen von Entscheidungen und zur Abwägung der jeweiligen Konsequenzen. Sie suchen in Dir als Coach einen Sparringspartner, um Handlungsalternativen durchzuspielen oder auch rückblickend einen solchen Prozess auszuwerten.

Beteiligte kommen oft ins Coaching, um die Besonderheiten ihrer ‚Sandwich-Position' zu reflektieren. Sie müssen etwas nach unten durchsetzen, das oben beschlossen wurde, wovon sie aber selbst möglicherweise nicht ganz überzeugt sind. Daraus können verschiedene Anliegen resultieren: Wie gehe ich mit dieser Situation um, ohne den einen oder die andere zu verprellen? Und wie halte ich meine Motivation aufrecht, denn diese Art der Veränderung war ja nicht meine Idee? Wie schaffe ich es, die Interessenunterschiede auszugleichen, und wie gehe ich damit um, dass dieses ganze Projekt nicht wirklich steuerbar ist?

Betroffene leiden in solchen Situationen oft unter Überforderung und fragen sich, ob sie bleiben oder gehen sollen. Sie fühlen sich überrollt und wünschen sich mehr Akzeptanz und Wertschätzung für die eigene Person und ihre Expertise. Im Coaching kannst Du mit ihnen daran arbeiten, welche Möglichkeiten sie haben, wieder in eine aktive, gestaltende Rolle zu kommen. Es kann aber auch nötig sein, zunächst einmal die Gefühle von Scham und Trauer zuzulassen und zu bearbeiten, die ja völlig zurecht auftreten, wenn das Alte, Geschätzte und Geliebte nicht mehr da ist.

Denn eines ist klar: Immer, wenn wir uns verändern und etwas Neues in unser Leben lassen, geben wir dafür etwas Anderes auf. Insofern hat jede Veränderung, jede Innovation immer auch mit dem Abschiednehmen von Altem, Zurückgelassenem zu tun.

Fremdinitiierte Veränderungen erfolgreich im Coaching bearbeiten

Besonders heftig sind die emotionalen Ausschläge oft bei Veränderungen, die nicht in Ruhe vorbereitet werden, sondern ohne große Vorankündigung von außen auf uns eintreffen. Trennungen, schwere Krankheiten oder plötzliche Todesfälle können solche Einschläge im Privaten sein. Im beruflichen Kontext haben Entlassungen, Auflösungen oder Fusionen von Teams oder ganzen Abteilungen sowie Merger und Umstrukturierungen oft ähnlich starke Auswirkungen auf die Betroffenen. Und was die Corona-Pandemie plötzlich und unerwartet ganzen Gesellschaften abverlangt hat, steckt uns allen noch in den Knochen. Auf den folgenden Seiten erfährst Du, worauf es im Coaching ankommt und was Du als Coach tun kannst, wenn Deine Coachees mit Dir den Umgang mit fremdinitiierten Veränderungen reflektieren wollen.

Zuallererst ist zu beachten, dass es bei äußeren Veränderungen wie Schicksalsschlägen, Trennungen oder Kündigungen im Kern um die Verarbeitung eines mehr oder weniger schmerzlich erlebten Verlustes geht – auch dann, wenn sich dieser Verlust später einmal als Eröffnung neuer Chancen erweisen wird. Das gilt für Individuen, aber auch für Teams, ganze Abteilungen oder auch Organisationen, die von Abwicklung oder Verkauf bedroht sind. Solche Umbrüche können wie ein Schock wirken, so dass Du Dich im Coaching darauf einstellen solltest, erst einmal nur zu trösten und für einen ruhigen, sicheren Raum zu sorgen, in dem Dein Coachee sich nach und nach öffnen kann. Das muss aber nicht unbedingt so sein, denn die Art der Bearbeitung von schockartigen Verlusten oder anderen Verwerfungen hängt sehr davon ab, in welcher Phase der Veränderungsverarbeitung Deine Coachees zu Dir kommen. Die Forschung zum Umgang mit Trauer und Tod, wie sie etwa Elisabeth Kübler-Ross 1969 mit ihrem grundlegenden Buch *On Death and Dying* angestoßen hat, kann zeigen, dass es bestimmte, immer wiederkehrende Phasen gibt, die Sterbende oder auch Hinterbliebene nach dem Tod einer nahestehenden Person durchlaufen. Ihr Modell hat sich als tragfähig erwiesen und ist seither weiterentwickelt worden, weil es sich nicht nur bei Krankheit und Tod, sondern auch bei Verlusten anderer Art anwenden lässt. Die Gedanken, Gefühle und Verhaltensweisen, die bei schockartigen Disruptionen auftreten, sind im Prinzip immer die gleichen. So ist aus dem Zyklus der Trauerverarbeitung, wie ihn Kübler-Ross und andere konzipierten, mittlerweile ein Zyklus der Veränderungsverarbeitung geworden, der in unterschiedlichen Kontexten fremdinitiierter Veränderung einsetzbar ist.

Elisabeth Kübler-Ross, Interviews mit Sterbenden. Freiburg u.a.: Herder 2018 (Original: On Death an Dying, 1969).

Die Veränderungskurve

Das Modell der Trauerverarbeitung ist auch im Coaching sehr nützlich, weil es Dir hilft herauszufinden, in welcher Phase Deine Coachees sich gerade befinden. Verdrängen sie den mit der Kündigung einhergehenden Verlust und die damit verbundenen Gefühle? Haben sie bereits hinreichend getrauert oder steht die notwendige Trauerarbeit noch aus? Oder wird die veränderte Situation von ihnen bereits akzeptiert? Und wie hoch ist ihr Energielevel, um nach neuen Wegen zu suchen? Schauen wir uns das Modell also an, das ursprünglich fünf Phasen hatte, aber nach Kübler-Ross immer wieder modifiziert und erweitert wurde. Wir präsentieren es hier in einer Synopse mit sieben Phasen:

0. Phase: Vorahnung, Sorge

Die Phase der Vorahnung ist hier als nullte Phase verzeichnet, denn nicht immer kündigen sich abrupte Veränderungen im Vorfeld an. Manchmal aber spürt man etwas, eine Unruhe, ein Getuschel oder auch eine besondere Ruhe vor dem Sturm; oder man nimmt bestimmte Nachrichten in den Medien wahr und fragt sich, welche Konsequenzen die wohl für die eigene Branche haben werden. Energie, Leistung und Selbstwert befinden sich im normalen Bereich. In der Regel geht man in dieser Phase noch gar nicht ins Coaching, also in Anbetracht einer möglicherweise anstehenden Veränderung. Aber wenn doch, dann mit Gefühlen und Gedanken, die von Unruhe und Angst geprägt sind sowie von dem Wunsch, sich frühzeitig auf das Kommende einzustellen.

Im Coaching ist dann eine neugierige, fragende und erkundende Haltung angebracht, die sich für die Coachee und ihre Situation interessiert. Was genau nimmt sie wahr und wie kommt sie darauf, dass eine Veränderung ansteht? Auf dieser Basis kannst Du mit ihr dann zum Beispiel Best Case- und Worst Case-Szenarien durchspielen. Was kann bestenfalls passieren, und wie sähe der schlimmste Fall der möglicherweise anstehenden Veränderung aus? Zudem könnt Ihr gemeinsam erarbeiten, zu welchem Veränderungstypus Deine Coachee gehört. Wie verhält sie sich in Veränderungen und was braucht sie dort besonders? Eine weitere Möglichkeit besteht darin, mit ihr nach den Ressourcen zu

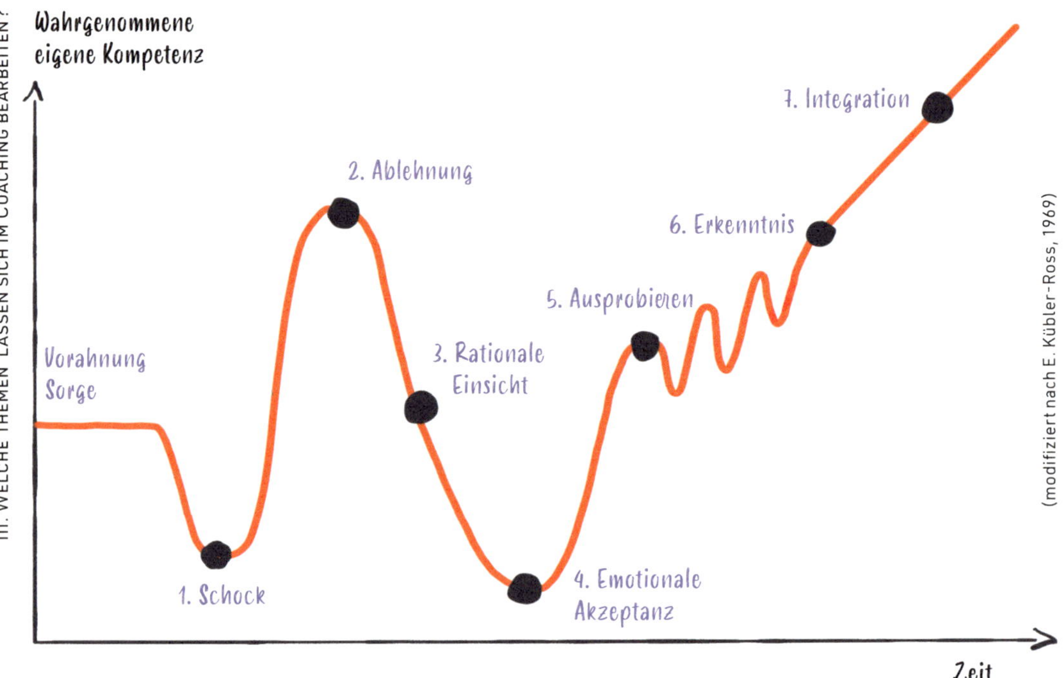

(modifiziert nach E. Kübler-Ross, 1969)

suchen, auf die sie sich in Veränderungen immer verlassen kann.

1. Phase: Schock, Überraschung

Nun ist es raus: Die Veränderung ist kommuniziert, und alle Betroffenen sind plötzlich mit den neuen, unerwarteten Bedingungen konfrontiert. Es herrscht eine allgemeine Verunsicherung, und für viele bedeuten die Nachrichten einen Schock – das Energielevel, die Leistungskurve und das Selbstwertgefühl sacken in den Keller. Die Betroffenen zweifeln an ihren Fähigkeiten, die sich zwar in der ursprünglichen Situation bewährt haben, für die veränderte Situation jedoch ungeeignet erscheinen. Auch in dieser Phase kommen die Betroffenen oft noch nicht ins Coaching, weil der Einschlag noch zu nah und die Situation zu unübersichtlich ist. Im Mittelpunkt stehen hier Gefühle von (Existenz-)Angst, Verunsicherung und Ohnmacht. Kommt doch jemand in dieser Phase zu Dir ins Coaching, dann geht es zunächst nur um Zuwendung, Verstehen und aktives Zuhören. Hier sind noch keine Perspektivwechsel oder Lösungsideen angesagt, denn dazu fehlt die Energie. Es geht vielmehr darum, in der Situation des Verlustes anzukommen, sie zu realisieren und die Gefühle, die damit einhergehen, anzuerkennen und auszuhalten. Nur in dieser Hinsicht kannst Du in dieser Phase als Coach Unterstützung leisten: anzuerkennen, wie problematisch, beängstigend oder traurig die gegenwärtige Situation für Deine Coachee ist, und die Gefühle zu würdigen, mit denen sie es dabei zu tun hat: *Was brauchen Sie jetzt in dieser Situation? Und was noch? Und wo können Sie Unterstützung finden?*

2. Phase: Verneinung, Ablehnung

Es ist vielleicht überraschend, dass auf die Phase des Schocks in aller Regel zunächst eine Phase der Ablehnung und Verneinung erfolgt, in der die Energie und die Leistungsbereitschaft der Betroffenen noch einmal Höchstwerte erreichen. Jedenfalls liegen sie meist deutlich über dem Level, das vor der Veränderung galt. Es scheint darum zu gehen, noch einmal sehr deutlich zu zeigen, dass es an den Betroffenen und ihrer Leistungsbereitschaft nicht liegen kann: Sie geben noch einmal alles, wie um sich und der Welt zu beweisen, dass sie gut sind! Vielleicht lässt sich ja doch noch alles ungeschehen machen, wenn man sich noch einmal richtig anstrengt! Die eigenen Werte, Glaubenssätze und Einstellungen liefern also gute Gründe dafür, warum die Veränderung nicht vorgenommen werden soll. Gut möglich, dass sie nur vorübergehend ist – jedenfalls kein Grund, eigene Denk- und Verhaltensweisen in Frage zu stellen. Oft fühlen sich die Betroffenen in dieser Phase kompetenter als andere und weisen diesen die Schuld zu. Beim Verlust naher Freunde oder Angehöriger kann die Verneinung darin bestehen, Tagesabläufe und Rituale der verlorenen Person aufrechtzuerhalten, um den Verlustschmerz nicht spüren zu müssen. Die Verneinungsphase kann im Einzelfall sehr lange dauern!

Kommen Betroffene in dieser Phase ins Coaching, dann nicht etwa, um an ihrer Verneinung zu arbeiten, denn die ist ihnen in aller Regel ja nicht bewusst. Meist sind es dann andere Themen, die bearbeitet werden sollen. Im Coaching gilt es auch hier, genau und anerkennend zuzuhören sowie dem Coachee zu signalisieren, dass es okay ist, so wie es ist. Du kannst nun aber auch das Gehörte kommentieren und dabei durchaus auch ein etwas kritischeres Feedback geben als in der vorhergehenden Phase. Lass Dir erklären, warum die Situation so, wie sie ist, eigentlich gar nicht sein kann oder sollte, und öffne zugleich einen Raum, in dem die gegenwärtige Situation auch aus anderen Perspektiven betrachtet werden kann.

3. Phase: Rationale Einsicht

Irgendwann ist der Punkt gekommen, an dem die kämpferische Ablehnung nachlässt und die Betroffenen die Notwendigkeit zur Akzeptanz der Veränderung anerkennen. Damit sinkt dann ihr Energielevel und ihr Selbstwertgefühl wieder auf einen normalen Mittelwert. Von Aufbruchstimmung ist aber in dieser Phase noch nichts zu spüren. Es wird nun eher nach Wegen gesucht, die unangenehme Situation zu beenden, anstatt die eigenen gestalterischen Möglichkeiten lustvoll in der neuen Situation auszuprobieren. Die Gefühle sind in dieser Phase gar nicht besonders stark. Die Betroffenen definieren sich bisweilen als Opfer und sind oft auch frustriert. Im Coaching kann es daher darum gehen, die vollzogene (rationale) Einsicht in das Unabänderliche zu würdigen und Wege dafür zu bahnen, dass sie auch emotional nachvollzogen wird. Als Coach kannst Du hier gezielt nach den Gefühlen fragen und Deinem Gegenüber eine Erlaubnis geben, diese Gefühle zuzulassen. Denn ohne emotionale, also auch tief im Innern gefühlte Akzeptanz der Situation ist eine neue, kraftvolle Weiterentwicklung kaum möglich.

4. Emotionale Akzeptanz: die Trauerphase

Die emotionale Akzeptanz der Situation bedeutet, dass die Veränderung wirklich angekommen ist. Man kann daher auch von der Trauerphase sprechen. Der Verlust ist nun auch gefühlsmäßig bewusst: Die Betroffenen können ihn annehmen, ohne ihn zu verleugnen oder anderen die Schuld daran zu geben. Die Situation ist in dieser Phase einfach nur schmerzlich und oft sehr traurig. Es gilt, endgültig Abschied zu nehmen von einer vertrauten Situation oder Person, und es ist längst noch nicht klar, was an ihre Stelle tritt. Die Energie, die Leistungsbereitschaft und der Selbstwert der Betroffenen sacken nun noch einmal ab. Im Coaching gilt es hier alles zu tun, um die notwendige Trauerarbeit zu unterstützen. Dazu kann gehören, ausdrücklich eine Erlaubnis zum Trauern auszusprechen, da viele Menschen sich das Recht und die Zeit dazu gar nicht zubilligen. Du kannst Deine Coachee darauf hinweisen, dass es kein Zufall ist, dass viele Kulturen eine einjährige Trauerphase kennen. Welche Rituale können helfen, die Trauer zu strukturieren und den Verlust zu verarbeiten? Wo kann Deine Coachee sich Unterstützung holen oder Gleichgesinnte treffen? Und was braucht sie noch (von Dir)?

Oft kommen Menschen ins Coaching, die sich nach einem schweren Verlust von Job, Partner oder auch einem Elternteil beruflich neu positionieren wollen. Wenn Du dabei spürst, dass sie zwar aufrichtig wollen, aber seltsam antriebs- und energiearm sind, dann ist es gut möglich, dass sie die Trauerphase übersprungen haben. Sie wollen wieder ‚angreifen' und ein neues Leben führen, haben sich aber nicht ausreichend emotional mit dem Verlust konfrontiert. Als Coach kannst Du sie dabei unterstützen, diese wichtige Phase nachzuholen: *Haben Sie sich schon hinreichend Zeit genommen, um um den Verstorbenen (oder den verlorenen Job) zu trauern? Was haben Sie dazu unternommen? Und was brauchen Sie noch?*

5. Phase: Neues Ausprobieren, Lernen und Üben

Erst wenn eine innere, emotionale Akzeptanz des Verlustes und der neuen Situation erreicht ist, werden die Betroffenen irgendwann in der Lage sein, ihre eigenen Einstellungen, Werte und Glaubensmuster in Frage zu stellen. Jetzt sind sie bereit, sich ernsthaft und konstruktiv mit der veränderten Situation zu beschäftigen und etwas Neues auszuprobieren. Nun wird es möglich sein, mit Dir im Coaching nach neuen Fähigkeiten, Fertigkeiten und Gestaltungsmöglichkeiten zu suchen. Die wieder in Richtung Normalität steigenden Werte im Hinblick auf Energie und Selbstwert bieten die Grundlage dafür.

Im Coaching geht es dann erst einmal um die Frage, wohin die Reise in der Zukunft gehen soll. Während die ersten vier Phasen vor allem Unterstützung bei der Verarbeitung des Verlustes erfordern, kannst Du nun endlich mit Deinen Coachees Möglichkeiten erkunden, Optionen durchspielen und Zielfilme drehen. Ihr könnt mit Blick auf die Zielvisionen gemeinsam sehr unterschiedliche neue Fähigkeiten und Fertigkeiten ausfindig machen und einüben. Erst in dieser Phase ist klassisches, zielorientiertes Coaching wieder möglich!

Aber Vorsicht: Deine Coachees werden noch nicht überschwänglich begeistert sein, sondern sich erst langsam den neuen Möglichkeiten öffnen. Deine Haltung als Coach ist daher mutmachend und ermunternd. Mit Hausaufgaben kannst Du sie stimulieren, neu eingeübtes Verhalten in der Praxis auszuprobieren und sich dabei zu beobachten. Die Ergebnisse reflektiert Ihr dann gemeinsam in der nächsten Coaching-Sitzung.

6. Erkenntnis

In der nächsten Phase der Erkenntnis entwickelt Dein Coachee dann richtig Lust und Neugier auf das Neue. Die positiven Aspekte, die jede Veränderung ja auch mit sich bringt, sind richtig bei ihm angekommen, so dass er seine Offenheit und Veränderungsbereitschaft nun auch innerlich spüren kann. Durch Feedback hat er schon Informationen gesammelt, die ihm helfen, sein Selbstbild wie sein Verhalten immer besser an die neue Situation anzupassen. Er spürt sich nun mehr und nimmt sich kompetenter wahr als vor der Veränderung, da sich sein Denk- und Verhaltensrepertoire erweitert hat. Dementsprechend steigen auch die Energie- und Leistungswerte nun über das Normalmaß hinaus an.

Im Coaching könnt Ihr nun gemeinsam kraftvoll und mit starken Interventionen an der Gestaltung der Zukunft arbeiten: Wie lässt sich das Ziel konkretisieren, welche Teiletappen sind hilfreich, und wie fühlt sich das an? Auch jetzt ist es nützlich, immer wieder die Gefühle zu erfragen, mit denen Deine Coachees sich auf den Weg machen, um ihre emotionale Akzeptanz und Lust am Neuen zu festigen.

7. Integration

Die abschließende Phase der Integration kannst Du Dir so vorstellen, dass der einstmals erzwungene Wandel mittlerweile innerlich erfolgreich nachvollzogen ist. Das Neue ist voll ins Leben integriert und läuft zur großen Freude Deines Gegenübers schon so rund und gut, dass vieles davon bereits selbstverständlich und weitgehend unbewusst eingesetzt wird. Da aber das Meiste immer noch neu und spannend, der erfolgreiche Wandel also frisch im Bewusstsein ist, erreichen Selbstwert, Energie und Leistungsbereitschaft sehr hohe Werte. Sie gehen erst wieder auf das Normalmaß herunter, wenn auch das Neue wieder zur Routine geworden ist – und, wer weiß, vielleicht schon die nächste Veränderung naht. Im Coaching kannst Du diese Phase nutzen, um mit Deinen Coachees auf den gesamten Prozess zurückzuschauen und ihn gemeinsam auszuwerten. Erfolgreiches Lernen hängt ganz wesentlich davon ab, dass auch die Art und Weise des Lernprozesses reflektiert wird, und das kannst Du durch Fragen unterstützen: *Wie haben Sie sich selbst in dem Veränderungsprozess erlebt? Was ist Ihnen gut gelungen und womit hatten Sie Schwierigkeiten? Was ist Ihr größtes Aha-Erlebnis gewesen, und was wollen Sie bei dem nächsten Veränderungsprozess auf jeden Fall anders machen?*

Die Veränderungskurve ist also ein hilfreiches Instrument fürs Coaching, mit dem Du gut erkennen kannst, wo Deine Coachees gerade stehen. Von der Funktionsweise ähnelt sie Friedrichs Glasls Modell der Eskalationsstufen bei Konflikten. Beide Modelle kannst Du entweder für Dich im Hinterkopf behalten oder aber im Coaching offen auf den Tisch legen und gemeinsam mit Deinen Coachees überlegen, wo sie gerade stehen.

Ein Fallbeispiel: „Geburtstagsfeier für einen Verstorbenen"

Frau C. kommt ins Coaching, um nach Jahren der Pause zugunsten von Familie und Kindern wieder in das Berufsleben einzusteigen. Vom Coaching erhofft sie sich Unterstützung dabei, wie dies am besten zu bewerkstelligen sei. Auf meine Bitte, mir ein wenig zu beschreiben, wie sie derzeit lebt und welche Interessen sie leiten, erzählt Frau C. mir folgende Geschichte: Vor drei Jahren ist ihr Ehemann, ein erfolgreicher Unternehmer, völlig unerwartet verstorben. Seither versucht sie mit aller Kraft, für sich und die beiden Söhne das luxuriöse Leben an der Elbchaussee aufrecht zu erhalten. Dazu zählt auch, jedes Jahr den Geburtstag des geliebten Mannes mit 80 Gästen aufwändig zu feiern. Sie wohnt weiterhin in der großen Villa, und die Söhne bleiben auf teuren Privat-Universitäten, obwohl eigentlich klar ist, dass die materiellen Verhältnisse dies dauerhaft nicht mehr hergeben und Frau C. sich zu verschulden beginnt. Auch deshalb spürt sie nun einen Druck, wieder ins Arbeitsleben einzusteigen, um zusätzliches Geld zu verdienen.

Ich staune angesichts dieser tragischen Lebensgeschichte innerlich darüber, wie lange die Phase der Verneinung andauern kann und wieviel Energie Frau C. aufbringt, um einen schmerzlichen Verlust möglichst lange – am besten für immer

– zu verleugnen. Sie hat mit bewundernswerter Konsequenz alles Erdenkliche dafür getan, dass die schockartige Veränderung im täglichen Leben möglichst wenige Spuren hinterlassen sollte. Besonders bizarr erscheint mir dabei die Feier des Geburtstages (und nicht etwa des Todestages!), die ganz offenbar suggerieren soll, der Verstorbene sei noch da. Meine Hypothese ist, dass ein Coaching hier noch gar nichts zu einem beruflichen Wiedereinstieg beitragen kann, weil die Energie noch ganz woanders ist. Sinnvoller scheint mir im Moment zu sein, Frau C. dabei zu unterstützen, die Verneinungsphase zu überwinden und endlich den Verlust rational und emotional zu realisieren. Denn erst wenn sie hinreichend getrauert hat und den Verstorbenen gehen lassen kann, wird sie in der Lage sein, auch ihre Einstellungen und ihr Verhalten zu verändern, um zu neuen Ufern aufzubrechen.

Ich lenke die Aufmerksamkeit unseres Gesprächs auf diese Themen, vor allem auf das Trauern und Abschiednehmen und darauf, wie wichtig dieser Prozess ist. Frau C. weint, aber besteht auch darauf, wie unerlässlich es für sie ist, das sie den täglichen Betrieb aufrechterhält. Ich frage sie, was ihre Kinder dazu wohl sagen würden, wenn ich sie fragte, und wie ihre beste Freundin dazu steht. Vorsichtig äußere ich schließlich mein Bedenken hinsichtlich ihres ursprünglichen Coaching-Anliegens und stelle ihr zur Verdeutlichung die Veränderungskurve vor. Ich biete Frau C. an, im Coaching zunächst nach Möglichkeiten zu suchen, wie sie ihren Mann ein Stück weit gehen lassen kann, um dadurch freier zu werden für ein neues, eigenes Leben – und zugleich nach Möglichkeiten zu suchen, wie sie sich auch immer an ihn erinnern kann. Zugleich weise ich sie darauf hin, dass diese Art der Verlustverarbeitung auch in anderen Formen möglich ist, zum Beispiel in Trauergruppen oder durch psychotherapeutische Begleitung.

Frau C. geht nachdenklich aus dem Coaching-Vorgespräch und nimmt als Aufgabe mit, sich meinen Vorschlag zu überlegen. Wir dürfen gespannt sein, wie sie sich entscheidet: Nimmt sie mein Angebot an und kommt wieder, um endlich den Schmerz zu- und ihren toten Mann gehen zu lassen? Oder nimmt sie sich dieses Themas außerhalb von Coaching an, indem sie Kontakt zu einer Trauergruppe oder einer Psychotherapeutin aufnimmt? Oder bleibt sie in ihrer Verneinungsstrategie und sucht sich einen anderen Coach, der sie bei ihrem beruflichen Anliegen unterstützt?

Stützen, Fördern, Fordern, Konfrontieren: Verhaltensstile im Coaching

Es hängt aber nicht ausschließlich von der Phase ab, in der sich Deine Coachees gerade befinden, ob Du ihnen gegenüber als Coach eher unterstützend und fördernd oder auch mal stärker fordernd oder gar konfrontierend auftrittst. Es kann auch von ihrer Persönlichkeit abhängen, mit welchem dieser Verhaltensstile ihnen in einer herausfordernden Situation am besten geholfen ist. Daher solltest Du Dir bewusst machen, dass die folgenden vier Verhaltensstile allesamt in Dein Coach-Repertoire gehören.

1. Stützen

Manche Menschen brauchen in fordernden Veränderungssituationen jemanden, der sie zunächst einmal hält, der bei ihnen ist und ihnen Beistand leistet. Was bedeutet das fürs Coaching? Du gibst Deiner Coachee Halt und Sicherheit, damit sie in einer schwierigen Situation wieder zu sich kommen oder einen Verlust in Ruhe betrauen kann. Du hörst verstehend und anerkennend zu und reichst bei Bedarf Papiertaschentücher. Alles ist gut, so wie es jetzt gerade ist. Spüren sie diesen Halt, dann kommen diese Coachees nach anfänglicher Unterstützung mit den weiteren Anforderungen der Veränderung oft von ganz allein klar.

2. Fördern

Anderen Menschen hilft es in schwierigen Situationen, dass jemand da ist, der mit ihnen erste mögliche Entwicklungsschritte reflektiert und durchspielt. Im Coaching nimmst Du hier die klassische Coach-Haltung ein: Du hörst neugierig und anerkennend zu, fragst aber auch schon nach Best Case- und Worst Case-Szenarien. Die Aufmerksamkeit richtet sich hier schon auf verschiedene Handlungs- und Lösungsoptionen, und dabei darfst Du ganz unverbindlich auch eigene Ideen und Hypothesen äußern.

3. Fordern

Wieder andere Menschen kommen gut ins Handeln, wenn man ihnen klar definierte, herausfordernde Aufgaben stellt. Im Coaching kann es darum gehen, neu eingeübte oder angedachte Verhaltensweisen – etwa in der beruflichen Führungsrolle – einfach einmal auszuprobieren, um zu schauen, was passiert. So etwas darfst Du als Coach durchaus vorschlagen, denn Deine Coachees können ja nein sagen. In der Regel tun sie das aber nicht, sondern sind dankbar dafür, dass sie von ihrem Coach in bestimmten Situationen auch ein bisschen gefordert werden.

4. Konfrontieren

Und dann gibt es Menschen, die auch einmal eine klare Rückmeldung zu ihrem Verhalten und ihrer Wirkung brauchen, um sich neu zu orientieren. Im Coaching kann das Konfrontieren darin bestehen, dass Du recht deutlich zurückspiegelst, wie Deine Coachees auf Dich wirken. Zum Beispiel, wenn es gar nicht vorangeht: *Wir arbeiten jetzt schon recht lange an diesem Thema, und mein Eindruck ist, bei allen Optionen, die wir durchspielen, wissen Sie immer sofort, warum die jeweils nicht in Frage kommen. Könnte es sein – und das ist jetzt nur eine Hypothese*

–, *dass es gute Gründe dafür gibt, dass Sie sich eigentlich gar nicht verändern wollen?* Eine solche Konfrontation kann entweder ein Startschuss sein, um im Coaching auf die Ebene zu kommen, auf der die Musik spielt. Sie kann aber auch dazu führen, dass Deine Coachee die guten Gründe dafür erkennt, ihren Veränderungswunsch jetzt doch noch nicht umzusetzen.

Es kann sein, dass Du alle diese Verhaltensstile in einem Coaching-Prozess gleichermaßen einsetzt, aber es ist ebenso denkbar, dass Deine jeweiligen Coachees einen dieser Stile besonders brauchen. Für den einen reicht es schon aus, in einer schwierigen Situation einen geschützten Raum zu bekommen, in dem er sich sammeln kann. Wieder bei Kräften, entwickelt er seine Lösungsstrategien dann von ganz allein. Eine andere Coachee neigt dazu, in Krisen zu verzagen und sich in Selbstzweifeln zu verlieren. Sie braucht von ihrem Gegenüber ein klare Kante und ein bisschen Wind von vorn, um wieder in die Spur zu kommen. Es ist Deine Aufgabe herauszufinden, welcher Deiner möglichen Verhaltensstile als Coach für Dein Gegenüber gerade passend ist.

Selbstinitiierte Veränderungen im Coaching wirksam begleiten

Neben den bisher besprochenen Veränderungen, die im Außen entstehen und auf die wir daher oft nur reagieren können, gibt es den anderen Typus der Veränderungen, die wir aus einem inneren Impuls heraus selbst anstoßen. Auch aus solchen selbstinitiierten Veränderungen ergeben sich vielfältige Anliegen, mit denen Coachees zu Dir ins Coaching kommen. Wenn bewährte Strategien nicht mehr greifen, um eine unbefriedigend erlebte Situation zu verändern, oder wenn einfach der Wunsch nach einer Änderung von Verhaltens- oder Denkweisen die Oberhand gewinnt, dann entstehen Veränderungsvorhaben, die auch im Coaching gut und wirksam begleitet werden können. Während wir uns also bei fremdinitiierten Veränderungen durch äußeren Druck von Vertrautem verabschieden und Neuem gegenüber öffnen müssen, kommt der Anstoß zu selbstinitiierten Veränderungen aus uns selbst heraus. Wir stoßen eine Veränderung an, obwohl wir prinzipiell auch so wie vorher hätten weitermachen können. Oft hängt aber beides zusammen: Äußere oder innere Rahmenbedingungen haben sich über einen gewissen Zeitraum so sehr verändert, dass wir irgendwann mit dem Status unzufrieden sind und etwas Neues wagen.

Wir werden uns in diesem Unterkapitel zum Thema Veränderung aber auch der Frage zuwenden, in welchem Verhältnis das Verändern zum Bewahren steht. Auch hier geht es nämlich darum, eine gute Balance zu finden. Es ist wichtig, niemals zu viel auf einmal zu verändern, weil dann die Gefahr besteht, zu überdrehen und den Boden unter den Füßen zu verlieren. Hier hilft es, das Bewahren ganz bewusst als ein Gegengewicht zur Veränderung anzusehen, und zwar eines, das nicht einfach da ist, sondern für das man ebenfalls etwas tun muss! Und schließlich wollen wir das Phänomen der chronifizierten Nicht-Veränderung in den Blick nehmen. Wir fragen danach, wie es kommen kann, dass wir uns über längere Zeit nicht in einer bestimmten Weise verändern, obwohl wir uns das doch so sehr wünschen. Was tragen wir in unserem täglichen Leben dazu bei, dass Veränderung nicht wie erhofft stattfindet? Wie kannst Du auch im Coaching aus der Coach-Rolle ungewollt Nicht-Veränderung erzeugen? Und wo liegen die Auswege, die Dich aus dieser Sackgasse weder hinausführen?

Ein Fallbeispiel: „Der Augenöffner"

Herr K. kommt zu mir ins Coaching, weil er seine Einstellung und sein Verhalten zu seiner Arbeitssuche verändern will. Er beschreibt sich selbst als antriebsarm und energielos. Er habe keine Motivation und das führe dazu, dass er zuhause herumsitze. Ich frage ihn, wie es zu dieser Situation gekommen ist, und Herr K. erzählt, dass er über 15 Jahre in einem Unternehmen gearbeitet hat, zehn Jahre davon als Führungskraft in einer Produktionsabteilung. Das habe ihm Freude gemacht. So sehr, dass seine Frau schon unkte, er sei eher mit der Firma als mit ihr verheiratet. Dann wurde die Firma an ein niederländisches Unternehmen verkauft. Sein Chef war nun ein Unbekannter, der ihn nicht wie bisher als wertvollen Mitarbeiter in einer Produktionseinheit ansah, in der die Stimmung gut ist und die Zahlen stimmen. Ein paar Monate lang versuchte Herr K., seinen Chef davon zu überzeugen, dass sein Bereich gut laufe. Ich frage, wie er das angestellt habe, und er antwortet, dass er regelmäßig und kontinuierlich die Ziele erfüllt und sogar übererfüllt habe. In einer Mitarbeiterbefragung waren die Ergebnisse seines Bereiches uneingeschränkt positiv. Als er dann eines Tages in einem Führungskräftetreffen vor allen Anwesenden verunglimpft wurde und kaum jemand öffentlich wagte, dem zu widersprechen, erkannte er, dass die Zeit gekommen war, zu gehen.

Beim Anhören seiner Geschichte beobachte ich in mir Gefühle von Zorn und Empörung darüber, wie Herr K. behandelt wurde, sowie Mitgefühl und Verständnis für ihn und seine Situation. All diese Gefühle teile ich ihm mit. Er hört intensiv zu, sagt nicht viel und geht nachdenklich aus der Coaching-Sitzung. Als er nach drei Wochen zur zweiten Sitzung wiederkommt, hat er viel mehr Energie als bei unserem ersten Treffen. Meine Resonanz auf seine Erzählung habe ihm sehr gut getan, berichtet er. Er habe realisiert, wie wenig er seine eigenen Gefühle zulassen konnte, weil er dachte, die schwierige Situation läge an ihm. Rückblickend hatte er sich immer vorgeworfen, dass er sich noch mehr hätte bemühen müssen. Diese Gedanken über sich und sein Verhalten haben ihm die Energie geraubt, aktiv in seine Zukunft gehen zu können. Als er erkannte, dass er ‚falsch' über sich gedacht habe, konnte er seine Gefühle zulassen: Den Zorn darüber, wie mit ihm umgegangen wurde und der Schmerz über das, was ihm widerfahren war, konnte er auf einer Wanderung mit seinem besten Freund rauslassen.
Herr K. wirkt sichtlich aufgeräumt, und er staunt selbst darüber, wie abrupt sich seine Stimmung gewandelt hat, so dass er nun mehr Energie für seine Bewerbungsstrategie aufbringen kann. Um abzusichern, wie stabil seine Stimmung sei, erkunde ich mithilfe einer Skala die Einschätzung seiner Energie und Motivation. Was müsste er tun oder was müsste geschehen, damit die Energie wieder wie zuvor sinken würde? Er ist sich sehr gewiss, dass dies nicht wieder geschehen würde, da er nun wisse, was ihn so gebremst habe. Zum Abschluss sammeln wir noch seine Ressourcen, die ihm in dieser schwierigen Situation bewusst geworden sind. Zufrieden, zuversichtlich und fast euphorisch verabschiedet er sich und dankt mir für den ‚Augenöffner'.

Selbstinitiierte Veränderungsvorhaben haben eine große Bandbreite an Themen: Sie geht vom Beruf über die Partnerschaft bis zur Erfüllung lange gehegter Wünsche, aber es kann auch um die Veränderung von hinderlichen Verhaltens- und Wahrnehmungsweisen gehen. Je nach dem Anliegen, mit dem Deine Coachees zu Dir kommen, bieten sich dabei recht unterschiedliche Methoden an. Wie Du im Coaching mit Veränderungsanliegen im größeren Maßstab umgehen kannst, also mit grundsätzlichen Neuausrichtungen des beruflichen oder privaten Lebens, beschreiben wir im letzten Kapitel dieses Buches unter der Überschrift der beruflichen (Neu-) Orientierung. Dort erfährst Du, welche Haltungen und Methoden hilfreich sind, um Deine Coachees bei ihrer beruflichen oder privaten Positionierung zu unterstützen.

Im Folgenden wollen wir uns zunächst mit dem Verändern von störend empfundenen Leit- und Glaubenssätzen beschäftigen. Wie kannst Du Deine Coachees dabei unterstützen, sich von hinderlichen Einstellungen zu verabschieden und sie in neue, förderliche innere Leitsätze zu verwandeln? Dazu stellen wir Dir eine wirksame Intervention vor.

Einstellungen und Glaubens-sätze ändern mit dem Werte-quadrat

In Leit- oder Glaubenssätzen sind innere Einstellungen geronnen, die wir oft schon seit unserer Kindheit in uns tragen. Sie gehen meist auf Überzeugungen, Regeln und Leitlinien zurück, die bereits in unserem Elternhaus herrschten. Andere Glaubenssätze sind dagegen jüngeren Datums und stammen aus unserem Schul-, Berufs- oder Beziehungsleben. So gut wie alle Glaubens- und Leitsätze beginnen mit Satzanfängen wie „Ich muss ...", „Ich darf nicht ...", „Ich will (nicht)..." oder „Ich kann (nicht)...". Dass wir über solche Leitsätze verfügen, ist überlebensnotwendig, denn sie geben uns Orientierung. So gibt es positive Leitsätze, die uns in schwierigen Situationen ermutigen: „Ich kann alles aus eigener Kraft schaffen!", wäre ein solcher Satz. Andere Glaubenssätze schränken uns eher ein und erschweren unsere Weiterentwicklung: „Ich darf mich nicht in den Vordergrund drängen, sondern muss mich zuerst darum kümmern, dass es den Anderen gut geht", wäre ein Beispiel

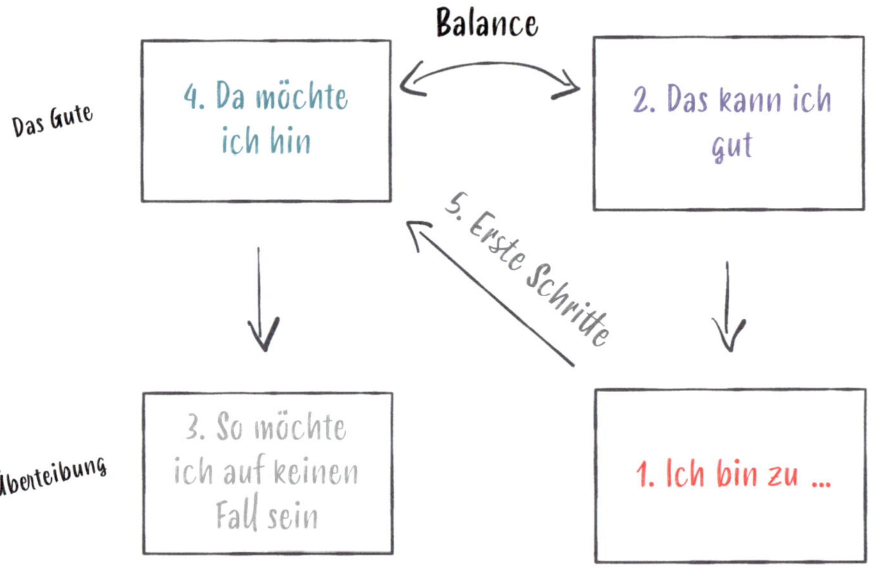

(nach F. Schulz von Thun,1989)

für einen hinderlichen Glaubenssatz. Auch solche einschränkenden Leitsätze waren einmal nützlich, weil sie uns einen Platz im System unserer Ursprungsfamilie sicherten. Heute aber haben wir unseren Platz in unserem eigenen Leben gefunden und würden den alten Leitsatz gern loswerden.

Doch das ist gar nicht so einfach: „Gelernt ist gelernt", könnte man sagen, und das bewusste Verlernen eine herausfordernde Aufgabe. Wie man im Coaching dennoch wirksam daran arbeiten kann, möchten wir Dir anhand des Werte- und Entwicklungsquadrats vorstellen, wie es Friedemann Schulz von Thun entwickelt hat. Dieser greift dabei auf sehr alte, bis zu Aristoteles zurückgehende Überlegungen zurück, wonach unsere Tugenden und Werte in einem ausgewogenen Verhältnis zueinander stehen müssen. Nicolai Hartmann und andere Philosophen haben daraus eine Art Wertequadrat entwickelt, das Schulz von Thun zu einem Selbst-Coaching-Tool umgearbeitet hat. Der Kern dieser Intervention liegt darin, sich den positiven Kern zu vergegenwärtigen, der auch in einem einschränkenden, hinderlichen Glaubenssatz liegt. Erst wenn es möglich ist, die positive Absicht, also den selbstfürsorglichen Aspekt eines Glaubenssatzes zu würdigen, kann man ihn auch verabschieden und durch einen neuen, förderlichen Leitsatz zu ersetzen.

Friedemann Schulz von Thun, Miteinander reden. 2. Stile, Werte und Persönlichkeitsentwicklung. Reinbek bei Hamburg: Rowohlt 1989.

Beginnen wir mit einem Beispiel: Dein Coachee fühlt sich dem Leitsatz verpflichtet, alle Dinge sehr genau nehmen, immer hundertprozentig alles geben und richtig machen zu müssen. Das kostet ihn Zeit und Nerven und er merkt, dass das oft gar nicht nötig ist. Hie und da würde es völlig reichen, auch einmal nur achtzig Prozent zu leisten. „Manchmal bin ich zu perfektionistisch", lautet das problematische Verhalten, das er auf Dein interessiertes Nachfragen daraus ableitet. Daran möchte er arbeiten, um es zu verändern oder wenigstens ein wenig abzumildern. Du schlägst ihm vor, mit dem Werte- und Entwicklungsquadrat zu arbeiten, und trägst den Begriff für den zu verändernden Glaubenssatz unten rechts in das Vier-Felder-Schema ein: ‚perfektionistisch'. Nun geht es darum herauszubekommen, was die gute Absicht ist, die im Perfektionismus steckt, denn in negativen Glaubenssätzen findet sich oft die Übertreibung einer an sich guten Sache. Aber was genau wird im Perfektionismus übertrieben? Hier geht Ihr nun gemeinsam auf die Suche, wobei es manchmal etwas dauert, bis der passende Begriff gefunden ist. In die engere Auswahl können hier zum Beispiel ‚gewissenhaft', ‚sorgfältig', ‚verantwortungsbewusst' und ‚verlässlich sein' kommen. Dein Coachee möchte seine Sache gut machen, damit andere sich auf ihn verlassen können. Den Schlüsselbegriff, für den Dein Gegenüber sich entscheidet, trägst Du in den Kasten oben rechts ein: Der Perfektionismus ist die Übertreibung der Verlässlichkeit.

Aber warum übertreibt er die Tugend der Zuverlässigkeit? Nun richtet sich der Blick auf das Feld unten links: Wie will Dein Coachee auf gar keinen Fall sein? Oder anders gefragt: Auf welche Eigenschaft bezieht sich der Perfektionismus im Sinne einer Überkompensation? Möglicherweise kommt Ihr in der gemeinsamen Reflexion darauf, dass er auf keinen Fall die Kontrolle verlieren will und Schlampigkeit am allermeisten verabscheut. Diese Begriffe werden in den Kasten unten links eingetragen: ‚schlampig' zu sein und ‚die Kontrolle zu verlieren' – das will Dein Coachee auf gar keinen Fall, weswegen er manchmal zu perfektionistisch ist. Zum Schluss geht es darum, im Spannungsfeld der Extreme das durch sie ausbalancierte konkrete Veränderungsziel zu identifizieren: Welches ist die positive Tugend, die in der Schlampigkeit ihre Übertreibung findet? Auch hier gilt es nun, den passenden Begriff zu finden. Man könnte etwa an ‚Gelassenheit', eine ‚tolerante Fehlerkultur' oder auch ‚Fünf gerade sein lassen' denken. Habt Ihr hier herausgefunden, welcher Begriff es am ehesten trifft – sagen wir: es ist die Gelassenheit –, dann ist die Schwestertugend gefunden, die zur Verlässlichkeit ein notwendiges Korrektiv bildet und sie gleichsam ausbalanciert. Fehlt dieses Korrektiv, so rutscht die Verlässlichkeit in den Perfektionismus ab. Fehlt der Gelassenheit hingegen die Verlässlichkeit, droht sie, in Schlampigkeit abzugleiten.

Damit hast Du das Veränderungsziel Deines Coachees identifiziert: Er möchte in seinem Verhalten gelassener werden und auch einmal ‚Fünf gerade sein lassen', ohne jedoch seine Verlässlichkeit aufzugeben. Nun könnt Ihr gemeinsam an ersten Schritten arbeiten, die ihn in diese Richtung führen.

Wenn Du mit diesem Tool im Coaching arbeitest, ist es wichtig, die für Dein Gegenüber passenden Begrifflichkeiten zu finden. Dafür solltest Du Dir die nötige Zeit nehmen, denn hier beginnt der gedankliche Prozess, in dem Deine Coachees sich bewusst werden, was sie von dem alten Wert bewahren und was sie verändern möchten. Je nach dem, auf welchen Begriff Ihr Euch schließlich verständigt, kann die Veränderung in sehr unterschiedliche Richtungen gehen.

Ein notwendiges Gegengewicht zur Veränderung: Das Bewahren als aktiver Prozess

In der Intervention des Wertequadrats geht es um das Ausbalancieren von Werten, Haltungen und Verhaltensweisen, damit man nicht in die eine oder andere Richtung überdreht. In ähnlicher Weise gilt es in jedem Veränderungsprozess, eine Balance zwischen dem Verändern und dem Bewahren zu finden: Was soll sich ändern, weil es hinderlich geworden ist, und was ist so gut, dass es bewahrt werden soll? Man kann ja niemals alles auf einmal verändern, weil man dann den festen Boden unter den Füßen verlieren würde, von dem die Veränderung ihren Ausgang nimmt. Daher ist es im Coaching bei Veränderungsanliegen besonders wichtig, auch die Aufmerksamkeit darauf zu richten, was in der aktuellen Situation gut ist und nicht verändert werden soll. Es geht darum, die stabilen Zonen zu identifizieren, auf die sich Deine Coachee in dem avisierten Veränderungsprozess verlassen und stützen kann. Das bewusste Bewahren schafft ein notwendiges Gegengewicht zum Verändern und verhindert, dass die Veränderung überdreht. Ist die Aufmerksamkeit auf das Bewahren gerichtet, dann rückt auch ins Bewusstsein, dass das, was gut ist, nicht von allein gekommen ist und auch nicht von allein so bleiben wird. Vielmehr ist auch das Bewahren als ein aktiver Prozess zu verstehen, der unser Zutun braucht. Die Dinge verändern sich von ganz allein. Damit Manches zumindest eine Weile lang so bleibt, wie es ist, müssen wir uns bewusst entscheiden und etwas dafür tun. Im Coaching kannst Du die Aufmerksamkeit Deiner Coachees mit einigen gezielten Fragen in diese Rich-

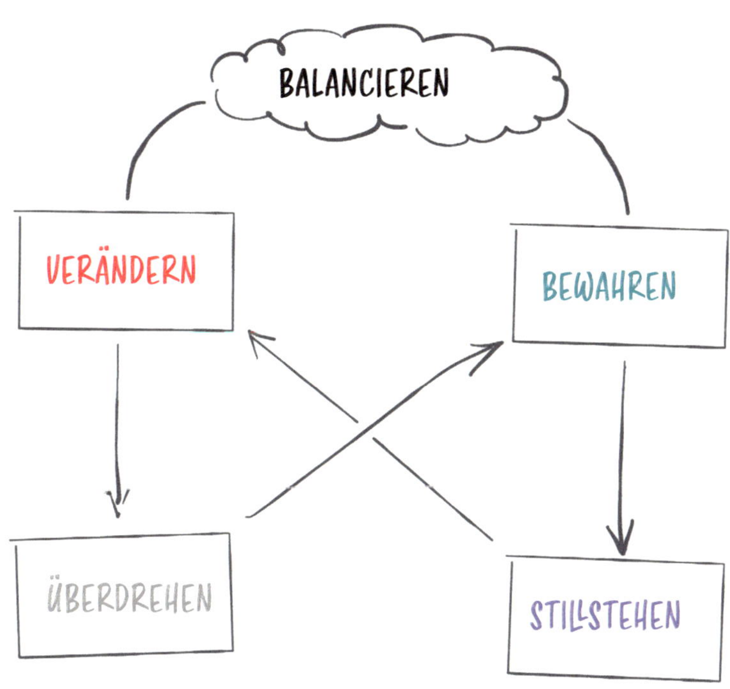

tung lenken und ihnen bewusst werden lassen, was sie auf jeden Fall behalten wollen – und was sie jeweils bereit sind dafür zu tun: *Was in Ihrem (Berufs-)Leben ist so gut, dass es auf jeden Fall so bleiben soll? Wie haben Sie es geschafft, dass dieses Gute in Ihrem (Berufs-)Leben ist? Und was wollen Sie tun, damit dies auch künftig so sein kann?*

Die Lenkung der Aufmerksamkeit auf das, was gut ist und bleiben soll, kann ein bedeutender Perspektivwechsel sein, besonders bei Menschen, die in der Regel eher mit kritisch eingefärbtem Blick auf das schauen, was noch nicht oder nicht mehr da ist. Plötzlich werden die Ressourcen sichtbar, rückt das Gute und Gelingende ins Sichtfeld. Deine Coachee kann nun etwas gelassener mit ihrem Veränderungsprozess umgehen, weil sie eben nicht alles auf einmal verändern muss, sondern sieht, was sie alles schon erreicht hat. Viel Gutes ist schon da, das bleiben darf.

Die chronifizierte Nicht-Veränderung im Gegensatz zum Bewahren

Etwas ganz anderes als das bewusste Bewahren ist die chronifizierten Nicht-Veränderung. Deine Coachee bringt ein Thema mit, das sie schon länger beschäftigt: Sie möchte seit einiger Zeit ihr berufsbegleitendes Studium mit einer Bachelor-Arbeit abschließen. Doch anstatt dies einfach zu tun, beobachtet sie sich dabei, wie sie aus unerfindlichen Gründen gar nichts in diese Richtung unternimmt. In solchen oder ähnlichen Fällen (ich sollte mehr Sport machen, meine Mutter öfter anrufen, mich mehr um meinen Freundeskreis kümmern etc.) ist den Betroffenen kognitiv meist ziemlich klar, was sie tun müssten, um ihr Leid oder ihre Unzufriedenheit zu beenden, und dennoch tun sie es nicht. Woran mag das liegen?

In einem solchen Fall ist im Coaching grundsätzlich danach zu fragen, welches die Gefahren der Veränderung sein könnten und welcher Preis für die Veränderung zu zahlen wäre. Das bekannte Leid erscheint manchmal leichter zu ertragen zu sein als das unbekannte Glück. Und wenn ich mein Studium abgeschlossen habe, muss ich mich entscheiden, was ich damit anstellen will, welche Ziele ich danach anstrebe – die Lösung des einen Problems würde also zu einem neuen Problem führen, das ich erfolgreich vermeide, solange ich das erste, bekannte Problem nicht löse, also die Abschlussarbeit vor mir herschiebe. Probleme lösen sich ja bekanntlich nicht auf, sondern ab. In diesem Fall wirkt die Veränderung möglicherweise bedrohlicher als das aktuelle Leid, mit dem sich Deine Coachee ja irgendwie arrangiert hat.

Du kannst dann mit ihr gemeinsam auf die Suche gehen, worin genau der Vorteil der Nicht-Veränderung liegen könnte. Das ist eine Suchbewegung, die erst einmal den Druck aus der Situation nimmt. Nirgendwo steht ja geschrieben, dass ich mich in der einen oder andern Weise verändern muss. Auch ein Studium muss man ja nicht abschließen; es gibt viele Beispiele für erfolgreiche Studienabbrecher. Ist der Preis für die Aufgabe des Problems zu hoch, weil Dein Coachee – um ein anderes Beispiel zu nennen – die berufliche Veränderung mit einem Verlust seines Freundeskreises und der geliebten Heimatstadt bezahlen müsste, könnt Ihr im Coaching sogar zu der Lösung kommen, ganz bewusst die Nicht-Veränderung zu wählen. Sie ist dann das Ergebnis einer bewussten Entscheidung (und nicht mehr Folge eines prokrastinierenden Verdrängens) und geht mit einem deutlich besseren Gefühl einher.

Es geht also darum herauszubekommen, wofür das Problem gut ist, welches seine positiven Auswirkungen sind und wie hoch der Preis dafür wäre, es endlich loszuwerden. Hilfreiche Fragen, die in diesem Zusammenhang den Veränderungsdruck herausnehmen, können sein: *Was ist das Gute daran, dass Sie Ihr Ziel noch nicht erreicht haben? Welche Vorteile hat die Nicht-Veränderung? Was könnten Sie verlieren, wenn Sie Ihr Ziel erreichen? Was wird der Preis für die Zielerreichung sein? Wer von den Menschen in Ihrem Umfeld hat etwas davon, dass Sie Ihr Ziel noch nicht erreicht haben?*

Oft liegen die Vorteile der Nicht-Veränderung auf der Hand, wenn man erst einmal diese Perspektive eingenommen hat. Solange ich mich nicht für das eine und gegen das andere entscheide, stehen mir immer noch alle Optionen offen. Sobald ich etwas umsetze, kann ich damit auch scheitern; solange ich es aber aufschiebe, ist das Scheitern ausgeschlossen. Wenn ich meine Dissertation abschließe, kommt die Frage auf mich zu, was ich danach machen will. Solange ich noch nicht fertig bin, muss ich sie mir nicht stellen. Wenn ich mich erfolgreich auf die neue Stelle bewerbe, sehe ich meine liebgewonnenen Kollegen vielleicht nicht mehr. Und wenn ich mich aus meiner unbefriedigenden Beziehung löse, gibt es keinen Grund mehr, mich jede Woche mit meiner besten Freundin zu treffen, um mich über meinen Partner zu beschweren, ganz abgesehen davon, dass ich dann allein bin, und vielleicht halte ich das emotional gar nicht aus …

Der Ansatz im systemischen Coaching ist hier wie so oft, von ‚der anderen Seite' auf das Problem zu schauen, als wir es gemeinhin in unserem Alltag tun. Wir fragen im Coaching dann nicht danach, wie die Coachees etwas ‚wegbekommen', was sie gerade stört, sondern wozu es gut ist, dass es da ist, und was es ihnen alles möglich macht. Veränderungen haben ja immer einen Preis. Bestimmte Dinge gehen nicht mehr, wenn wir uns verändert haben. Wir schauen, anders gesagt, auf das Konstruktive von Problemen und nehmen dabei auch in den Blick, dass sich unter einem Problem nicht einfach das reine problemlose Leben versteckt, sondern auch neue, möglicherweise größere, vor allem unbekannte Probleme. Wenn Du dies gemeinsam mit Deinen Coachees reflektierst, wenn Ihr also Kosten und Nutzen nebeneinander stellt, können sie sich am Ende bewusst dafür entscheiden, sich nicht zu verändern und ein bestimmtes, handhabbares Problem einfach zu behalten. Es kann aber auch das Ergebnis eines solchen Prozesses sein, die Veränderung nun doch endlich anzugehen, aber den Preis dafür klar vor Augen zu haben anstatt ihn nur irgendwie im Bauch zu fühlen. Dann kann man auch bewusst Abschied nehmen von dem, was nach der Veränderung nicht mehr geht, und für Kompensationen sorgen, indem man zum Beispiel andere Gelegenheiten schafft, um die Freunde weiterhin häufig zu sehen.

Merke:

Probleme entstehen bei dem Versuch, andere Probleme zu lösen. Daher lösen sich Probleme nicht einfach auf, wenn man sie bearbeitet, sondern geben den Blick frei auf andere, darunter liegende und möglicherweise weit größere Probleme. Wir haben also Probleme in gewisser Weise nur, um ein nächst größeres Problem nicht zu haben. Daher kann es durchaus sinnvoll sein, ein handliches, beherrschbares Problem zu behalten, um eine anderes, möglicherweise größeres und unbeherrschbares Problem nicht zu haben.

Wie im Coaching Nicht-Veränderung entstehen kann und was dann zu tun ist

Auch im Coaching kann es Situationen geben, wo Du Dich fragst, wieso der erwünschte Fortschritt im Prozess nicht eintritt. Was Dein Coachee möglicherweise dazu beiträgt, dass Ihr im Coaching nicht vom Fleck kommt, haben wir zum Teil gerade beschrieben: Vielleicht ist ihm das bekannte Leid lieber, als das Wagnis des unbekannten Glücks einzugehen. Es kann auch sein, dass er in der Vergangenheit schlechte Erfahrungen mit Veränderungen gemacht hat und daher erst einmal auf die Bremse tritt. Möglicherweise findet er auch, dass sich erst einmal die anderen, seine Mitarbeiter oder Kolleginnen, verändern sollten, bevor er selbst dazu bereit ist: Erst Du, dann ich! Es kann sein, dass er durch Loyalitäten an den Status quo gebunden ist, weil er zum Beispiel durch einen beruflichen Aufstieg das Milieu seiner Herkunftsfamilie verlassen würde. Manchmal stehe auch massive Glaubenssätze einer eigentlich wünschenswerten Veränderung entgegen.

Doch auch Du als Coach kannst Deinen Beitrag dazu leisten, dass das Coaching nicht die gewünschten Ergebnisse bringt. Vielleicht bist Du gerade ohne Auftrag unterwegs, schießt Deine Interventionen unvorbereitet aus der Hüfte und bist selbst so sehr in das Veränderungsanliegen Deiner Coachee verliebt, dass Du die Gefahren dieser Veränderung ebenso übersiehst wie ihre starken Glaubenssätze („Erst muss es den anderen gutgehen, bevor ich mich um mein Wohl kümmern darf"), die dieses Vorhaben behindern. Stell Dir daher selbst in Situationen, in denen die erwünschte Veränderung ausbleibt, die folgenden Fragen: Habe ich das Problem meiner Coachee bereits hinreichend gewürdigt? Habe ich wirklich einen Auftrag für meine Intervention(en)? Habe ich die Gefahren der Veränderung für meine Coachee im Blick? Habe ich den Kontext des Veränderungsanliegens schon ausreichend erkundet?

Findest Du Dich in einer solchen Situation wieder, dann gibt es Wege aus der Sackgasse. Der erste und wichtigste besteht darin, den Kontext und die Gefahren des Veränderungswunsches noch einmal vertiefend zu erfragen. Welches ist der Preis für die Veränderung, und ist Deine Coachee wirklich bereit, ihn zu zahlen? Dabei gilt es ganz besonders, auch ambivalentes Verhalten, Denken oder Fühlen vonseiten Deiner Coachee zu würdigen. Die Welt ist selten klar in schwarz und weiß eingeteilt, und große Veränderungen einzuleiten, mit all den Pros und Contras, ist eben für viele Menschen schwierig. Vielleicht weiß sie einfach noch nicht, ob sie es wirklich tun will. Es lohnt sich auch, in solchen Fällen noch einmal genau hinzuschauen, ob es da nicht bedeutsame Glaubenssätze gibt, die einer Veränderung im Wege stehen. Diese können auch mit starken Loyalitäten gegenüber Eltern, Freunden oder Kollegen einhergehen. Wenn das so ist, würde es zunächst darum gehen, diese hinderlichen Leitsätze und Loyalitäten zu reflektieren und gegebenenfalls zu bearbeiten.

Und schließlich kann es Dir als Coach helfen, Deine eigene Fixierung auf die Veränderung zu hinterfragen. Kann es sein, dass in dem einen oder anderen Fall die Nicht-Veränderung für Deine Coachees am Ende die beste Lösung ist – auch wenn Du glaubst, dann gar kein tolles Veränderungs-Coaching gemacht zu haben? Doch eine Veränderung hätte es ja auch dann gegeben, nämlich im

Denken und Fühlen der Coachees, die ihre Nicht-Veränderung bewusst gewählt haben und fortan darunter nicht mehr leiden. Nicht-Veränderung wäre dann nicht gleichbedeutend mit Stagnation oder Stillstand, sondern das Ergebnis einer eigenen, sehr bewussten Entscheidung, die als Ergebnis eines Coachings zu respektieren ist.

- 1. Welche Haltung habe ich zu Veränderungen? Wie leicht fällt es mir, Veränderungen anzugehen und mit Veränderungen umzugehen?
- 2. Woran merke ich, dass sich bei mir eine Veränderung anbahnt? Und welches sind meine inneren Vorboten bei Veränderungen?
- 3. Was hilft mir dabei, Ungewissheit und Unplanbarkeit auszuhalten? Und was noch?
- 4. Wo habe ich in meinem beruflichen Alltag mit Emergenzphänomenen zu tun?
- 5. Was empfinde ich, wenn sich Veränderungen in eine andere als die gewünschte Richtung entwickeln? Und was brauche ich, um damit noch besser umgehen zu können?
- 6. Was geht in mir vor, wenn sich Menschen in meinem Umfeld plötzlich verändern?
- 7. Was möchte ich in meinem Leben auf jeden Fall bewahren? Und was will ich dafür tun?
- 8. Wie schaffe ich es manchmal, die Veränderungen, die ich mir vorgenommen habe, nicht umzusetzen? Was ist das Gute daran?

4. Coaching zur beruflichen Orientierung und Positionierung

Zum Schluss wollen wir noch auf ein viertes Coaching-Thema schauen, die Entwicklung von Visionen und Szenarien für die berufliche, aber auch private Zukunft. Denn auch wenn eine durch Coaching unterstützte Positionierung vorrangig der beruflichen Karriereplanung dienen soll, werden dabei doch stets auch private Aspekte mit berührt. Ebenso wie bei anderen beruflichen Veränderungsprozessen gilt es daher auch hier, den Kontext weit zu machen, um einen Blick auf den ganzen Menschen zu bekommen.

Wir schauen im Folgenden zuerst auf die Entwicklung von Zukunftsszenarien im Coaching, um dann konkreter auf Fragen und Methoden zur beruflichen Um- und Neuorientierung einzugehen. Zum Schluss findest Du einen Abriss zum Thema der beruflichen Positionierung und Markenbildung im Coaching. Mit den Haltungen und Instrumenten, die wir Dir in diesen drei Abschnitten vorstellen, kannst Du sehr gut im Vier-Augen-Gespräch des Coachings die entsprechenden Anliegen Deiner Coachees bearbeiten. Du kannst sie aber auch für Dich selbst nutzen, im Sinne eines Selbst-Coachings, um Dich am Ende dieses Buches und seines Coaching-Lehrgangs selbst zu positionieren und Antworten auf folgende Fragen zu finden: *Was mache ich nun mit meinem neu erworbenen Coaching-Wissen und meinen Coaching-Kompetenzen? Wie, wo und zu welchem Zweck will ich beides in Zukunft einsetzen? Welche Positionierung ist dazu förderlich? Und wenn ich damit am Ende erfolgreich bin, was wird mir dann möglich sein? Und was noch?*

Visionsentwicklung und Zukunftsgestaltung im Coaching

In jeder Form der Beratung, also auch im Coaching, geht es eigentlich immer um die Zukunft, denn das Tun, zu dessen Reflexion wir einen Coach oder eine Beraterin aufsuchen, bezieht sich auf eine vor uns liegende Zeit, über deren Gestalt wir nur vage Vermutungen haben. Aus dieser anthropologischen Ausgangslage hatte schon der griechische Philosoph Aristoteles den Bedarf an ethischer Beratung erklärt: Ausgestattet mit einer Fülle von Handlungsmöglichkeiten, bleibt uns Menschen der Ausgang der Dinge doch stets ungewiss. Alles Raten und Beratschlagen dient am Ende dazu, diese Leere zu füllen, indem wir mögliche Folgen und Alternativen durchspielen. Dies scheint immer schon so gewesen zu sein, doch spricht einiges dafür, dass uns die Zukunft heute viel ‚offener' gegenübertritt, als dies in älteren Kulturen der Fall war. In den Beratungssituationen der alten Griechen beispielsweise ging es darum, aus der Geschichte zu lernen und die erprobten Lehren der Vergangenheit für die Gegenwart zu sichern. Für die Absicherung der in die Zukunft gerichteten Entscheidung stellte der kluge Ratgeber Beispiele aus früheren Zeiten zur Verfügung. Auf diese Weise erschien die Zukunft grundsätzlich beherrschbar, sofern man die Geschichte gut kannte und, noch wichtiger, die richtigen Lehren aus ihr gezogen hatte.

Heute jedoch scheinen sich die gesellschaftlichen und technologischen Verhältnisse so schnell zu verändern, dass die Lehren der Alten schon für die Gegenwart keinen Rat mehr versprechen – von der Zukunft ganz zu schweigen. Der Philosoph Odo Marquard hat uns daher eine tiefe, geschwindigkeitsbedingte „Weltfremdheit" attestiert, weil wir ständig über Dinge entscheiden müssen, für die uns überhaupt keine Erfahrungswerte mehr vorliegen. Wir müssen Entscheidungen vielmehr aus einer fundamentalen Ungewissheit heraus treffen, oder um es bewusst paradox zu formulieren: Wir müssen Dinge entscheiden, die wir eigentlich nicht entscheiden können. In diesem Kontext haben sich die systemischen Beratungsformate als besonders hilfreich erwiesen, weil sie sich eben nicht lange beim Wühlen in der Vergangenheit aufhalten, sondern radikal nach vorn, auf die Zukunft ausgerichtet sind. Das systemische Coaching lenkt die Aufmerksamkeit von Anfang an auf das in der Zukunft liegende Zielbild der Coachees und verzichtet im Grundsatz bewusst auf eine tiefgründige Analyse der in der Vergangenheit liegenden Ursachen des Problems (auch wenn eine solche Biographiearbeit bei bestimmten Anliegen auch im Coaching hilfreich sein kann und daher durchaus ins Repertoire eines systemischen Coachs gehört). Mit der Zielfilmarbeit rückt die Konstruktion eines Zustands in den Mittelpunkt der Reflexion, den die Coachees in der Zukunft anstreben. Als Coach unterstützt Du sie dabei, diesem problemfreien Raum einen Schritt näher zu kommen.

Unser Hauptwerkzeug der Zukunftsorientierung im Coaching ist der Zielfilm, wie wir ihn oben ausführlich beschrieben haben. Bei den allermeisten Coaching-Anliegen führst Du Deine Coachees nach der Problemschilderung mithilfe des Zielfilms in eine vorweggenommene Zukunft, in der das gegenwärtige Problem nicht mehr da ist. Wenn Dein Coachee diesen Raum erkundet und dabei auch hinreichend erlebt, wie sich das Leben und Arbeiten ohne das Problem ganz konkret anfühlt, dann kann er daraus eine starke Energie ziehen, die ihn auch in der Realität dem vorgestellten Ziel näher bringt. Diese Methode des visionären Zielerlebens, die wir Milton Ericksons Hypnose-Therapie verdanken, eignet sich auch und sogar besonders gut, wenn Deine Coachees den Wunsch haben, mit Dir im Coaching gemeinsam Ideen und Visionen für ihre berufliche oder private Zukunft zu entwickeln. Dann bietet es sich an, Deinen Coachee einzuladen, sich diese Zukunft einmal in rosaroten Farben vorzustellen, um dort, in der imaginierten perfekten Zukunft nach konkreten Kriterien für ein zufriedenstellendes Berufsleben oder ein gelingendes Leben im Allgemeinen zu suchen. Sind diese Kriterien in der erträumten Zukunft in hinreichender Fülle und Plastizität gefunden, könnt Ihr gemeinsam schauen, welche ersten Schritte aus der Gegenwart nötig und möglich sind, um die erträumte Zukunft Stück für Stück real werden zu lassen.

„Einmal Zukunft und zurück“

Eine schöne Intervention für die Visionsentwicklung lässt sich auf der Basis einer erweiterten Wunderfrage gestalten. *Einmal Zukunft und Zurück* könnte man diese wirksame Methode nennen. Sie führt über vier Schritte in einen Zielzustand, der dann von Deinen Coachees, zum Beispiel als Hausaufgabe zur Vorbereitung der nächsten Sitzung, schriftlich oder bildlich zu konkretisieren ist. Wir stellen Dir die Methode im Folgenden in ihren einzelnen Schritten vor.

1. Schritt: Gestalten Sie ein Szenario!

Die erste Aufgabe an Deine Coachees besteht darin, für einen bestimmten, in der Auftragsklärung vorab besprochenen Lebensbereich ein Szenario für die Zukunft zu entwerfen. Ob sie dies lieber (A) in Form eines gemalten Bildes oder (B) in Form einer erzählten Geschichte tun wollen, können Deine Coachees

LEBENS- & BERUFSPLANUNG
„1 x Zukunft und zurück"

Stell Dir vor, eine gute Fee oder der Teufel machen alle Deine Wünsche wahr; wie sieht dann Dein (Berufs-) Leben in X Jahren aus?

selbst entscheiden. Den Ausgangspunkt für das gemalte oder erzählte Zukunftsszenario bildet die folgende Frage:

Nehmen Sie einmal an, eine gute Fee oder der Teufel – wählen Sie eine der beiden Figuren für sich aus! – macht Ihre Wünsche wahr, wie sieht dann Ihr Leben in X (hier die zum Anliegen passende Zahl einsetzen) Jahren aus? Berücksichtigen Sie in Ihrem Zukunftsszenario alle davon betroffenen Lebensbereiche und seien Sie dabei so konkret wie möglich!

Zur Erstellung eines solchen Szenarios braucht es Zeit, weswegen es sinnvoll ist, die Coachees dies in Ruhe zu Hause machen zu lassen. Ist das Bild gemalt oder die Geschichte aufgeschrieben, geht es im zweiten Schritt, also in der nächsten Coaching-Sitzung, um die gemeinsame Analyse des Szenarios.

2. Schritt: Die Bild- oder Textbetrachtung

Nun bittest Du Dein Gegenüber zuerst, sich das erstellte Bild oder die erzählte Geschichte genau anzuschauen und dahingehend zu prüfen, ob und inwieweit alle Aspekte ausreichend konkret dargestellt sind. Dabei begleitest Du ihn im Coaching durch Dein interessiertes und wertschätzendes Nachfragen. Danach lenkst Du die Aufmerksamkeit noch einmal auf die in der Geschichte oder im

Bild liegende Möglichkeitskonstruktion und hilfst Deinem Coachee, sie noch genauer in den Blick zu nehmen und noch weiter zu durchdenken: *Was wird (Ihnen) in Ihrem Zukunftsszenario alles möglich sein? Welche Ihrer Bedürfnisse werden darin befriedigt sein? Und welche noch? Und was wird (Ihnen) dann nicht mehr möglich sein?*

Sind die Möglichkeiten und Unmöglichkeiten des Zukunftsszenarios hinreichend ausgeleuchtet, erfolgt ein gemeinsamer Blick auf die vorhandenen, aber auch auf die noch zu entwickelnden Ressourcen.

3. Schritt: Der Ressourcencheck

Nun überlegt Ihr im Coaching gemeinsam, was Deine Coachees alles brauchen, um ihr Zukunftsbild zu realisieren. Das können Unterstützer, Kontakte, Geld, Waffen, Kompetenzen, Gelassenheit, Jobs, Aufträge, Räume, Material, Glück, Zeit und vieles mehr sein – eben alles das, was wir oben als äußere und innere Ressourcen beschrieben haben. Als Coach fragst Du auch in dieser Phase interessiert nach und ermunterst Dein Gegenüber durch *Und was noch?*-Fragen, an wirklich alles zu denken, was ihm einfällt: *Was davon haben Sie schon? Was brauchen Sie noch? Wen sollten Sie kennenlernen? Wen sollten Sie sich gewogen machen? Welche Kontakte sollten Sie einschränken? Von wem sollten Sie sich trennen? Was sollten Sie (als erstes) tun? Was sollten Sie auf jeden Fall lassen?*

Sind die inneren und äußeren Ressourcen auf diese Weise hinreichend geborgen und geprüft, geht es im nächsten Schritt darum, einen konkreten Aktionsplan zu erstellen.

4. Schritt: Der Aktionsplan

Nun zeichnest Du als Coach auf DIN A3-Papier oder Flipchart einen Zeitstrahl, der die Zeit von dem Zukunftsbild Deines Coachees bis heute abbildet, und trägst in enger Abstimmung mit Deinem Gegenüber die einzelnen relevanten Schritte und Aktionen ein. Oft sind die Coachees an diesem Punkt so begeistert dabei, dass sie selbst den Stift in die Hand nehmen. Auch das ist völlig in Ordnung. Du behältst dabei die Leitperspektive im Kopf und fragst immer wieder nach: *Wenn Sie bis zum Zeitpunkt X Ihr Zukunftsbild realisiert haben wollen, was sollten Sie dann – und bis wann – getan bzw. gelassen haben?*

Damit ist die Reise in die Zukunft und wieder zurück abgeschlossen. Wie und ob das Coaching danach weitergeht, hängt von Deinen Coachees ab. Vielleicht möchten sie das Ergebnis erst einmal sacken lassen oder fühlen sich sicher, den erstellten Aktionsplan allein umzusetzen. Es kann aber gut sein, dass sie sich von Dir nun auch darin unterstützen lassen wollen, den Plan und seine Umsetzung wenigstens ein Stück weit gemeinsam zu reflektieren.

> *Peter-W. Gester, [MATRIX]-Coaching. Die Weiterentwicklung des Heidelberger Coaching-Modells. Plettenberg: mühle-media 2003.*

Einige angemessen ungewöhnliche Coaching-Fragen, um Potentiale zu entdecken und Leidenschaften zu wecken

- Welche zehn Tätigkeiten sind es, die Ihnen leicht fallen?
- Welche Tätigkeiten würden Ihre Familie und ihre Freunde noch ergänzen?
- Welche Tätigkeiten würde Ihr schärfster Kritiker ergänzen oder bestätigen?
- Wofür stehen Sie morgens um 5:00 Uhr auf oder bleiben bis 2:00 nachts wach?
- Welche Fähigkeiten benötigen Sie dazu?
- Welches ist Ihre größte ungeliebte Kompetenz?
- Welches sind die Tätigkeiten und Aufgaben, die Ihnen noch schwerfallen?

Berufliche Um- und Neuorientierung als Coaching-Thema

Häufig entstehen Coaching-Prozesse aus dem Wunsch eines Menschen, sich beruflich neu- oder umzuorientieren. Die Gründe für einen solchen Veränderungswunsch können sehr vielfältig sein. So ist es möglich, dass eine Coachee mit dem Bedürfnis nach einer noch absichtslosen, eher interessengeleiteten Exploration von Möglichkeiten zu Dir ins Coaching kommt. Sie möchte mit Deiner Hilfe vielleicht herausfinden, welche Interessen, Begabungen und Fähigkeiten sie hat und welche beruflichen Möglichkeiten sich daraus ableiten ließen. Oft besteht aber auch der Wunsch, konkrete alternative Szenarien zum aktuellen beruflichen Wirken im Coaching durchzuspielen. Die Frage der Coachee ist dann eher, welche beruflichen Alternativen für sie in Frage kommen, da ihr der derzeitige Job keine Freude mehr macht. Und schließlich gehört auch die Karriere-Planung in diesen Beratungskontext, wenn es also für Deine Coachee darum geht, schrittweise in die Zukunft hinein berufliche Meilensteine zu entwerfen: „Wann möchte ich meine nächsten Karriere-Schritte erreicht haben, und wie sollen sie aussehen?"

Berufliche Karrieren unterliegen

heute mehr denn je der Unvorhersehbarkeit der eigenen Entwicklung und dem Wandel des äußeren Umfelds. Vorhersagbare und zielgerichtete berufliche Laufbahnen, die auf langfristig sichere Arbeitsplätze abzielen, sind in der VUCA-Welt selten geworden. Seit einigen Jahren können Organisationen ihren Mitarbeitenden weder Job- noch Karrieregarantien auf ihre gesamte Arbeitslebenszeit geben. Das bedeutet, dass heute von jedem Einzelnen ein hohes Maß an Flexibilität in der persönlichen beruflichen Entwicklung gefordert wird, und dieser Prozess scheint noch längst nicht abgeschlossen zu sein. Die nächste Veränderungswelle, die auf uns zurollt, betrifft die Digitalisierung vieler ‚geistiger' Mittelstandsberufe, so dass das Thema der beruflichen Neuorientierung auf absehbare Zeit wichtig bleiben wird. Da hieraus nicht nur eine beachtliche Nachfrage nach konkreter Berufsberatung, sondern auch nach reflektierender Begleitung im Coaching hervorgehen dürfte, ist es lohnend, sich auch mit diesem Thema zu beschäftigen.

Berufliche Laufbahnen sind bereits jetzt für immer mehr Menschen eine Abfolge von Arbeitsprojekten. Wer heute in den Arbeitsmarkt eintritt, muss damit rechnen, im Laufe der Jahre nicht nur in unterschiedlichen Unternehmen, sondern auch in verschiedenen Erwerbsformen sein Geld zu verdienen. Neben der Digitalisierung hat vor allem die Globalisierung der Wirtschaft den Abschied von der Planbarkeit der Zukunft eingeläutet. Denn Märkte, die ständigen Veränderungen unterliegen, vermitteln nur wenig Sicherheit. Kontingenzerfahrungen gehören mittlerweile überall zum Alltag, und so schwindet die Gewissheit mehr und mehr auch aus unseren persönlichen Angelegenheiten. Die Corona-Pandemie hat uns dies noch einmal deutlich vor Augen geführt.

Welche Auswirkungen hat diese gesellschaftliche Entwicklung auf die individuelle berufliche Orientierung und Positionierung? Und was bedeutet sie für die Coaches und Beraterinnen, die sich professionell mit diesem Thema beschäftigen? Zuerst einmal verlangt sie eine intensive und offene Auseinandersetzung mit den beschriebenen Prozessen, denn die Veränderungen sind schnell und verlaufen oft radikal. Sie haben sich bereits auf viele berufliche Biographien und die damit zusammenhängenden Vorstellungen ausgewirkt. Es muss also im Coaching stets darum gehen, konstruktiv mit dieser Situation umzugehen, und das heißt vor allem, einen vertrauensvollen Raum zu schaffen, in dem es Deinen Coachees gelingen kann, Altbewährtes loszulassen, um Neues zu ermöglichen. Psychologische Sicherheit ist in diesen bewegten Zeiten das A und O für erfolgreiche Veränderungsprozesse.

Die zunehmende Unplanbarkeit von Erwerbsbiographien bedeutet keineswegs, dass es sinnvoll wäre, gar nicht mehr zu planen. Einen Plan zu machen ist nach wie vor eine gute Vorgehensweise, sofern man bereit ist, diese Planung immer wieder zu verändern und neuen

Gegebenheiten anzupassen. Gerade in Veränderungsphasen ist es sinnvoll, mögliche persönliche Zukunftsszenarien zu entwerfen und sich Gedanken über angestrebte berufliche Lebenswelten zu machen. Die Fragen: „Wo entstehen Märkte?“, „In welchen Märkten möchte ich wie arbeiten?“, „Was will ich anbieten?“, „Welche Unternehmen könnten passend sein?“, „Woher können meine Kunden kommen?“ oder „Welche Technologien sind zukünftig von Bedeutung?“ sollten in Ruhe überdacht und beantwortet werden, um die eigenen Planungen mit Zielen abzustecken. Bei einer solchen Planung ist immer zu bedenken, dass sie von der Jetzt-Situation aus entworfen wird, bei der zukünftige Rahmenbedingungen noch weitgehend unbekannt sind. Die Möglichkeit, dass alles anders kommt, als geplant, besteht auch beim besten Plan, und daher ist es klug, sich von Anfang an auf entsprechende Emergenzphänomene einzustellen. Außerdem haben Ziele die Neigung, sich im Laufe der Zeit zu verändern. Wer sich auf den Weg macht, seine Planungen in die Wirklichkeit umzusetzen, wird unweigerlich in Gegenden gelangen, die eine Kurs- und Zielkorrektur verlangen. Dies kann sowohl durch externe Vorgaben als auch durch innere, persönliche Entwicklungen bedingt sein.

Planung in einem zeitgemäßen Sinn bedeutet also nach wie vor, sich gewissenhaft und eigenverantwortlich auf die Zukunft vorzubereiten und dabei flexibel auf Anforderungen von außen zu reagieren. Die Frage „Wo will ich hin, und was will ich dort tun?“ ist dabei allerdings keine einmalige Ausgangsfrage mehr, sondern sie wird in bestimmten Abständen künftig immer wieder auftauchen. Dann gilt es zu überprüfen, ob die einmal definierte Antwort noch stimmt oder ob sie neu überdacht werden sollte. Wer diesen Umstand akzeptiert, kann im Kontext der eigenen relativen Ziele mit Veränderungen positiv umgehen und aktiv Entscheidungen treffen, um so mit Mut und Zuversicht voranzugehen.

Das ist nicht immer leicht, denn man darf nicht vergessen, dass es immer wieder Zeit kostet, die eigenen Ziele (neu) abzustecken. Zeiten der Ziellosigkeit sind heute daher weder ein Zeichen eigener Unfähigkeit, noch sind sie generell unproduktive Phasen. Dies darfst Du Deinen Coachees gelegentlich durchaus ins Gedächtnis rufen, denn für manch einen sind solche Phasen der Lösungslosigkeit allein schwer auszuhalten. Das Coaching kann hier einen geschützten Raum bieten, in dem die Ressource Zeit ausreichend zur Verfügung steht: Zeit zum Suchen und Finden von Zielen, Zeit zum Sammeln von Mut für ihre Umsetzung, aber auch Zeit zur Reflexion, dass im Moment vielleicht Nichtstun genau das Richtige ist. „Wenn nichts getan wird, bleibt nichts ungetan“, heißt es in fast systemisch-paradoxer Denkweise bereits in Laotses 3000 Jahre altem *Tao te king*. Gerade im Coaching ist es ausdrücklich erlaubt, auch Zeiten der Lösungslosigkeit und des Nichtentscheidens auszuhalten!

Zum anderen ist eine offene, selbstreflexive Auseinandersetzung mit den eigenen – manifesten und latenten – Möglichkeiten hilfreich für eine berufliche Neuorientierung. Förderlich ist in jedem Fall eine Haltung, die davon ausgeht, dass sich Veränderungen selbstgesteuert beeinflussen lassen, dass jeder Mensch in der Lage ist, selbstverantwortlich Lösungen zu finden, und den Mut aufbringen kann, sich an den eigenen Werten und Wirklichkeitskonstruktionen zu orientieren. Ob Coachees mit einer solchen Haltung zu Dir ins Coaching kommen, liegt natürlich außerhalb Deiner Einflussmöglichkeiten. Doch kannst Du sie dazu ermutigen, sich selbstgestaltend und experimentierfreudig immer wieder auf den Weg zu machen; das dynamische Konstrukt der eigenen Laufbahnidentität in bestimmten Abständen immer wieder neu zu betrachten und auf Stimmigkeit zu überprüfen; die eigenen Werte und Leitsätze zu (er-)kennen und immer wieder auf den Prüfstand zu stellen; sowie Vertrauen in die eigenen Kompetenzen und Ressourcen zu entwickeln und ihr Vorhandensein als einen niemals endenden Prozess anzusehen.

Schließlich ist das Leben eine Route mit vielen Schleifen, von denen uns manchmal diejenigen ans Ziel führen, von denen wir es gar nicht gedacht hätten. Doch nur wer seine Position verändert, gewinnt auch eine neue Perspektive, die Aussichten auf bisher unentdeckte Möglichkeiten eröffnet. Befinden sich Menschen in solchen Veränderungsprozessen, dann ist es besonders wichtig, ihnen mit einer Haltung der Anerkennung und der Wertschätzung zu begegnen. Sie benötigen Begleitung und ein konstruktives Hinterfragen ihrer Möglichkeiten, damit sie aus dem selbsgebauten Labyrinth wieder herausfinden und entscheiden können, welchen der vor ihnen liegenden Wege sie einschlagen wollen.

Ein Coaching-Gespräch führen: Meine Optionen und Perspektiven

Geht es im Coaching um die Frage, welche Perspektive(n) Deine Coachee in der Zukunft verfolgen möchte, kannst Du beispielsweise mit dem folgenden Modell arbeiten. Es vollzieht sich in vier Schritten und eignet sich für eine Coaching-Stunde:

Im **ersten Schritt** geht es darum, dass Du Dir die verschiedenen Optionen möglichst konkret vorstellen lässt, die Deine Coachee für sich sieht. Du versuchst, sie zu verstehen, und verzichtest dabei soweit wie möglich auf Bewertungen. Du hörst zu und stellst ausschließlich Verständnisfragen. Deine Haltung als Coach kannst Du daran ausrichten, so zu fragen, dass Du anderen davon berichten könntest, welche beruflichen Optionen Deine aktuelle Coachee hat (was Du natürlich nicht tun wirst!).

Im **zweiten Schritt** lässt Du nun die dargelegten Optionen durch Deine Coachee bewerten. Dafür gibst Du bestimmte Kriterien vor: Für jede Option soll sie drei Unterscheidungen treffen, nämlich (1) eine Vergabe von Herzpunkten, 2) eine Vergabe von Verstandespunkten und (3) eine Vergabe von Handlungspunkten. Lass Deine Coachee die Bewertungspunkte auf jede Option schreiben, die zum Beispiel in Form von Moderationskarten auf dem Tisch liegen. Es können jeweils bis zu fünf Bewertungspunkte vergeben werden.

Im **dritten Schritt** geht es dann darum herauszufinden, welche der bewerteten Optionen Deine Coachee näher betrachten möchte. Dabei hilfst Du ihr bei der Entscheidung, indem Du in ihre Bewertungen hineinfragst: *Wie wirkt das Ergebnis auf Sie? Wann würden Sie wo jeweils ein bis zwei Punkte mehr geben? Was müsste dafür noch hinzukommen?* Frag so lange interessiert nach, bis Du ihre Auswahl verstanden hast!

Im **vierten Schritt** geht es schließlich darum zu klären, welche der Optionen weiter verfolgt werden sollen und welche erst einmal beiseite gelegt werden können. Die Ausgangsfrage für Dich als Coach lautet daher: *Welches berufliche Ziel möchten Sie auf der Basis der vorliegenden Bewertung weiter verfolgen?* Die Antwort nimmst Du nicht einfach hin, sondern fragst weiter interessiert nach, um Deiner Coachee zu helfen, noch mehr Klarheit in ihrer Entscheidung zu gewinnen. Dabei können folgende Fragen unterstützen:

Wenn heute eine Sintflut ausbrechen würde, Noah käme vorbei und Sie dürften drei bis vier Kompetenzen mit auf die Arche nehmen – welche wären es?

Welches sind die bisher noch nicht genutzten Ressourcen und Potentiale, die helfen könnten, Ihr berufliches Ziel zu erreichen?

Wen sollten Sie zur Unterstützung dazu nehmen und wie können Sie noch aktiver netzwerken, um Ihr Ziel zu erreichen?

Welche Wegelagerer könnten Ihr berufliches Ziel erschweren, und wie können Sie ihnen begegnen?

Was könnte der ‚heimliche' Gewinn für Sie sein, das Ziel noch nicht zu erreichen?

Wie lautet das Thema, das nach der Zielerreichung auf Sie wartet?

Was werden Ihre nächsten ein bis zwei Schritte in Richtung Ziel sein?

In der darauffolgenden Sitzung arbeitet Ihr dann gemeinsam an den ersten Schritten, die Deine Coachee zu gehen beabsichtigt. Wenn noch nicht hinreichend klar ist, wohin die Reise gehen soll, gehst Du mit ihr noch einmal vertiefend in den vierten Schritt.

Coaching zur beruflichen Positionierung

Es kann sein, dass Coachees zu Dir kommen, um ganz konkrete Anliegen im Zusammenhang etwa mit einem beabsichtigten oder unmittelbar anstehenden Positions- oder Arbeitgeberwechsel zu reflektieren. Vielleicht wollen sie auch die Möglichkeiten für eine Selbständigkeit mit Deiner Hilfe reflektieren. Möglicherweise haben sie auch schon recht konkrete Vorstellungen, wohin die berufliche Reise gehen soll, und wünschen sich von Dir Unterstützung bei der Umsetzung, zum Beispiel im Hinblick auf eine möglichst konkrete Standortbestimmung. Dann bietet das dem strategischen Marketing entlehnte Konzept der Positionierung einen guten Rahmen, um derartige Anliegen im Coaching wirksam zu bearbeiten. Positionierung verstehen wir hier als die zielorientierte Verortung einer Person mit ihrem Leistungsangebot in einem spezifischen Verwertungs- und Wirkungskontext. Dabei kann es sich sowohl um eine ‚interne Positionierung', also zum Beispiel innerhalb einer Organisation handeln (in Deinem Fall: *Wie bringe ich meine Coaching-Kompetenzen effektiv in mein derzeitiges Arbeitsumfeld ein?*), wie auch um eine ‚externe Positionierung', womit dann die Verortung in einem spezifischen Marktumfeld gemeint wäre (in Deinem Fall: *Wie positioniere ich mich erfolgreich mit meinem Coaching-Angebot am Markt?*).

POSITIONIERUNG:

Die identitätsbasierte und zielorientierte Verortung einer Person mit ihrem Leistungsangebot in einem spezifischen Verwertungs- und Wirkungskontext, also im Spannungsfeld von Angebot, Zielgruppe und Wettbewerb.

In einem Coaching zum Thema Positionierung geht es darum, identitätsbezogene Aspekte (wie Visionen und Ziele, Werte und Kompetenzen) mit umfeldbezogenen Aspekten (wie Angebot und Adressaten, Nutzenversprechen und Wettbewerbsumfeld) in Beziehung zu setzen. Das Ziel ist, die verschiedenen Faktoren zu einem konsistenten und möglichst scharf profilierten Bild des eigenen Angebots bzw. der eigenen persönlichen Leistung zu verbinden.

Am Anfang stehen dabei die Kernfragen jeder Positionierung: Wer bin ich? Was habe ich wem zu welchem Nutzen zu bieten? Und wie unterscheidet sich mein Angebot von dem möglicher Mitbewerber? Eine Liste von möglichen Fragen zu diesem Thema findest Du weiter unten. Diese Liste ist natürlich beliebig erweiterbar, und gerade die angemessen ungewöhnlichen, systemisch-konstruktivistischen Fragetechniken sind hier

EIN POSITIONIERUNGSMODELL

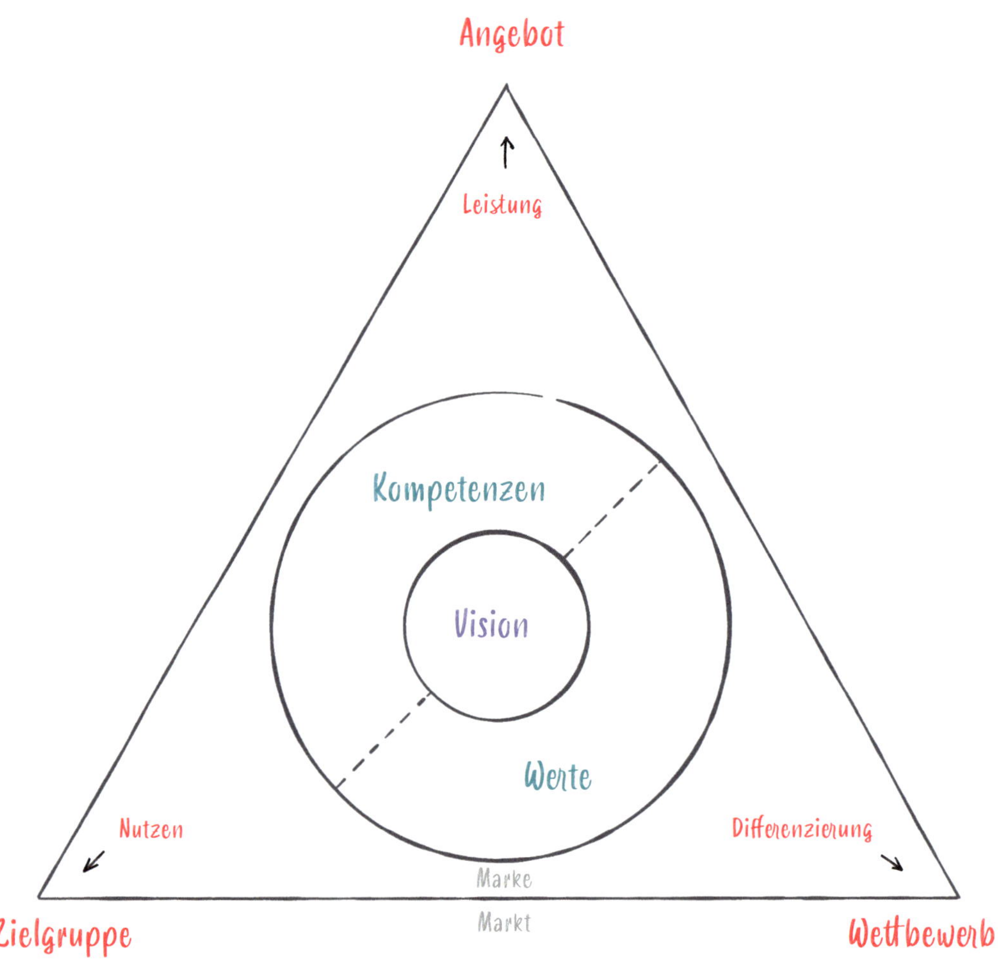

sehr gut geeignet, das Fragen-Portfolio zu ergänzen. Das Ziel der Positionierungsarbeit im Coaching ist es, Deine Coachees dabei zu unterstützen, sich im Spannungsfeld von Ist und Soll, von Jetzt-Zustand und Ziel-Zustand zu verorten und ihr persönliches Potential zu erkennen. Weiter kann es darum gehen, wie sie sich im Umfeld ihres derzeitigen oder künftigen Wirkens noch weiter profilieren und aufstellen können. Im Grunde lässt sich diese Arbeit als ein Prozess schöpferischer Selbstklärung verstehen, für den sich das Inventar systemischer Fragen, aber auch andere kreative Techniken hervorragend nutzen lassen.

Bei der Vorgehensweise hat es sich auch in diesem Kontext als sinnvoll erwiesen, mit der Erarbeitung eines visionären Zielbilds zu beginnen, um so einen Bezugsrahmen für die Positionierungsarbeit zu schaffen. Hier werden die grundlegenden Fragen nach dem *Wohin* und *Wofür* geklärt. Geeignet sind dafür hypothetische Fragetechniken wie zum Beispiel die Wunderfrage oder das oben vorgestellte Szenario *Einmal Zukunft und zurück*. Vorgelagert kann die Arbeit mit einem Zeitstrahl sein, auf dem die zeitlichen Ereignisse in der Zukunft räumlich dargestellt sind, oder aber eine Klärung der eigenen Werte, um zentrale Ansprüche an die Sollpositionierung zu klären und mögliche Ressourcen sichtbar zu machen. In den darauf folgenden Arbeitsschritten geht es darum, die weiteren Parameter der Positionierung zu definieren: Im Kern der Positionierung sind dies einerseits die mit der Person und ihrem Angebot verbundenen Werte, Haltungen und Kompetenzen. Im Hinblick auf das Umfeld der Organisation (‚interne Positionierung') oder des Marktes (‚externe Positionierung') geht es andererseits darum, das konkrete Leistungsangebot zu schärfen. Dazu gehört, das damit verbundene Nutzenversprechen für die Zielgruppe zu formulieren sowie das Mitbewerberfeld in den Blick zu nehmen.

Die konkrete Reihenfolge des Vorgehens folgt dabei dem Kontext und Anliegen des jeweiligen Coachings. Dient die Positionierungsarbeit beispielsweise einer ergebnisoffenen Suche nach neuen beruflichen Ufern, dann kann es sinnvoll sein, zunächst den Kern der Positionierung zu vervollständigen, also im Sinne einer Bestandsaufnahme Werte und Kompetenzen zu bestimmen. Hier können Dir zirkuläre Fragen helfen, neue und belastbare Einsichten zu generieren und das Bewusstsein Deiner Coachees für ihre Ressourcen zu schärfen. Auf der Grundlage einer geklärten Identität könnt Ihr dann mithilfe von Kreativitätstechniken wie dem Brainstorming, Mindmapping oder den *Sechs Denkhüten* von Edward de Bono gemeinsam in Richtung möglicher Angebote oder Adressaten weiterdenken.

Ist dagegen einer dieser Parameter bereits gesetzt, weil er sich etwa aus dem organisationalen Kontext oder auch aus der konkreten Vision der Coachees ergibt, empfiehlt es sich, diese Rahmenbedingungen zunächst weiter zu konkretisieren. Dafür lassen sich

Kreativitätstechniken oder Elemente aus Innovationsprozessen wie dem *Design Thinking* nutzen. Hier kann man zum Beispiel Persona als (ideal)typische Vertreter von Adressatengruppen erarbeiten. Dafür ist es allerdings wichtig, dass Du als Coach mit diesen Techniken hinreichend vertraut bist und Deinen Coachees in der gemeinsamen Arbeit die entsprechende Orientierung und Führung bieten kannst.

Um die Positionierung abzuschließen, ist im Rückbezug auf den Positionierungskern zu klären, welche Werte und Kompetenzen die mit Deinen Coachees erarbeitete Dimensionierung glaubwürdig und relevant unterstützen können. Auf diese Weise entsteht am Ende ein konsistentes Szenario der eigenen Positionierung am Markt oder innerhalb einer Organisation. Es ist dann die Aufgabe der Coachees, dieses Szenario, wo nötig, in Eigenarbeit durch Recherchen und konkrete Ausformulierungen von Teilaspekten weiter zu konkretisieren. Im Coaching können außerdem gemeinsam erste Schritte zur Umsetzung in die Praxis erarbeitet werden.

Wir haben schon darauf hingewiesen: Du kannst mit diesem Positionierungsmodell nicht nur Deine Coachees bei ihrer professionellen Selbstklärung unterstützen, sondern es auch als ein Tool des Selbst-Coachings auf Deine eigene Situation anwenden: Formuliere dazu die Fragen aus dem Fragebogen einfach so um, dass sie sich auf Dich und Deine neu erworbenen Coaching-Kompetenzen beziehen! Im wachsenden, für potentielle Kunden kaum noch überschaubaren Coaching-Markt kommt es heute vor allem darauf an, Transparenz und Unterscheidbarkeit zu schaffen: *Was genau biete ich an? Und was zeichnet mich im Unterschied zu Anderen besonders aus?*

Coaching ist eine Dienstleistung, also ein immaterielles Produkt. Ziel der Positionierungsarbeit ist es in einem solchen Fall, bei der Zielgruppe eine Vorstellung vom Wert und vom Nutzen Deiner Coaching-Leistung zu erzeugen und so das nötige Vorschussvertrauen für den Kauf Deines Angebots zu erzeugen. Es geht also darum, potentiellen Coachees einen guten Grund zu geben, sich für Dein Angebot zu entscheiden.

Wir wünschen Dir in Deiner neuen Coach-Rolle viel Erfolg!

<u>Vision</u>

- Welche Motive treiben Sie an? Was gibt Ihnen Energie und macht Sie zufrieden? Welche (übergeordneten) Ideen und Werte verbinden Sie mit Ihrem beruflichen Engagement?

  → Was möchten Sie im Rahmen Ihrer beruflichen Arbeit erreichen?

Ziele

- Was möchten Sie im Hinblick auf Ihre aktuelle berufliche Situation verändern? Was soll sich nicht verändern?

  → Welche konkreten beruflichen Ziele, qualitativ wie quantitativ, verfolgen Sie?

Kernkompetenzen

- Welche Kompetenzen haben Sie sich bisher erworben? Welche Ihrer Fähigkeiten sind im Rahmen Ihrer aktuellen bzw. zukünftigen Arbeit besonders gefragt? Welche Kompetenzen möchten Sie in Zukunft mehr bzw. zusätzlich nutzen?

  → Welche fachlichen und welche sozialen Kompetenzen zeichnen Sie aus?

Arbeitsfelder und Mitbewerber

- Welche Dynamiken bestimmen Ihr Arbeits(um)feld? Welche Herausforderungen stehen aktuell bzw. zukünftig im Vordergrund? Wer sind Ihre internen wie externen Mitbewerber? Was unterscheidet Sie ggfs. von ihnen?

  → In welchem Arbeitsfeld möchten Sie (mehr) tätig sein?

Kernleistung /USP

→ Welchen konkreten Beitrag leisten Sie für den Erfolg der Organisation bzw. des Unternehmens? Was macht diesen Beitrag einzigartig?

Werte

- Welche Überzeugungen leiten Sie und bestimmen Ihren Auftritt sowie Ihren Umgang mit Kunden und Kolleginnen? Wie würden diese Sie beschreiben? Welche dieser Werte davon sind für Ihr Leistungsangebot besonders relevant?

  → Was zeichnet Ihr Denken und Handeln aus?

Interne und externe Adressaten und Kunden

- Mit welchen Anliegen können sich Ihre Kunden an Sie wenden? Wie profitieren sie von Ihrem Angebot bzw. von Ihrer Leistung?

  → Wen adressieren Sie mit Ihrem Angebot?

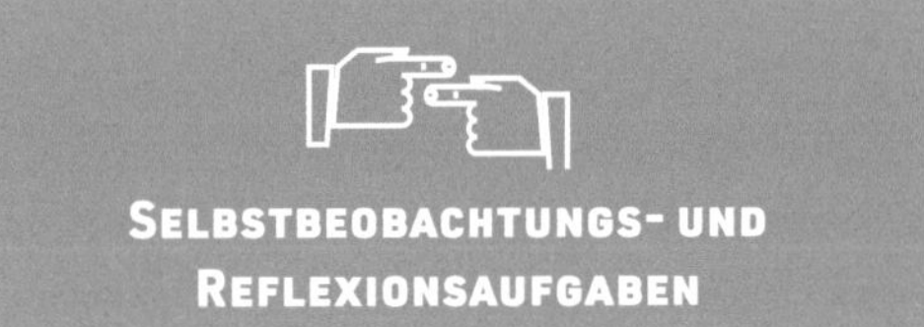

Selbstbeobachtungs- und Reflexionsaufgaben

- 1. Was will ich künftig mit meiner Coaching-Ausbildung anstellen? Welches werden meine nächsten Schritte sein?

- 2. Wo kann ich weitere Praxiserfahrung sammeln? Und wo noch?

- 3. Welche Entwicklung habe ich an mir erlebt, seit ich in der Coaching-Ausbildung bin bzw. dieses Buch lese? Und welche noch?

- 4. Welches sind die drei wesentlichsten Erkenntnisse oder Learnings, die ich aus der Coaching-Ausbildung bzw. aus diesem Buch mitnehme? Was hat mich am meisten beeindruckt?

- 5. Was liebe ich besonders an meiner neuen Rolle als Coach?

- 6. Wo sehe ich für mich weiteren Lern- und oder Entwicklungsbedarf?

Literaturhinweise

Andersen, Tom (2018). *Das Reflektierende Team. Dialoge und Dialoge über die Dialoge. 6. Auflage. Dortmund: modernes lernen.*

Bandler, Richard, und John Grinder (2008). *Reframing. Ein ökologischer Ansatz in der Psychotherapie. 8. Auflage. Paderborn: Junfermann.*

Dehner, Ulrich und Renate (2020). *Transaktionsanalyse im Coaching. Bonn: ManagerSeminare.*

Doppler, Klaus (2011). *Der Change Manager: Sich selbst und andere verändern – und trotzdem bleiben, wer man ist. Frankfurt/M.: Campus.*

Edmondson, Amy C. (2020). *Die angstfreie Organisation: Wie Sie psychologische Sicherheit am Arbeitsplatz für mehr Entwicklung, Lernen und Innovation schaffen. München: Vahlen.*

Erpenbeck, Mechthild (2017). *Wirksam werden im Kontakt. Die systemische Haltung im Coaching, Heidelberg: Carl-Auer.*

Fischer-Epe, Maren (2018). *Coaching: Miteinander Ziele erreichen. 7. Auflage. Reinbek: Rowohlt.*

Foerster, Heinz von (1994). *Prinzipien der Selbstorganisation im sozialen und betriebswirtschaftlichen Bereich, in: S. J. Schmidt (Hrsg.), Heinz von Foerster. Wissen und Gewissen, Versuch einer Brücke. 2. Auflage. Frankfurt: Suhrkamp, S. 233-268.*

Fürstberger, Gunther, und Tanja Ineichen (2016). *Commitment gewinnen als laterale Führungskraft. Freiburg: Haufe.*

Gerhard, Claudia (2019). *Zeitlose Elemente der Führung: Psychologisch sicher führen im Wandel. Wiesbaden: Springer.*

Glasl, Friedrich (2013). *Konfliktmanagement. Ein Handbuch für Führungskräfte, Beraterinnen und Berater. 11. Auflage. Bern/Stuttgart: Haupt.*

Gloger, Boris, und Dieter Rösner (2014). *Selbstorganisation braucht Führung. Die einfachen Geheimnisse agilen Managements. München: Hanser.*

Gottlieb, Lori (2020). *„Vielleicht solltest Du mal mit jemandem darüber reden". München: Hanser.*

Hargens, Jürgen (2011). *Bitte nicht helfen! – Es ist auch so schon schwer genug. Heidelberg: Carl-Auer.*

Jong, Peter De, und Insoo Kim Berg (1999). *Lösungen (er-)finden. Das Werkstattbuch der lösungsorientierten Kurzzeittherapie. Dortmund: modernes lernen.*

Kindl-Beilfuß, Carmen (2013). *Fragen können wie Küsse schmecken. Systemische Fragetechniken für Anfänger und Fortgeschrittene. Heidelberg: Carl-Auer.*

König, Eckard, und Gerda Volmer (2020). *Handbuch Systemisches Coaching. Für Coaches und Führungskräfte, Berater und Trainer. 3., überarbeitete und aktualisierte Ausgabe. Weinheim und Basel: Beltz.*

Königswieser, Roswita, und Martin Hillebrand (2004). *Einführung in die systemische Organisationsberatung. Heidelberg: Carl-Auer.*

Königswieser, Roswita, u. a. (2006). *Komplementärberatung: Das Zusammenspiel von Fach- und Prozess-Know-how. Stuttgart: Klett-Cotta.*

Königswieser, Roswita, und Alexander Exner (2008). *Systemische Intervention. Architekturen und Designs für Berater und Veränderungsmanager. Stuttgart: Klett-Cotta.*

Kübler-Ross, Elisabeth (2018). *Interviews mit Sterbenden. Freiburg: Herder (amerik. Original 1969).*

Looss, Wolfgang (2006). *Unter vier Augen: Coaching für Manager. Bergisch Gladbach: EHP.*

Müller, Gabriele, und Kay Hoffmann (2008). *Systemisches Coaching. Handbuch für die Beraterpraxis. Heidelberg: Carl-Auer.*

Müller, Gabriele (2012). *Systemisches Coaching im Management. Das Praxisbuch für Neueinsteiger und Profis. Weinheim und Basel: Beltz.*

Prior, Manfred (2011). *MiniMax –Interventionen. 15 minimale Interventionen mit maximaler Wirkung. Heidelberg: Carl-Auer.*

Radatz, Sonja (2011). *Beratung ohne Ratschlag. Systemisches Coaching für Führungskräfte und BeraterInnen. Wien: VSM.*

Rauen, Christopher, Hrsg. (2008, 2009, 2012). *Coaching Tools 1-3. Bonn: ManagerSeminare.*

Redlich, Alexander (1997). *Konfliktmoderation. Handlungsstrategien für alle, die mit Gruppen arbeiten. Mit vier Fallbeispielen. Hamburg: Windmühle.*

Rogers, Carl R. (1972). *Die nicht-direktive Beratung. Counseling and Psychotherapy. München: Kindler.*

Ryba, Alice, u.a. (2014). *Professionell coachen. Das Methodenbuch: Erfahrungswissen und Interventionstechniken von 50 Coachingexperten. Weinheim und Basel: Beltz.*

Scharmer, C. Otto (2020). *Theorie U. Von der Zukunft her führen. 5., überarbeitete und erweiterte Auflage. Heidelberg: Carl-Auer.*

Schlippe, Arist von (2010). *Systemische Interventionen. Göttingen: Vandenhoeck & Ruprecht.*

Schmidt, Gunther (2005). *Einführung in die hypnosystemische Therapie und Beratung. Heidelberg: Carl-Auer.*

Schreyögg, Astrid (2012). *Coaching. Eine Einführung für Praxis und Ausbildung. 7., überarbeitete und erweiterte Auflage. Frankfurt: Campus.*

Schubert-Golinski, Bettina (2014). *„Gebrauchsanweisung für ein Problem", in: Christopher Rauen (Hrsg.), Coaching-Tools III, Bonn: ManagerSeminare, 2. Auflage, S. 199-204.*

Schubert-Golinski, Bettina, und Haiko Wandhoff, Hrsg. (2018). *Alles außer O. Das ABC der systemischen Beratung. Hamburg: Corlin.*

Schulz von Thun, Friedemann (2013). *Miteinander reden. 3 Bände. Reinbek: Rowohlt.*

Schulz von Thun, Friedemann, und Wibke Stegemann, Hrsg. (2020). *Das Innere Team in Aktion. Praktische Arbeit mit dem Modell. 11. Auflage. Reinbek: Rowohlt.*

Seliger, Ruth (2018). *Das Dschungelbuch der Führung. Ein Navigationssystem für Führungskräfte. 7. Auflage. Heidelberg: Carl-Auer.*

Senge, Peter, u.a. (2017): *Die fünfte Disziplin. Kunst und Praxis der lernenden Organisation. 11. Auflage. Stuttgart: Schäffer Poeschel.*

Shazer, Steve de (2006). *Der Dreh. Überraschende Wendungen und Lösungen in der Kurzzeittherapie. Heidelberg: Carl-Auer.*

Shazer, Steve de (2014). *Wege der erfolgreichen Kurztherapie. 14. Auflage. Stuttgart: Klett-Cotta.*

Simon, Fritz B. (2012). *Einführung in die Systemtheorie des Konflikts. Heidelberg: Carl-Auer.*

Simon, Fritz B. (2013). *Gemeinsam sind wir blöd!? Die Intelligenz von Unternehmen, Managern und Märkten. 4. Auflage. Heidelberg: Carl-Auer.*

Simon, Fritz B., und Gunthard Weber (2004). *Vom Navigieren beim Driften. „Post aus der Werkstatt" der systemischen Therapie. Heidelberg: Carl-Auer.*

Straß, Uwe (2007). *Hilfreiches Fragen. Praxishandbuch für hilfreiche Gespräche in Lern- und Veränderungsprozessen. Norderstedt: BoD.*

Szabó, Peter, und Insoo Kim Berg (2009). *Kurz(zeit)coaching mit Langzeitwirkung. Dortmund: VML.*

Wandhoff, Haiko (2016). *Was soll ich tun? Eine Geschichte der Beratung. Hamburg: Corlin.*

Watzlawick, Paul (2009). *Anleitung zum Unglücklichsein. München: Piper.*

Personen- und Sachregister

(Coaching-Interventionen und -Haltungen sind kursiv gesetzt)

Abschlussgespräch 191–194
Achtsamkeit, Achtsamkeitsmeditation 29, 37, 42, 50, 62, 118
Agilität, agil 42, 45, 58–59, 133, 221–224, 248
Aktives Zuhören 100, 105–109, 175, 260
Als-ob-Verhalten, *So-tun-als-ob-Aufgaben* 144, 162, 189
Andersen, Tom 138, 295
Angst, Ängste 40, 115–117, 162, 225, 254–257, 259-260, 295
Aristoteles 270, 280
Aufmerksamkeitslenkung 21, 37, 59, 61–63, 78–83, 105–107, 113–114, 137, 141, 143, 155, 166, 169–170, 173, 176, 180, 188–191, 215, 256, 265–266, 272–274, 280, 282
Aufstellung (mit Figuren) 63, 162–166, 249
Auftraggeber des Coachings 100, 119, 125–128, 131, 192
Augenhöhe 17, 21, 37, 97, 117, 169
Autorität 212, 248, 250
Bandler, Richard 162, 295
Bateson, Gregory 23
Beobachtung 19–21, 23, 25–29, 42–43, 47, 54, 56, 58, 73, 77, 107, 143, 145, 154, 157, 160–161, 186–190, 217, 228, 230–231, 234–236, 239
Berg, Insoo Kim 21–22, 86–88
Berne, Eric 213
Best Case-, Worst Case-Szenario 215, 259, 266
Bewahren 147, 267, 272–274, 278
Bewertung 35, 156, 158, 161, 176, 234, 243, 288
Bewusstsein 19, 26–30, 227
Beziehung zwischen Coach und Coachee 16, 34, 37, 60–63, 69, 74–77, 79, 103–106, 115–118, 146, 169, 183, 189, 192
Biographiearbeit 82, 174, 280–283, 285
Blickkontakt 69, 100, 106, 112, 150
Bono, Edward de 291
Bremse unter dem Tisch, virtuelle 73, 109
Commitment, *Commitmentspielplatte* 225, 247–249
Dalai Lama 145
Design Thinking 291
Diagnose, *(Persönlichkeits-)Diagnostik* 154, 211–214
dysfunktionale Lösungsversuche 79, 114
Egogramm 211–214
Eigenlogik von Systemen 19, 36, 117–118, 227
Emergenz, emergieren 19, 239–240, 253–255, 278, 286
Emotionen, emotionale Kompetenz 38, 69, 73–77, 84, 98, 115–116, 124, 170, 182, 198, 204, 207, 215, 225, 256, 258–264, 275
Entscheidung als Coaching-Thema 40, 129, 176, 182, 188, 191–192, 219, 274–277, 288
Erfolgstagebuch 188
Erickson, Milton H. 86, 113, 281
Erlaubnis, *Erlaubnis geben* 173, 176, 262
Erpenbeck, Mechthild 117–118, 295
Erwartungsanalyse 225, 244–247
Fach- und Expertenberatung 16, 52, 59–60, 70, 131, 156, 182, 188, 191, 237
Familientherapie, systemische 18–19, 138
Feedback 18, 92, 107, 155–156, 164, 175–176, 192–193, 241–245
Fehlerkultur, tolerante 198, 222, 225, 271
Foerster, Heinz von 20, 32, 170
Freiwilligkeit im Coaching 55, 68, 104, 123, 218

Führung, Führungskraft 17–19, 47, 53–56, 58–59, 64, 70, 73, 83, 92–94, 100, 110–111, 123, 125–126, 128–135, 157, 164–167, 171, 193, 200, 202, 206, 221–250, 266, 268, 291, 295–296
Fürstberger, Gunther 248, 295
Gefühle im Coaching 28–30, 37–38, 63, 69, 75–76, 85, 88, 90, 102, 105–106, 114–116, 118, 124–125, 130, 137, 145, 151, 154–155, 166–167, 169, 178–180, 184–185, 197, 208, 234–237, 243, 249, 251, 257–263, 268, 275
Gehirn 29, 32, 86,
Gester, Peter-W. 283
Gestik und Mimik 61–63, 89, 117, 245
Glasl, Friedrich 199–200, 203–206, 264, 295,
Gleichwürdigkeit 116–118
Glück 36, 38, 78, 102, 117, 162, 225, 274, 276, 283
Grinder, John 162, 295
Hartmann, Nicolai 270
Hausaufgaben, Transferaufgaben 76, 170, 176, 188–190, 263
Hierarchie, hierarchisch 58, 193, 222–223, 238, 245, 248
Hypnose, Trance 70, 86, 113–114, 235–237, 281
hypnosystemische Interventionen 113–114, 296
Hypothese, *Hypothesen äußern* 33, 35, 43, 92, 94, 99–100, 106, 113–116, 120–121, 141, 149, 153–155, 158–163, 174–175, 177, 186–187, 211, 239–240, 264–266
Identität, personale 29–30, 45–47, 287–291
Ineichen, Tanja 248–249, 295
innere Landkarte 37, 75, 106, 118, 156
internes Coaching .. 56–57, 59, 64, 132, 134–135, 237
Irritation, irritieren 26, 57, 82, 95, 117, 137–138, 186, 203, 228
Jackson, Don 23
Jobs, Steve 110
Jong, Peter De 87, 295
Komfortzone 235, 255
Komplementärberatung 16, 59–60, 64, 295
Komplexitätsreduktion 107, 229
Konfliktmoderation 197–200, 206, 218–219
Konfrontieren 176, 265–267
Kübler-Ross, Elisabeth 258–259, 295
Kurzzeittherapie 21–23, 86–88, 295–296
Kybernetik 23, 31
Laotse 286
Leid, *Leid würdigen* 22, 34–35, 74, 78–80, 97, 113–114, 117, 138–140, 143, 146, 156, 159–161, 207, 215, 274–277
Leit- und Glaubenssätze 34, 36, 82, 98, 106, 139, 143, 174, 188, 202, 241, 255, 261–262, 269–272, 276–277, 287
Lernen 45, 190, 253–255, 262–264, 270, 295–296
lernende Organisation 253–255, 296
Liebe, Selbstliebe 80, 99, 115
Lösungslosigkeit aushalten 102, 111–113, 286
Lösungsorientierung 21–23, 51, 54, 81–82, 86–87, 131–132, 138, 142, 295
Looss, Wolfgang 18, 47–48, 295
Luhmann, Niklas 25–27
Lumina Spark 211–214,
Macht, Machtlosigkeit 114, 146, 162, 204, 231, 248–250, 257, 260
Management, Managerin 18, 45, 47, 92, 129, 167, 179, 200, 221, 229, 253, 295–296
Marquard, Odo 280
Maturana, Humberto 25, 32
Mediation 197, 199, 206, 218–219
Merkel, Angela 145
Meta-Ebene 94, 97, 163, 217, 232, 239–240
Metaphern, Sprachbilder 84, 109–110, 130, 175, 209–211
Mindmap 63, 291
Möglichkeitskonstruktion 71, 183, 282–283
Muster, *Mustererkennung* 29–30, 37, 47, 54, 76, 79, 82, 98, 113–114, 117–118, 138, 180, 190, 204, 210, 216, 253, 262
Nichtwissen 36, 60, 105, 117, 137

Papierkorb, virtueller 154, 187, 213
Paradoxie, *paradoxe Interventionen* 24–25, 42, 48, 79, 145–148, 153, 166–167, 189, 227–228, 230, 286
Pareto, Vilfredo 25
Parsons, Frank 44
Parsons, Talcott 25
Persönlichkeit, *Persönlichkeitstests* 174, 211–214, 233, 236, 265, 271
Personalerin, HRBP 56, 89, 110, 121, 125, 132–135
Prozessberatung 15–16, 237
psychische Systeme 19, 29, 142, 253
Psychoanalyse, Tiefenpsychologie 21, 81, 213
Psychologie, humanistische 18, 21, 23
psychologische Sicherheit 256, 285, 295
Psychotherapie 16, 23, 70, 86, 131, 162, 182, 191, 295
Ratschlag 16, 19, 36, 44, 57, 137
Redlich, Alexander 198, 296
Reframing 159–162, 176, 295
Ressourcenorientierung 15, 19, 175
Rogers, Carl R. 21, 296
Rollenklarheit, *Rollenklärung* 55, 135, 224, 231–232, 235, 238, 245–248
Satir, Virginia 24
Scharmer, C. Otto 254–255, 296
Scheitern 40, 225, 256, 275
Schmidt, Gunther 113–114, 296
Schulz von Thun, Friedemann 270–272, 296
Schweigen, *Schweigen aushalten* 111–113, 150
Selbst-Coaching 248, 270, 279, 293
Selbstorganisation ... 19, 35–36, 185–186, 222, 224, 230–231, 238–239, 295
Selbstreflexion 29, 46–50, 107, 171, 190, 194, 231, 233, 240
Selbstwert 98, 188, 237, 259–263
Seliger, Ruth 229, 231–235, 296
Senge, Peter M. 253, 255, 296
Shazer, Steve de 21–22, 86, 88, 296
Simon, Fritz B. 175, 199, 229–230, 296
Sinn, Sinnkonstruktion 16, 29, 36–37, 45, 117, 160, 225, 228, 244, 247, 252
Situationsschilderung 70–75, 79–80, 98, 138, 149, 180
Sowohl-als-auch-Prinzip 170, 230
soziale Systeme 19, 25–29, 142, 227, 252–253
Sparringspartner 18, 171, 227, 244, 257
spiegeln 73, 155, 157, 173, 175
Supervision 75
systemische Schleife 43, 185–187, 239–240
Tao te king 286
Thunberg, Greta 145
Tod, Sterben 123, 258–259, 264, 295
Transaktionsanalyse 211–213, 295
Trauer, Traurigsein 115–116, 257–265
Varela, Francisco 25, 32
Vertrauen 56, 69, 72, 93, 103–104, 112, 118, 120–121, 132, 139, 209, 231–232, 247, 248, 254–255, 287
Vertraulichkeit 57, 100, 103–104, 127, 133
Viabilität 31, 36
Vision, *Visionsentwicklung* 21, 84, 86, 88, 290–293
Vorgespräch 68–69, 104, 123, 129, 265
VUCA-Welt 40–45, 50, 221–225, 230, 237, 285
Watzlawick, Paul 24–25, 296
Weber, Gunthard 175, 296
Werte, *Wertearbeit* 201–203, 212–214, 223–225, 228, 240–241, 261–263, 269–272, 287, 289–293
Wertschätzung, Anerkennung 34, 37, 42, 69, 76, 99, 110, 117, 173, 203, 224, 231–234, 257, 287
Wirklichkeitskonstruktion 19, 21, 34, 36, 52, 71, 75, 106, 109, 137, 143, 156, 158, 163, 168, 183, 208, 252
Zielfilm 71, 80, 84, 89–94, 96, 109, 140, 145, 149, 151, 171–172, 180, 183, 281
Zukunft 15, 21, 35, 38, 80–94,114, 144, 170–172, 243, 255, 262–263, 279–294

WAS SOLL ICH TUN?
EINE GESCHICHTE DER BERATUNG

Von den Orakelsprüchen der alten Griechen bis ins Zeitalter von Coaching und Consulting: Haiko Wandhoff führt uns durch 3.000 bewegte Jahre des Ratens und Beratens. Er zeigt, wie sich die Haltung gegenüber dem Ratgeben im Lauf der Zeit immer wieder verändert und welche Folgen das für unser heutiges Beratungsverständnis hat.

Das Buch gewährt verblüffende, manchmal auch kuriose Einblicke in ein uraltes Gewerbe. Es zeichnet nach, wie Beratung von einem Privileg der Mächtigen im Lauf der Jahrhunderte zu einer wichtigen Lebenshilfe auch für die einfachen Leute wird. Doch damit treten zugleich die Beratungskritiker auf den Plan ...

Pressestimmen:
»... ein sehr gut zu lesender und von profunder Sachkenntnis und erfrischendem Mut zur Strukturierung geprägter Text ... Die Leser(innen) erwartet ein ansprechender und inspirierender Lesegenuss: leicht und mit Witz geschrieben, kenntnisreich und im besten Sinne breit argumentierend. Für alle, die sich – in welcher Form auch immer – mit Beratungsfragen befassen ...«
Timo Heimerdinger, Zeitschrift für Germanistik N.F. XXVII (2017), Heft 2

»... eine sehr kreative Geschichte des Coachings ... in seiner Erzählform reich, lebendig und teilweise sehr witzig verfasst ... Insgesamt lohnt sich das Buch in hohem Maße zur Anschaffung, da die vielen Aspekte der Geschichte der Beratung so bereichernd dargestellt werden, dass man hier immer wieder nachschlagen kann. «
Katharina Gröning, FoRum Supervision, Heft 49, April 2017

»... klug, kundig und gut geschrieben. Man lernt viel über den Menschen... eine gründliche historische Herleitung, perfekt!«
Erhard Schütz, Der Freitag Nr. 47, 24.11.2016

Hardcover, 352 Seiten,
ISBN 978-3-9818156-1-0,
34 Euro

Paperback, 348 Seiten,
ISBN 978-3-9818156-0-3,
24 Euro

oder als eBook,
ISBN 978-3-9818156-2-7,
21,99 Euro

Systemisch Weiterwissen in Management und Beratung: 100 Begriffe von Profis erklärt

Welche Begriffe und Konzepte stehen hinter den so wirksamen systemischen Methoden? Welche Haltung stützt systemische Profis in der Praxis? Wer den systemischen Ansatz schnell verstehen und sicher anwenden will, wird von diesem Nachschlagewerk profitieren. Seine 100 Artikel sind alphabetisch geordnet und von erfahrenen Praktikern anschaulich erklärt. Sie machen das Buch für Einsteiger und Praktikerinnen, Coaches und Führungskräfte zu einem unverzichtbaren Begleiter persönlicher Lernprozesse.

Blättern Sie, stöbern Sie, lassen Sie sich inspirieren! Dieses charmant illustrierte Buch eignet sich für das gezielte Nachschlagen relevanter Begriffe ebenso wie für das kontinuierliche Lesen. Querverweise verbinden die kompakten Artikel und geben schlüssige Antworten auf viele Fragen, die sich in der Praxis immer wieder neu stellen.

Von „Auftragsklärung" bis „Zukunft", von „Agilität" bis „Zirkularität" –
die Grundideen des systemischen Denkens und Handelns eröffnen Ihnen einen fundierten und doch verständlichen, gelegentlich auch humorvollen Zugang zu mehr Wirksamkeit und Souveränität in Ihrer Praxis!

Lieferbar als:

Hardcover, 260 Seiten
ISBN 978-3-9818156-3-4
29,00 Euro

Paperback, 260 Seiten
ISBN 978-3-9818156-4-1
22,00 Euro

eBook
ISBN 978-3-9818156-5-8
16,99 Euro